電子書籍のダウンロード方法

電子書籍のご案内
「京都廣川 e-book」アプリより本書の電子版をご利用いただけます
【対応端末】iOS/Android/PC（Windows，Mac）

電子書籍のダウンロード方法
〈iOS/Android〉
　　※既にアプリをお持ちの方は④へ
①ストアから「京都廣川 e-book」アプリをダウンロード
②アプリ開始時に表示されるアドレス登録画面よりメールアドレスを登録
③登録したメールアドレスに届いた 5 ケタの PIN コードを入力
　　→登録完了
④下記 QR コードを読み取り，チケットコード認証フォームに
　アプリへ登録したメールアドレス・下記チケットコードなど必須項目を入力
　登録したメールアドレスに届いた再認証フォームにチケットコード・メールアドレスを再度入力し
　認証を行う
⑤アプリを開き画面下タブ「WEB 書庫」より該当コンテンツをダウンロード
⑥アプリ内の画面下タブ「本棚」より閲覧可

〈PC（Windows，Mac）〉
京都廣川書店公式サイト（URL：https://www.kyoto-hirokawa.co.jp/）
⇒ バナー名「PC版 京都廣川 e-book」よりアプリをダウンロード
※詳細はダウンロードサイトにてご確認ください

チケットコード
チケットコード認証フォーム
URL：https://ticket.keyring.net/dWXYsSBihuxQ5XcLcEomnrLMCNQAyH9j
書籍名：コンプリヘンシブ基礎化学　第3版

チケットコード：　　　　　　　　　　←スクラッチしてください

注意事項
・チケットコードは再発行できませんので，大切に保管をお願いいたします
・共有可能デバイス：1
・iOS/Android/PC（Windows，Mac）対応
・チケットコード認証フォームに必須項目を入力してもメールが届かない場合，迷惑メールなどに入って
　いないかご確認ください
・「@keyring.net」のドメインからのメールを受信できるよう設定をお願いいたします
・上記をお試しいただいてもメールが届かない場合は，入力したメールアドレスが間違っている可能性が
　あるため，再度チケットコード認証フォームから正しいメールアドレスでご入力をお願いいたします

COMPREHENSIVE BASIC CHEMISTRY

コンプリヘンシブ基礎化学
〔第3版〕

——有機・物化・分析・薬剤を学ぶために——

近畿大学薬学部教授 大内秀一 編著

KYOTO
HIROKAWA

―――― 執筆者一覧 (五十音順) ――――

大内 秀一	近畿大学薬学部教授
小関　稔	武庫川女子大学薬学部教授
川崎 郁勇	武庫川女子大学薬学部教授
多賀　淳	近畿大学薬学部教授
堀山 志朱代	武庫川女子大学薬学部講師

第3版改訂まえがき

　高校の化学（化学基礎・化学）には，学ぶべき基本的な事項が十分に盛り込まれているので，その内容を理解していれば，大学の化学の基礎的な講義には十分に対応できると思う．しかし，高校では化学を暗記科目として勉強を行っていたのではないだろうか．ただ，大学での勉強では個々の事象の本質を明らかにしていくことが基幹となるため，「考える」ことが大切になってくる．

　高校の化学と大学の化学系科目の橋渡しとなる大学の初年次に開講している"基礎化学"の内容をまとめた本書は初版出版から早くも6年が経過した．ご利用いただいている諸先生からご批評や修正あるいは加筆すべきところをご指摘いただき，また，学生からの質問や学生に解説しているなかでもう少し学生にわかりやすい表現にできる箇所があると考えた．ご指摘いただいた箇所やわかりやすい表現にできる箇所を改良していくとともに，大学の"基礎化学"関連科目の担当者に変更があったこともあり，執筆者を一部変更して改稿することにした．

　本書は，高校の化学を基に大学の専門科目（物理化学，分析化学，有機化学など）につながるように工夫して解説している．中途半端な解説を避けたかったため，内容的に難しいと思われる箇所が若干あるが，高校の化学の内容を体系化して理解できるように，また，高校で化学をあまり勉強してこなかった学生にも配慮し，できるだけわかりやすい解説と文章にするように心がけた．本書を読み進めていくことで，化学を「考える」ようになり大学の専門科目を学ぶための十分な基礎知識を身につけることが可能になるだろう．化学を身近なものと感じて，化学が面白い，化学をもっと楽しく学びたいと多くの学生に思ってもらいたいと願っている．

　また，今回の改訂では，電子書籍のダウンロードもできるようにし，デジタル世代の学生達にとって，より使いやすいものとしている．

　最後に，本書をまとめるにあたり多くの著書を参考にさせていただいた．それらの著者各位に感謝するとともに，本改訂版の発行にあたり，引き続き多大のご理解とご尽力をいただいた京都廣川書店廣川重男社長，ならびに田中英知編集・制作部長，村木優花氏，木村塁氏をはじめ同社の皆様に心からお礼申し上げます．

2025年3月

近畿大学薬学部　大内　秀一

初版まえがき

　高校の化学（化学基礎・化学）の学習内容をみると，学ぶべき基本的な事項が十分に盛り込まれている．それゆえ，高校で化学を履修してその内容を理解していれば，大学の化学の基礎的な講義には十分に対応できると思う．しかし実際には，大学で行われている化学の講義についていけないといった声や，勉強の方法がわからないといった声をよく耳にする．もしかしたら，高校の化学は各論が多いために，化学を暗記科目であると誤解して暗記に頼った勉強を行っていたのではないだろうか．高校までの化学が大学受験用の1科目に過ぎないという認識で，暗記に頼ってもなんとかなってきたのかもしれないが，それでは化学の面白さや楽しさを知ることができない．化学は，個々の事象は独立したものではなく，その本質は体系化された理論に基づいているので，大学で履修する化学に関連した専門科目の講義に入る前にその原点に戻って，化学の全体像を体系化して理解してもらいたい．また，薬学は基礎と応用の幅が広い学問であるが，化学物質である薬の理解には化学が不可欠であり，化学の知識と理解なしには薬学を語れない．

　本書では，最初に元素の周期律や分子構造の多様性を体系的に理解できるように，あえて論理的でとりつきにくい量子論に基づいた原子の構造や軌道について解説し，次に身近な現象を統一的に理解できるように，酸塩基反応，酸化還元反応，反応速度を解説した．最後に専門科目につながるように無機化合物と有機化合物の基本的な項目をまとめた．化学の入門書として，高校での化学の学習が不十分でも最初から順を追って読み進めていけば，大学で必要とされる化学のレベルに到達できるようになるとの思いで，出来るだけわかりやすい解説と文章にするように心がけた．また，それぞれの章のはじめに，その章で学ぶべき事項を薬に関連させて示したので，あらかじめ心の準備をして目的意識を持って学べるようにしている．本書を通して，高校までの授業や受験勉強で培った化学の断片的な知識を体系化して，化学的なものの見方・考え方をしっかりと身につけてほしい．薬を化学物質としてとらえ，化学をもっと楽しく学びたいと一人でも多く思ってくれることを願う．

　最後に，本書をまとめるにあたり多くの著書を参考にさせていただきました．それらの著者各位に感謝いたします．また，高校と大学の化学を結びつける目的で大学の初年次に開講している"基礎化学"の内容を本書にまとめるために，終始懇切ていねいなアドバイスを下さった京都廣川書店廣川重男社長，編集にご尽力いただいた京都廣川書店編集部の来栖　隆チーフエディター，清野洋司氏に心からお礼申し上げます．

　2016年3月

近畿大学薬学部　大内　秀一

目　次

第1章　薬学部における基礎化学の位置づけ　　*1*

1-1　化学とは ……………………………………………………………………………… *1*
1-2　化学と名前のつく科目 ………………………………………………………………… *2*

第2章　物質，化学種の分類・表記と物質量の取り扱い　　*5*

2-1　なぜ薬学部で物質，化学種の分類・表記と物質量の取り扱いを学ぶのか（事例）… *5*
　　2-1-1　物質とは　*5*
　　2-1-2　化学式の表記　*6*
2-2　分子量と式量 ………………………………………………………………………… *7*
　　2-2-1　分子と分子式，分子量　*7*
　　2-2-2　イオン式，組成式と式量　*8*
2-3　物質量（モルの概念） ………………………………………………………………… *9*
　　2-3-1　物質量とアボガドロ定数　*9*
　　2-3-2　1 mol の質量（モル質量）・体積（モル体積）　*9*
2-4　単位と次元 …………………………………………………………………………… *11*
　　2-4-1　物質量と国際単位系（SI単位系）　*11*
　　2-4-2　SI接頭語　*13*
2-5　有効数字 ……………………………………………………………………………… *13*
　　2-5-1　有効数字　*13*
　　2-5-2　有効数字を考慮した計算　*14*
2-6　濃度の表し方 ………………………………………………………………………… *15*
章末問題　*17*

第3章　原子の構造と元素の周期性　　*19*

3-1　なぜ薬学部で原子の構造と元素の周期性を学ぶのか（事例）……………………… *19*
3-2　原子の構成 …………………………………………………………………………… *20*
3-3　原子の種類 …………………………………………………………………………… *21*
　　3-3-1　元素と原子番号　*21*
　　3-3-2　同位体と同素体　*21*
　　3-3-3　原子の相対質量と原子量　*22*
3-4　原子の構造 …………………………………………………………………………… *23*

3-4-1　原子軌道　*23*
3-4-2　軌道の種類と形　*23*
3-4-3　軌道のエネルギー準位　*26*
3-4-4　電子配置　*27*

3-5　元素の周期性 ……………………………………………………………… *30*
3-5-1　周期表　*30*
3-5-2　原子の大きさ　*31*
3-5-3　イオン化エネルギー　*32*
3-5-4　電子親和力　*33*
3-5-5　電気陰性度　*35*

章末問題　*35*

第4章　化学結合と分子間相互作用　*37*

4-1　なぜ薬学部で化学結合と分子間相互作用を学ぶのか（事例） ……… *37*
4-2　オクテット則 ……………………………………………………………… *38*
4-3　イオン結合 ………………………………………………………………… *39*
4-3-1　組成式　*39*
4-3-2　イオン結合の形成　*40*

4-4　金属結合 …………………………………………………………………… *40*
4-5　共有結合 …………………………………………………………………… *41*
4-5-1　共有結合の形成　*41*
4-5-2　ルイス構造式　*42*
4-5-3　極性共有結合　*44*
4-5-4　配位結合　*45*

4-6　共鳴と形式電荷 …………………………………………………………… *45*
4-6-1　共鳴　*45*
4-6-2　形式電荷　*47*

4-7　分子間相互作用 …………………………………………………………… *49*
4-7-1　極性分子と無極性分子　*49*
4-7-2　ファンデルワールス力　*49*
4-7-3　水素結合　*51*
4-7-4　疎水性相互作用　*53*

章末問題　*54*

第5章　混成軌道と分子軌道　*57*

5-1　なぜ薬学部で混成軌道と分子軌道を学ぶのか（事例） ……………… *57*

- 5-2 混成軌道 ··· 58
  - 5-2-1 sp 混成軌道　*58*
  - 5-2-2 sp² 混成軌道　*59*
  - 5-2-3 sp³ 混成軌道　*60*
  - 5-2-4 非共有電子対を収容した混成軌道　*61*
  - 5-2-5 σ結合とπ結合　*62*
  - 5-2-6 分子の立体構造　*64*
- 5-3 分子軌道法 ··· 66
  - 5-3-1 分子軌道法による化学結合の理解　*66*
  - 5-3-2 等核二原子分子の分子軌道　*68*
  - 5-3-3 活性酸素の電子配置　*71*
- 章末問題　*73*

第6章　酸塩基反応　75

- 6-1 なぜ薬学部で酸塩基反応を学ぶのか（事例） ································· 75
- 6-2 反応の基礎 ··· 76
  - 6-2-1 酸塩基の定義　*76*
  - 6-2-2 価数　*78*
  - 6-2-3 電離度　*79*
  - 6-2-4 平衡定数　*81*
  - 6-2-5 pH　*82*
- 章末問題　*84*

第7章　酸化還元反応　85

- 7-1 なぜ薬学部で酸化還元反応を学ぶのか（事例） ······························· 85
- 7-2 反応の基礎 ··· 86
  - 7-2-1 酸素の授受で考える酸化と還元　*86*
  - 7-2-2 電子の授受で考える酸化と還元　*87*
  - 7-2-3 酸化数の変化で考える酸化と還元　*88*
  - 7-2-4 酸化剤と還元剤　*90*
  - 7-2-5 酸化剤と還元剤の量的関係　*91*
- 章末問題　*95*

第8章　容量分析　97

- 8-1 なぜ薬学部で容量分析を学ぶのか（事例） ··································· 97

8-2 容量分析 ··· *97*
- 8-2-1 「どれだけ？」を表すには　98
- 8-2-2 容量分析の器具と操作　99
- 8-2-3 日本薬局方に基づく容量分析の手順　101

8-3 酸塩基滴定 ··· *101*
- 8-3-1 中和反応の量的関係　102
- 8-3-2 滴定曲線と指示薬　103

8-4 酸化還元滴定 ··· *105*
- 8-4-1 酸化剤と還元剤　106
- 8-4-2 酸化還元反応の量的関係　106

8-5 定量計算 ··· *107*
- 8-5-1 有効数字　107
- 8-5-2 定量計算の例1　—水酸化ナトリウムNaOH液の濃度を調べる—　108
- 8-5-3 定量計算の例2　—イブプロフェンの純度を調べる—　111
- 8-5-4 定量計算の例3　—アスピリンの純度を調べる—　114
- 8-5-5 定量計算の例4　—オキシドール中の過酸化水素H_2O_2の濃度を調べる—　119

章末問題　123

第9章　無機化合物と錯体　*125*

9-1 なぜ薬学部で無機化合物と錯体を学ぶのか（事例）··· *125*

9-2 s-ブロック元素とその化合物 ··· *125*
- 9-2-1 水素　126
- 9-2-2 アルカリ金属　126
- 9-2-3 2族元素　128

9-3 p-ブロック元素とその化合物 ··· *129*
- 9-3-1 13族元素　129
- 9-3-2 14族元素　131
- 9-3-3 15族元素　133
- 9-3-4 16族元素　136
- 9-3-5 17族元素　139
- 9-3-6 18族元素　142

9-4 d-ブロック元素 ··· *142*
- 9-4-1 第一遷移系列元素　142
- 9-4-2 第二および第三遷移系列元素　143
- 9-4-3 12族元素　144

9-5 金属錯体 ··· *144*
- 9-5-1 配位子と配位原子数　145

9-5-2　キレート効果　146
　　　9-5-3　結晶場理論　146
　　　9-5-4　配位結合による混成軌道　148
　　　9-5-5　錯体の立体構造　150
　章末問題　151

第10章　有機化合物の化学的性質　　153

10-1　なぜ薬学部で有機化合物を学ぶのか（事例）　153
　　　10-1-1　有機化合物の定義　153
　　　10-1-2　世界初の合成医薬品アスピリン　153
10-2　有機化合物の名称と分類　154
　　　10-2-1　炭化水素の名称と分類　154
　　　10-2-2　官能基の名称と分類　155
10-3　異性体　156
　　　10-3-1　異性体の種類　156
　　　10-3-2　構造異性体　157
　　　10-3-3　立体異性体　157
　　　10-3-4　シス-トランス異性体（幾何異性体）　157
　　　10-3-5　鏡像異性体（エナンチオマー）　158
　　　10-3-6　ジアステレオマー　158
10-4　炭化水素の構造と性質　159
　　　10-4-1　アルカン，アルケン，アルキンの名称　159
　　　10-4-2　アルカンの構造と性質　160
　　　10-4-3　シクロアルカンの構造と性質　160
　　　10-4-4　アルケンの構造と性質　161
　　　10-4-5　アルキンの構造と性質　161
　　　10-4-6　脂肪族炭化水素の反応　162
　　　10-4-7　芳香族炭化水素の構造と性質　164
　　　10-4-8　芳香族炭化水素の反応　165
10-5　官能基に基づく分類と性質　166
　　　10-5-1　ヒドロキシ基　166
　　　10-5-2　エーテル　170
　　　10-5-3　カルボニル基（アルデヒドとケトン）　171
　　　10-5-4　カルボキシ基（カルボン酸とカルボン酸誘導体）　175
　　　10-5-5　アミノ基（アミン）　180
10-6　サリチル酸の反応による医薬品の合成　182
10-7　有機化合物の分離　183

10-7-1　有機化合物を分離するための反応　　183
　　　10-7-2　有機化合物の分離の例　　185
章末問題　186

章末問題の解答・解説 …………………………………………………… 189
索　引 …………………………………………………………………… 198

第1章
薬学部における基礎化学の位置づけ

1-1 化学とは

　化学を英語で表記すると chemistry である．この言葉の語源は古代エジプトにまでさかのぼり，ここで発生した錬金術と深い関係がある．エジプト語の Khem というのは，エジプトの肥えた土地（ナイル川が潤す肥沃な土地）の「黒い土」であり，エジプトそのものをさしエジプトの技術を意味する．この言葉にアラビア人が，アラビア語の定冠詞 "al-" をつけ，それがヨーロッパに伝えられてラテン語の錬金術を意味する alchemia となった．英語で錬金術は alchemy で表され，接頭語の al- が消えて，化学を表す chemistry に受け継がれている．

　錬金術は卑金属から金などの貴金属あるいは不老長寿薬をつくることができるという思想および技術である．ナイル文明下における神官による模造技術がもとになり，アレクサンドリア（エジプト）で大成されたと推測される．その後，錬金術がアラビア人に伝わって発展し，続いてヨーロッパに広まって盛んに研究が行われた．錬金術は西のイギリスから東の中国までの広大な地域に広がり，18世紀頃まで続いた．錬金術の試みは金属や鉱物にはじまり，植物や動物に至るまで，あらゆる材料が用いられた．その過程で，硫酸 H_2SO_4，硝酸 HNO_3，塩酸 HCl などの現在の化学薬品が生み出され，蒸留器などの様々な実験道具も発明されている．錬金術はことごとく失敗して目的を達成できなかったが，歴代の錬金術師たちの努力のおかげで，ここから，化学，医学，薬学などが生まれたのだから，錬金術は学問としての化学の先駆けともいえる．

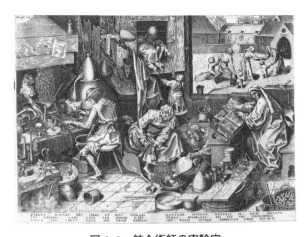

図 1-1　錬金術師の実験室
（錬金術師，16世紀，ピーテル・ブリューゲル）

化学を独立した学問としたのは気体の法則[1]で有名なロバート・ボイルで，17世紀に「懐疑的化学者（The Sceptical Chymist）」という著書を通して，錬金術から化学への決定的な第1歩を踏み出している．18世紀には質量保存の法則[2]で有名なアントワーヌ・ラボアジエが天秤を用いて実験を行い，定量性をもった学問として"近代化学"を確立した．この成果をもとに19世紀はじめにジョン・ドルトンが現代につながる原子説[3]を提唱した．また，アメデオ・アボガドロはすべての気体は同温同圧では同体積中に同数の分子を含み，単体の気体粒子は同種の原子が2個結合した分子であるというアボガドロの仮説を提出した．この仮説はドルトンの原子説を支持，補強するものであったが，当時の化学者の共通の認識が原子論であり，1種類の元素からなる気体は原子から構成されると信じていたドルトンは，アボガドロの仮説を生涯認めようとしなかった．彼らの死後，アボガドロの仮説が実験的および理論的に立証されてアボガドロの法則となり，20世紀に入ってからアボガドロの法則に由来するアボガドロ定数（第2章2-3-1参照）を測定する方法で原子説が証明された．

ボイル　　　　　　ラボアジエ　　　　　　ドルトン　　　　　　アボガドロ
（1627〜1691）　　（1743〜1794）　　　（1766〜1844）　　　（1776〜1856）

図1-2　化学史に名を残した人物

このように，物質に対する初期の実用的関心から発展して，より多くの事実や理論の集積から得られる知識を科学的方法論に基づいて整理し体系化したものが化学である．また，化学は，原子・分子レベルでの物質の構造，性質，および反応を扱う学問である．

1-2　化学と名前のつく科目

化学は，物質の学問であり原子や分子の領域を受けもっている．原子の種類はある程度決まっているが，その組み合わせは無限に存在するため，化学は物質世界の多様性を明らかにすることを担っている．また，化学は対象とするものや目的によって様々な分野に分かれる．

---

[1] ボイルの法則：一定温度のもとで，一定質量の気体の体積は，圧力に反比例する．
[2] 質量保存の法則：反応物の質量の総和と，生成物の質量の総和は等しい．
[3] ドルトンの原子説：純物質を細分していくと，それ以上分割することのできない粒子に到達する．この粒子を原子と名づけた．原子は不生不滅であり，同一元素の原子はかたち，大きさが同じで，等しい質量をもっている．また，原子の結合は簡単な一定の整数比で行われる．

化学と名前のつく分野をみてみると，生命現象に関係する有機物を対象とする化学は有機化学であり，空気，水，鉱物などの無機物を対象とする化学は無機化学である．また，原子核を対象とする化学は放射化学，高分子化合物を対象とする化学は高分子化学，分子構造と分子運動を対象とする化学は構造化学である．さらに，"どんな物質が存在するのか"を目的とする分析化学，"どんな反応が存在するのか"を目的とする反応化学などがあり，化学と名前のつく分野は数多く存在する．大学での講義の科目にもこれらの分野の名前が反映されている．

薬学部で学ぶ化学と名前のつく代表的な科目を表1-1に示した．学習する内容は医薬品および化学物質に関連したものが中心となっているが，非常に多くの科目があることがわかる．

表1-1 化学と名前のつく代表的な科目

科　目	学習内容
無機化学	無機化合物および錯体の生体機能への関わりを理解するために，無機医薬品に関連した基本概念を学ぶ．
有機化学	医薬品の大部分が有機化合物であるため，有機化合物の構造と化学的性質，有機化合物の反応などの基本的事項を学ぶ．
物理化学	化学物質の基本的性質を理解するために，平衡，溶液および電解質の性質，反応速度，界面化学，電気化学などを学ぶ．
分析化学	医薬品の定性・定量分析や医薬品の確認試験などを学ぶ．
生化学	生命現象を分子レベルで理解するために，生命現象を担う分子の吸収，代謝，エネルギー産生などの基本事項を学ぶ．
天然物薬化学	天然由来の医薬品または医薬品原料について学ぶ．
生物有機化学	生体分子の基本構造とその化学的性質などについて学ぶ．
構造分析化学	基本的な化学物質の構造を決定するため，機器分析によって得られる情報の活用法などを学ぶ．
衛生化学	有害な化学物質などの生体への影響を回避するため，化学物質の毒性などに関する基礎的事項を学ぶ．
医薬品化学	医薬品の作用を化学構造と関連づけて理解するために，化学構造上の特徴や作用機序の化学的考察，構造活性相関などの概念を学ぶ．
合成化学	入手容易な化合物を出発物質として医薬品を含む目的化合物へ化学変換するために，有機合成法の基本的事項を学ぶ．

これらの科目は医薬品および化学物質を化学的に考える力を身につけるために重要であり，ここから得られる知識は薬を化学的に考えるのに役立つ．例えば，市販されている解熱鎮痛薬のロキソニン®Sプラスの成分について考えてみる．痛みを素早く抑える鎮痛成分はロキソプロフェンナトリウム水和物（図1-3）である．ロキソプロフェンナトリウム水和物は有機化合物なので，基本的な化学的性質を考えるのに有機化学の知識が役立つ．また，溶解性などの物理的性質を考えるのに物理化学の知識が，どのようにつくられるのかを考えるのに合成化学の知識がそれぞれ役立つ．さらに，錠剤中のロキソプロフェンナトリウム水和物の確認試験や定量を行うには分析化学の知識が役立つ．

ロキソプロフェンナトリウム水和物は，からだの中で変化することで鎮痛効果を発揮する．どのように変化するのかを考えるには，生化学や医薬品化学といった科目の知識が役立つ．

胃を守る成分として酸化マグネシウム MgO という無機化合物が配合されており，その性質を考えるには無機化学の知識が役立つ．

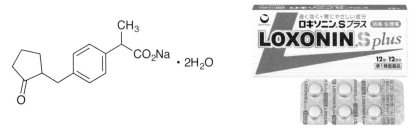

図1-3　ロキソプロフェンナトリウム水和物の構造
（ロキソニン®S プラス，第一三共ヘルスケア）

　薬学部で学ぶ化学という名前のつく科目は非常に多いが，その基礎的な部分を担っているのが基礎化学である．基礎化学は，高等学校で学ぶ化学の知識を深めるとともに一般化学の基本的概念を身につける科目として位置づけられる．基礎化学で学ぶ化学の基本的知識は，学年が進行するにしたがって学習する専門科目の無機化学，有機化学，物理化学，および分析化学に直接つながっていく．加えて，それ以外の科目を効果的に理解するのに欠かすことのできない内容を含むので，本書を通してしっかり身につけよう．

第2章

物質，化学種の分類・表記と物質量の取り扱い

2-1 なぜ薬学部で物質，化学種の分類・表記と物質量の取り扱いを学ぶのか（事例）

　化学および化学反応式を用いて量的に議論するためには，物質や物質の性質を示す化学種の分類やそれを表記する化学式を理解するとともに，物質量の単位であるモル（mol）の概念を理解し，物質を定量的に取り扱えることが必要である．本章では，元素記号で物質の組成や反応を示す化学式の表記について解説するとともに，国際（SI）単位やその変換および物質量の取り扱いなどの基本的な事項・計算についておもに学習する．

2-1-1 物質とは

(1) 混合物と純物質

　例えば，空気には窒素や酸素その他の気体の物質が混ざり合っている．このように，2種類以上の物質が混じりあったものを混合物という．混合物は空気や海水のように均一にみえる均一混合物と，泥水など均一にはみえない不均一混合物に分けることもできる．また，空気や海水のような混合物を構成している窒素・酸素あるいは水・塩化ナトリウムなどは，物理的な方法ではそれ以上に分けることができない単一の物質なので，純物質という（図2-1）．

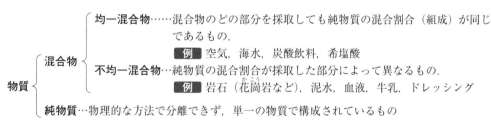

図2-1　物質について

(2) 単体と化合物

　水を電気分解すると，気体の酸素と水素が生じる．このことから，水は酸素と水素の元素からできており，このように2つ以上の元素が一定の割合で結合した物質を化合物という．一方，気体の酸素と水素は，これ以上分解できず，それぞれ酸素および水素の元素のみからできており，このように1種類の元素だけからできている純物質を単体という（図2-2）．

　単体と元素は，しばしば同じ名称でよばれることが多いので区別して理解する必要がある．例えば「水は酸素と水素からできている」という場合の酸素・水素は元素を表しており，一方「水

を分解すると酸素と水素が発生する」という場合の酸素・水素は単体を表している．

純物質 ｛
　単体…1種類の元素からなる物質．
　　例 水素 H_2　酸素 O_2　窒素 N_2　鉄 Fe　銅 Cu　硫黄 S

　化合物…2種類以上の元素が一定の割合で結合した物質．
　　例 水 H_2O　塩化ナトリウム NaCl　二酸化炭素 CO_2

図 2-2　単体と化合物

2-1-2　化学式の表記

化学式には，分子からなる物質を表す分子式，イオンを表すイオン式がある．その表記法には，組成式，示性式，構造式などがある（表 2-1）．

表 2-1　化学式の分類

分子式	分子からなる物質を表す．
イオン式	元素記号にイオンの価数と電荷の種類（＋，−）を示す．
組成式	物質の元素組成を示す．
示性式	分子内の官能基などを示す．
構造式	個々の原子の結合のしかたを化学結合（価標）を使って示す．

(1) 組成式，分子式および示性式

イオンからなる物質を表す時は，構成する原子の種類と数の比を最も簡単な整数の比で表した化学式を用いる．これを組成式という．例えば，塩化ナトリウム NaCl や水酸化ナトリウム NaOH などは組成式で表す．また，分子をつくらない単体，例えば，ダイヤモンド C や二酸化ケイ素 SiO_2 などの共有結合の結晶，金属のナトリウム Na や鉄 Fe なども組成式で表す．

分子である有機化合物のエタンの場合，分子式は C_2H_6 であるが，組成式は CH_3 になる．同じ有機化合物のエタノールの場合，分子式と組成式はどちらも同じ C_2H_6O であるが，示性式は C_2H_5OH あるいは CH_3CH_2OH となる．

(2) 有機化合物の構造式

図 2-3 に有機化合物の例としてエタノール，酢酸およびベンゼンの分子式，組成式，示性式および構造式をそれぞれ示す．なお，ベンゼンの構造式において，化学結合（価標）を示すと A のようになるが，結合や元素記号を省略した B や C のような表し方も構造式に含まれる．有機化合物一般で，このような原子や結合の線を省略した構造式の書き方もよく用いられる．

エタノール　分子式，組成式：C₂H₆O
　　　　　　示性式：C₂H₅OH あるいは CH₃CH₂OH

構造式：
$$\begin{array}{c} H \quad H \\ | \quad | \\ H-C-C-O-H \\ | \quad | \\ H \quad H \end{array}$$

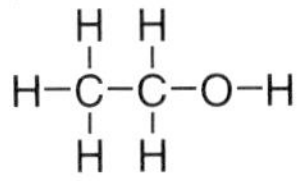

酢酸　分子式：C₂H₄O₂　組成式：CH₂O
　　　示性式：CH₃COOH

構造式：
$$\begin{array}{c} H \; O \\ | \; \| \\ H-C-C-O-H \\ | \\ H \end{array}$$

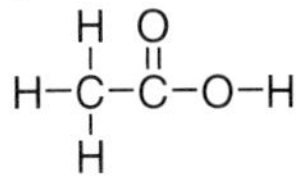

ベンゼン　分子式：C₆H₆
　　　　　組成式：CH

構造式： 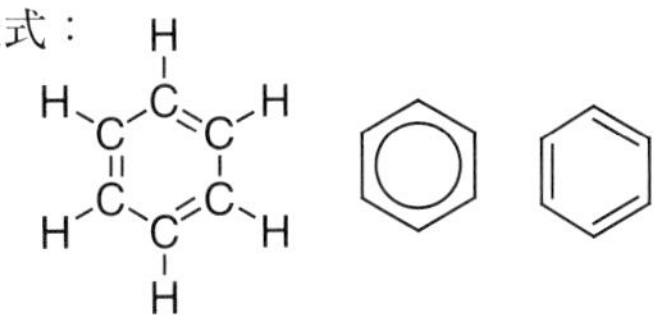
A　B　C

図 2-3　有機化合物の分子式，組成式，示性式，構造式

2-2　分子量と式量

分子量・式量ともに ¹²C = 12 を基準とした相対質量である原子量をもとに表される．原子量・分子量・式量は，すべて相対質量であるため，これらには通常単位はない．

2-2-1　分子と分子式，分子量

分子とは，物質がその性質を示して存在しうる最小の構成単位のことで，一般に原子間が共有結合で結び付いている．例えば，水 H₂O は，H-O-H のように共有結合で結び付いた三原子分子である．例外的に，希ガス原子は，単原子で安定な化学種であるため，単原子分子とよばれる．一般にイオンからなる物質や金属結晶などは，イオンあるいは原子が構成単位なので分子には含まれない．

分子を表すには，分子を構成する原子を元素記号で表し，原子の数を元素記号の右下に書き添えた分子式で表す．分子量は，分子を構成する原子の原子量の総和で表される．例えば，グルコースは分子式 C₆H₁₂O₆ であり，原子量がそれぞれ C = 12.01，H = 1.01，O = 16.00 であるため，その総和は 180.18（整数値で表すと 180）になる（図 2-4）．

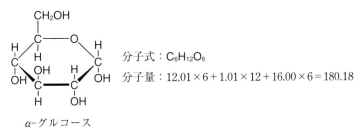

分子式：C₆H₁₂O₆
分子量：12.01×6 + 1.01×12 + 16.00×6 = 180.18

α-グルコース

図 2-4　グルコースの構造式，分子式，分子量

2-2-2 イオン式，組成式と式量

イオンには，正の電荷をもつ陽イオン（カチオン）と負の電荷をもつ陰イオン（アニオン）があり，例えば，塩化ナトリウム NaCl の結晶は，ナトリウムイオン Na^+ と塩化物イオン Cl^- が 1：1 で存在している．

(1) イオンの種類とイオン式

塩化ナトリウム NaCl の Na^+ や Cl^- のようにイオンを表す化学式をイオン式という．また，Na^+ や Cl^- のようなただ 1 つの原子からできたイオンを単原子イオン，アンモニウムイオン NH_4^+ や炭酸イオン CO_3^{2-} のように 2 個以上の原子が結合した原子団でできたイオンを多原子イオンという（表 2-2）．

表 2-2 イオン式の読み方

(1) 陽イオン（カチオン） 　元素名の後ろにイオンをつける（例：ナトリウムイオン Na^+，カルシウムイオン Ca^{2+}）．
(2) 陰イオン（アニオン） 　フッ素 F や塩素 Cl など "素" のついている元素名では，"素" をとって "化物イオン" をつける（例：フッ化物イオン F^-，塩化物イオン Cl^-，酸化物イオン O^{2-}）． 　硫黄 S のように最初の 1 文字に化物イオン" をつける場合もある（例：硫化物イオン S^{2-}）．
(3) 多原子イオン 　アンモニウムイオン NH_4^+，オキソニウムイオン H_3O^+，水酸化物イオン OH^-，硝酸イオン NO_3^-，硫酸イオン SO_4^{2-}，リン酸イオン PO_4^{3-}，炭酸イオン CO_3^{2-}，炭酸水素イオン HCO_3^-，酢酸イオン CH_3COO^- など

(2) 組成式と式量

イオンからなる物質の名称は，例えば，硫酸ナトリウム Na_2SO_4 のように陰イオンである硫酸イオン SO_4^{2-} を前に，陰イオンである Na^+ を後につける（表 2-3）．

表 2-3 組成式の読み方

(1) 陰イオンの名称を先に読み，その後に陽イオンの名称を読む．
(2) 陰イオンの "〜化物イオン" は "物イオン" を省略する．（例：塩化物イオン Cl^-：塩化〜，酸化物イオン O^{2-}：酸化〜，水酸化物イオン OH^-：水酸化〜）
(3) (2) 以外の陰イオンおよび陽イオンの場合は "イオン" を省略する．（例：硝酸イオン NO_3^{2-}：硝酸〜，硫酸イオン SO_4^{2-}：硫酸〜，ナトリウムイオン Na^+：〜ナトリウム，アンモニウムイオン NH_4^+：〜アンモニウム）

式量は，イオンからなる物質のように組成式で表される物質の相対質量で示される．電子の質量は，原子の質量と比べると無視できるほど小さいので，イオンの質量は構成される原子の質量に等しいと考えてよい．したがって，組成式 NaCl である塩化ナトリウムの式量は，Na = 23.00，Cl = 35.45 の原子量の和である 58.45（小数第一位まで示すと 58.5）となる．複数の原子からなるイオンや物質の式量も同様に原子量の総和から求められる．

2-3 物質量（モルの概念）

2-3-1 物質量とアボガドロ定数

物質の量を比べる時に，質量（kg, g）や体積（L, mL）をまず考えるが，化学の世界では，物質量を表す単位であるモル（mol）を用いる．この物質量とは，単なる物質の個数を表している．この1モル（mol）は 6.022×10^{23} 個のことを表す．鉛筆12本をまとめて1ダースというように，アボガドロ数個の粒子の集団を1モル（mol）とする．この1モル（mol）あたりの粒子の数をアボガドロ定数（$N_A = 6.022 \times 10^{23}$/mol）という．つまり，原子・分子・イオンなどの粒子 6.022×10^{23} 個の集団を 1 mol という．また，mol という単位で表される粒子の量を物質量という（図 2-5）．物質量はアボガドロ定数 N_A を用いて（2-1）の式で求められる．

$$物質量 n \text{（mol）} = \frac{粒子の数 N}{アボガドロ定数 N_A \text{（/mol）}} \tag{2-1}$$

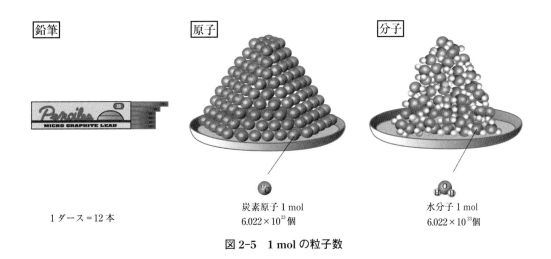

鉛筆　　　　　　　　　原子　　　　　　　　　分子

1ダース＝12本　　　炭素原子 1 mol　　　水分子 1 mol
　　　　　　　　6.022×10^{23} 個　　6.022×10^{23} 個

図 2-5　1 mol の粒子数

2-3-2 1 mol の質量（モル質量）・体積（モル体積）

1ダースに相当する粒子 6.022×10^{23} 個の物質 1 mol の質量は，原子量・分子量・式量などの数値にgをつけた値になる．つまり物質を構成する粒子 1 mol あたりの質量をモル質量（g/mol）という．前節 2-2 では，原子量は ^{12}C の質量を 12 とした時の相対的な質量（質量の比）で表されているため，単位（kgやg）がないことが説明されている．原子量をもとに計算された，分子量・式量も相対値のために単位はないが，モル質量は g/mol（$g\ mol^{-1}$）の単位をもつ．

炭素のモル質量について考えてみよう．炭素の原子量はおよそ 12.01 である．これは，同位体 ^{13}C が存在するためである．^{12}C（相対質量 12）の存在比 98.98%，^{13}C（相対質量 13.0034）の存在比 1.07% であるため，炭素原子はこれらの相対質量と存在比から 12.01 と求めることができる．

この炭素原子をアボガドロ数個,つまり1 molの粒子数を集めると12.01 gになる.つまり,炭素12.01 gの中には炭素原子が1 molの粒子数（6.022×10²³個）含まれている（図2-6）.

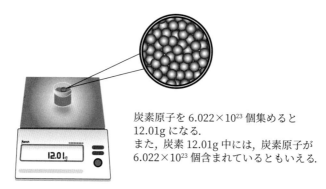

炭素原子を6.022×10²³個集めると12.01gになる.
また,炭素12.01g中には,炭素原子が6.022×10²³個含まれているともいえる.

図2-6　1 molの質量

このように,物質1 molあたりの質量をモル質量（g/mol）という.
質量 w（g）の物質量は,モル質量 M を用いて（2-2）式で求められる.

$$\text{物質量 } n \text{ (mol)} = \frac{\text{質量 } w \text{ (g)}}{\text{モル質量 } M \text{ (g/mol)}} \tag{2-2}$$

粒子 6.022×10^{23} 個の物質1 molの体積は,種類に関係なく,0℃ 1.013×10^5 Pa = 1 atm（標準状態）で,ほぼ22.4 Lである.気体の場合,物質を構成する粒子1 molあたりの体積は,モル体積といい L/mol（L mol⁻¹）の単位をもつ.

体積 v（L）の気体の標準状態における物質量は,モル体積を用いて（2-3）式で求められる.

$$\text{物質量 } n \text{ (mol)} = \frac{\text{気体の体積 } v \text{ (L)}}{\text{モル体積 } 22.4 \text{ (L/mol)}} \tag{2-3}$$

モル質量 M g/molの物質 n（mol）の質量が m（g）,標準状態での体積 V（L）含まれる化学種の粒子の数が N の時,アボガドロ定数 N_A/molを用いると次のような関係式が成り立つ（表2-4）.

モルの概念は,化学式を用いて化学反応を表した化学反応式を理解するのに役立つ.例えば,水素と酸素から水ができる反応を化学反応式で表すと（2-4）式で表される.

$$H_2 + 1/2\, O_2 \rightarrow H_2O \tag{2-4}$$

（2-4）式の反応をモルを用いて表現すると,1 molの水素 H_2 と 1/2 molの酸素 O_2 が反応して1 molの水 H_2O ができる.（2-4）式中の係数は,それぞれの分子が何モルずつ反応に関わっているのかを示している.このように,化学反応式は,反応物と生成物のみを表しているだけではなく,それらの係数で反応に関する物質間の量的関係も表していることを理解しておこう.

表 2-4 物質量の関係式

		わかっている物理量			
		物質量 $n\,\mathrm{[mol]}$	粒子の数 N	物質の質量 $m\,\mathrm{[g]}$	気体の体積 $V\,\mathrm{[L]}$
求めたい物理量	物質量 $n\,\mathrm{[mol]}$		$n = \dfrac{N}{N_A\,\mathrm{[/mol]}}$	$n = \dfrac{m\,\mathrm{[g]}}{M\,\mathrm{[g/mol]}}$	$n = \dfrac{V\,\mathrm{[L]}}{22.4\,\mathrm{L/mol}}$
	粒子の数 N	$N = N_A\,\mathrm{[/mol]}$ $\times n\,\mathrm{[mol]}$		$N = N_A\,\mathrm{[/mol]}$ $\times \dfrac{m\,\mathrm{[g]}}{M\,\mathrm{[g/mol]}}$	$N = N_A\,\mathrm{[/mol]}$ $\times \dfrac{V\,\mathrm{[L]}}{22.4\,\mathrm{L/mol}}$
	物質の質量 $m\,\mathrm{[g]}$	$m = M\,\mathrm{[g/mol]}$ $\times n\,\mathrm{[mol]}$	$m = M\,\mathrm{[g/mol]}$ $\times \dfrac{N}{N_A\,\mathrm{[/mol]}}$		$m = M\,\mathrm{[g/mol]}$ $\times \dfrac{V\,\mathrm{[L]}}{22.4\,\mathrm{L/mol}}$
	気体の体積 $V\,\mathrm{[L]}$	$V = 22.4\,\mathrm{L/mol}$ $\times n\,\mathrm{[mol]}$	$V = 22.4\,\mathrm{L/mol}$ $\times \dfrac{N}{N_A\,\mathrm{[/mol]}}$	$V = 22.4\,\mathrm{L/mol}$ $\times \dfrac{m\,\mathrm{[g]}}{M\,\mathrm{[g/mol]}}$	

*N_A：アボガドロ定数 = 6.022×10^{23}/mol．M：モル質量〔g/mol〕．気体の体積は標準状態のものとする．

2-4 単位と次元

2-4-1 物質量と国際単位系（SI 単位系）

数学では出てくる数値に単位がないが，科学の世界に出てくる数値は，物質の量として取り扱っているため単位を忘れてはいけない．

量（物質の量）＝数値×単位（1 × kg）

ある物質を計算する時に物差しを使えば長さを，天秤を使えば質量を，メスシリンダーを使えば体積を測定することができ，これらの計量器には数値と固有の単位が目盛られている．例えば，物差しには，長さの単位センチメートル（cm）あるいはメートル（m），天秤には質量の単位のミリグラム（mg）あるいはグラム（g），メスシリンダーには体積の単位ミリリットル（mL）が目盛られている．つまり，測定した結果は，数値と単位で表された物質の量として示される．

1 m という量をみて，これが長さを表していることがわかる．1 m の紐と 2 m の紐をつなげると 3 m の紐になるが，1 m と 1 kg の紐をつなげても，その量（長さ）はわからない．1 m と 1 kg を足すことに意味がないからである．つまり量を取り扱う場合には次のルールに従う．

① 異なる単位をもつ量同士は，足し算・引き算ができない．
② 量の掛け算・割り算は単位の掛け算・割り算も伴う．
　1 m + 1 m = 2 m
　1 m + 1 kg　（計算できない）
　1 kg ÷ 1 m = 1 kg m^{-1}

単位は量の種類を表している．すべての物理量は 7 種類の基本物理量の組み合わせで表すこと

ができる．基本物質量のことを次元とよぶことがある．単位をもたない量もあるが，これは無次元という単位をもっていると考える．濃度の計算で使われる比重は，着目する物質の質量を，同じ体積の水の質量で割ったものであるので，エタノールの比重は（2-5）式のように計算される．

$$\text{エタノールの比重} = \text{エタノール1 mLの質量} / \text{水1 mLの質量} = 0.789 \text{ g} / 1.000 \text{ g}$$
$$= 0.789 \tag{2-5}$$

注意すべきことは，②のルールに従い，数値の割り算と同時に単位の割り算も行われることである．比重は，（2-5）式の計算により，無次元という単位になることがわかる．

表2-5 SI基本単位

物理量	量の記号	SI単位の名称		SI単位の記号
長さ	l	メートル	metre	m
質量	m	キログラム	kilogram	kg
時間	t	秒	second	s
電流	I	アンペア	ampere	A
熱力学温度	T	ケルビン	kelvin	K
物質量	n	モル	mole	mol
光度	I_v	カンデラ	candela	cd

科学の世界では，7種類の次元の基本単位である，国際単位系（SI単位系）を使用する（表2-5）．これ以外の物理量はこの7種類の組み合わせで表すことができ，これをSI組立単位という（表2-6）．例えば，速度はm s^{-1}，エネルギーの単位J（ジュール）はm^2 kg s^{-2}となる．Jのように固有の名称をもつ組立単位もある．濃度でよく使用されるモル濃度mol L^{-1}やモル質量g mol^{-1}はSI組立単位ではなく，それぞれm^{3}の代わりにL，kgの代わりにgを使用している．

表2-6 代表的なSI組立単位

物理量	SI単位の名称		SI単位の記号	SI基本単位による表現
周波数 frequency	ヘルツ	hertz	Hz	s^{-1}
力 force	ニュートン	newton	N	m kg s^{-2}
圧力，応力 pressure, stress	パスカル	pascal	Pa	m^{-1} kg s^{-2} ($=$ N m^{-2})
エネルギー，仕事，熱量 energy, work, heat	ジュール	joule	J	m^2 kg s^{-2} ($=$ N m $=$ Pa m^3)
工事，仕事量 power	ワット	watt	W	m^2 kg s^{-3} ($=$ J s^{-1})
電荷 electric charge	クーロン	coulomb	C	s A
電位 electric potential	ボルト	volt	V	m^2 kg s^{-3} A^{-1} ($=$ J C^{-1})
セルシウス温度* Celsius temperature	セルシウス度 degree Celsius		℃	K

*セルシウス温度は θ/℃ = T/K − 273.15 と定義される．

次元が同じでも異なる単位の量がある．例えば，長さの次元の基本はm，重さの次元の基本はkgであるが，海外などではmの代わりにフィートftを（1 ft = 0.3048 m），kgの代わりにポ

ンド lb（1 lb = 0.454 kg）を使用している国もある．

2-4-2　SI 接頭語

科学の世界では，非常に大きな量から小さな量まで扱うことから，SI 接頭語を使うと便利である．km の k や μL の μ が SI 接頭語であり，1000 倍あるいは 1/1000 ごとに接頭語が存在する．（表 2-7）．よく用いる接頭語，ギガ G，メガ M，キロ k，ミリ m，マイクロ μ，ナノ n などは覚えておくと便利である．

表 2-7　10 の累乗を表す単位の接頭語

倍　数	接頭語		記　号	倍　数	接頭語		記　号
10	デカ	deca	da	10^{-1}	デシ	deci	d
10^2	ヘクト	hecto	h	10^{-2}	センチ	centi	c
10^3	キロ	kilo	k	10^{-3}	ミリ	milli	m
10^6	メガ	mega	M	10^{-6}	マイクロ	micro	μ
10^9	ギガ	giga	G	10^{-9}	ナノ	nano	n
10^{12}	テラ	tera	T	10^{-12}	ピコ	pico	p
10^{15}	ペタ	peta	P	10^{-15}	フェムト	femto	f
10^{18}	エクサ	exa	E	10^{-18}	アト	atto	a
10^{21}	ゼタ	zetta	Z	10^{-21}	ゼプト	zepto	z
10^{24}	ヨタ	yotta	Y	10^{-24}	ヨクト	yocto	y

2-5　有効数字

2-5-1　有効数字

測定値や測定結果を用いて得られた数値を取り扱う場合，有効数字を考える必要がある．分析用の器具の読み取り値や分析装置の測定値の末位には誤差が含まれているからである．誤差が含まれる末位より小さな位に数字を並べても意味をもたない．一般には確実に保証されている数字に，幾分不確かな数字を一桁加えて表す．分析用の器具としてビュレットを用いた場合を考えてみる．最小目盛りが 0.1 mL のビュレットでは，最小目盛の 1/10 まで目測して小数点以下二桁までを読み取り，有効数字とする．デジタル表示の天秤などを用いた場合は，表示された数値すべてを有効数字とする．

有効数字の示す範囲について考えてみる．例えば，12 と 12.00 の有効数字はそれぞれ二桁（2つ）と四桁（4つ）である．その誤差の範囲は，12 は $11.5 < 12 < 12.5$ の誤差があり，12.00 では，$11.995 < 12.00 < 12.005$ の誤差があることを意味している．

12.00 のゼロは有効数字として意味があることがわかる．一方，0.012 の有効数字は二桁（2つ）であり，このゼロは位どりを表すだけのゼロであるため，有効数字には含まれない．ゼロには有効数字になる場合とならない場合があるため，1230 のような数値の場合，最後のゼロの有効性を明確にするため，1.23×10^3 や 1.230×10^3 としてゼロの有効性を明らかにする．

分析結果を求めるために測定値を用いて計算を行う際には，どこで数値を規格値の桁数に合わせるかに注意が必要である．計算途中で数値を丸めて（数値を一定の規則，日本薬局方では四捨五入，に従って近似値で表すこと）規定値の桁数に合わせると，誤差が生じる可能性があるためである．途中では十分な桁数を残しながら計算を行い，最後に四捨五入して必要な桁数とするのが一般的である．第十八改正日本薬局方では，「医薬品の試験において，n 桁の数値を得るには，通例，(n + 1) 桁まで数値を求めた後，(n + 1) 桁目の数値を四捨五入する」と規定されている．表 2-8 に有効数字の桁数の決定法をまとめて示す．

表 2-8 有効数字の桁数（有効桁数）の決定法

(1) 1～9 の数はすべて有効数字になる．
　　例：12 は有効数字 2 つ，1.234 は有効数字 4 つ．
(2) 0 は有効数字になる場合とならない場合がある．
　(i) 0 以外の数字に挟まれた場合は有効数字になる．
　　例：1002，1.203 はいずれも有効数字 4 つ．
　(ii) 小数点以下の右端にある 0 はすべて有効数字となる．
　　例：0.9800，12.00 はいずれも有効数字 4 つ．
　(iii) 小数点以下の位を示すために使われている 0 は有効数字とならない．
　　例：0.123，0.000123 はいずれも有効数字 3 つ．
　(iv) 整数で末端から連続している 0 は有効数字とならない場合がある．
　　例：12300 は有効数字が 3 つ 1.23×10^4，4 つ 1.230×10^4 および 5 つ 1.2300×10^4 の場合が考えられる．

2-5-2 有効数字を考慮した計算

有効数字には，「有効数字○桁（○つ）」と，桁数で示す場合の他に，「小数点以下○桁まで有効」など，最小桁で示す場合がある．この最小桁は，ビュレットの例で示したように，最小目盛りが 0.1 mL のビュレットでは，最小目盛の 1/10 まで目測して小数点以下二桁までを読み取り，有効数字とするなど，測定器具の性能によって決まる．

有効数字を考慮した計算では，足し算引き算（加減計算）では，最小桁を考慮して，また，掛け算割り算（乗除計算）では桁数を考慮して行う（表 2-9，表 2-10）．

表 2-9 有効数字を考慮した足し算，引き算

(1) それぞれの数値の与えられた桁数をすべて含めて計算する．
(2) 答えとして表示する桁数は，各数値の中で末端の数字（最小桁）がいちばん大きいものの桁に合わせるように，その 1 つ下の桁を四捨五入する．

【例 1】

```
    19.40
 +   4.214
   23.614
```

【例 2】

```
    3.21
 −  0.12345
    3.08655
```

【例1】
　測定値 19.40 は，小数点以下 2 桁目に誤差を含むので，計算結果はこの桁まで示す．23.614 の小数点以下 3 桁目を四捨五入して 23.61 となる．

【例2】
　測定値 3.21 は，小数点以下 2 桁目に誤差を含むので，計算結果はこの桁まで示す．3.08655 の小数点以下 3 桁目を四捨五入して 3.09 となる．

表 2-10　有効数字を考慮した掛け算，割り算

(1) それぞれの数値の与えられた桁数をすべて含めて計算する．
(2) 答えとして表示する桁数は，各数値の中で最小の有効数字に合わせる（その 1 つ下の桁を四捨五入する）．

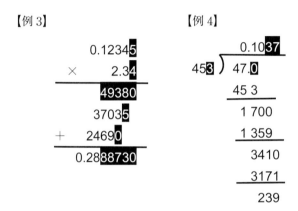

【例3】
　有効数字が小さい方の 2.34 の有効数字は 3 桁なので，答えの有効数字も 3 桁に合わせる．0.288873 の小数点以下 4 桁目を四捨五入して 0.289 となる．

【例4】
　有効数字はどちらも 3 桁なので，答えの有効数字も 3 桁に合わせる．0.1037 の小数点以下 4 桁目を四捨五入して 0.104 となる．

2-6　濃度の表し方

　濃度はとても重要な単位（量）だが，時と場合に応じていろいろな単位の濃度が使われるので，濃度として使用される代表的な単位について，定義と違いを理解することが大切である．

・**モル濃度**：一定体積（1 L）の溶液中の溶質の物質量 mol/L（mol L^{-1}）（図 2-7）
　モル濃度では，分子が物質量（mol）で分母が溶液の体積 L である．例えば，40 g の水酸化ナ

トリウム NaOH 式量 40 を水に溶解させ，全量を 1 L とした時の水溶液のモル濃度は 1 mol/L（mol L^{-1}）である（mol/L は M で表すこともある）．

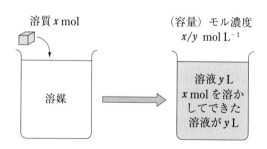

図 2-7　モル濃度［x/y mol/L あるいは M］

- **質量モル濃度**：一定質量（1 kg）の溶媒に溶けている溶質の物質量 mol/kg（mol kg^{-1}）（図 2-8）

質量モル濃度では，分子はモル濃度と同じく，物質量（mol）であるが，分母が溶媒の kg である．例えば，40 g の水酸化ナトリウム NaOH を 1 kg の水 H$_2$O に溶解させた時，その水溶液の質量モル濃度は 1 mol/kg（mol kg^{-1}）である．この時，溶質である水酸化ナトリウム 40 g を 1 kg ＝ 1000 g の水 H$_2$O に溶解させているため，溶液の質量は 1040 g となっている．

体積は温度で変化するため，一般に温度変化を考慮した値の厳密さが必要な時に，質量モル濃度を用いる．モル濃度と質量モル濃度の単位の変換には，密度 g/cm^3 や比重を用いる．密度や比重は 4℃の水 H$_2$O 1 cm^3 ＝ 1 mL を基準とする．この場合，水 H$_2$O 1 L ＝ 1 kg であるため，希薄な水溶液の場合では近似的にモル濃度＝質量モル濃度となる．

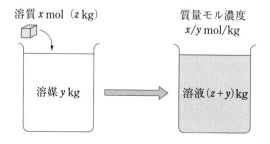

図 2-8　質量モル濃度［x/y mol/kg］

- **質量百分率**（パーセント）：一定質量（100 g）の溶液中の溶質のグラム数（無次元）（図 2-9）

溶質と溶液の比率を百分率（パーセント，％）で表すパーセント濃度は 3 種類ある．溶質や溶媒を質量（w）あるいは体積（v）のいずれを用いるかによって，① 質量百分率（パーセント）w/w％，② 質量対容量百分率（パーセント）w/v％，③ 体積百分率（パーセント）v/v％に分類されている．このうち，日本薬局方（第十八改正）では，質量百分率は％で，体積百分率は vol％で表される．一方，溶液 100 mL 中の溶質の質量（g）で示される，質量対容量百分率は w/v％で表されているので，日本薬局方を読む際には注意が必要である．

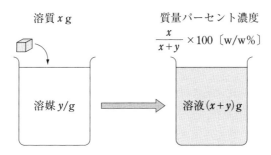

図2-9 質量パーセント濃度 [$x/(x+y)$ w/w%]

　市販の濃塩酸（塩化水素 HCl 分子量 36.46 の水溶液）は質量百分率が 37.0 w/w% で，密度 1.18 g/cm³（g/mL）である．この場合，濃塩酸 1 L の質量は 1.18 g/mL × 1000 mL = 1180 g である．このうち，37.0 w/w% が塩化水素 HCl であるので，その質量は，1180 g × 37.0/100 = 437 g となる．この塩化水素 HCl 437 g を物質量に変換すると 437 g ÷ 36.46 g mol⁻¹ = 11.98 mol となり，これが濃塩酸 1 L あたりの塩化水素 HCl のモル数となるため，そのモル濃度は 12.0 mol/L（mol L⁻¹）と換算することができる．

章末問題

1. 次の物質を，混合物・化合物・単体に分類せよ．
   (1) アンモニア　(2) 塩酸　(3) 金　(4) 水酸化ナトリウム水溶液
   (5) ダイヤモンド　(6) 二酸化炭素

2. 次の元素の原子量を用いて，下の物質の分子量または式量を求めよ（H = 1.008, C = 12.01, N = 14.01, O = 16.00, S = 32.07, K = 39.10, Fe = 55.85, Cu = 63.55）．
   (1) グルコース（$C_6H_{12}O_6$）　(2) リシン（$H_2N(CH_2)_4CH(NH_2)COOH$）
   (3) 硫酸銅(Ⅱ)五水和物（$CuSO_4 \cdot 5H_2O$）
   (4) ヘキサシアノ鉄(Ⅱ)酸カリウム（$K_4[Fe(CN)_6]$）

3. 物質量に関する次の問いに答えよ．ただし，アボガドロ定数を 6.0×10^{23}/mol とし，標準状態の気体の体積を 22.4 L/mol とする（N = 14, O = 16, Hg = 201）．
   (1) 酸素分子 O_2 1.5×10^{23} 個が占める体積（L）は，標準状態でいくらか．
   (2) 窒素 N_2 8.4 g と酸素 O_2 6.4 g の混合気体に含まれる分子の個数はいくらか．
   (3) 水銀 Hg 1.0 cm³（密度 13.6 g/cm³）に含まれる原子の個数はいくらか．

4. 酸化マンガン(IV) MnO_2 3.48 g は，ある濃度の塩酸 200 mL と過不足なく反応して，塩化マンガン(II) $MnCl_2$ を生成し，同時に塩素 Cl_2 を発生した．次の問いに答えよ（H = 1.00，O = 16.0，Mn = 55.0）．
   (1) 酸化マンガン(IV) MnO_2 の物質量（mol）はいくらか．
   (2) 生成する水 H_2O の質量（g）はいくらか．
   (3) 反応に用いた塩酸のモル濃度（mol/L）はいくらか．

5. 28.0 w/w% のアンモニア水（密度 0.900 g/cm³）のアンモニア NH_3 のモル濃度（mol/L）はいくらか（H = 1.01，N = 14.0）．

6. 25 μL の水 H_2O に 1.67 nmol のグルコース $C_6H_{12}O_6$（MW = 180）が溶けている時のグルコース $C_6H_{12}O_6$ のモル濃度 A（mol/L）はいくらか．また，この溶液 10 μL を取り出し，溶媒を加えて 0.250 mL とした時の溶液中のグルコース $C_6H_{12}O_6$ のモル濃度 B（mol/L）はいくらか．

7. ある量の塩化カルシウム(II)二水和物 $CaCl_2 \cdot 2H_2O$ を水に溶かして 1.00 mol/L の水溶液 200 mL を調製した．この時，調製した水溶液の密度は 1.11 g/cm³ であった．次の問いに答えよ（H = 1.00，O = 16.0，Cl = 35.5，Ca = 40.0）．
   (1) 水に溶かした塩化カルシウム(II)二水和物 $CaCl_2 \cdot 2H_2O$ の質量（g）はいくらか．
   (2) この水溶液の質量パーセント濃度はいくらか．

第3章

原子の構造と元素の周期性

3-1 なぜ薬学部で原子の構造と元素の周期性を学ぶのか（事例）

健康を守る医薬品は，元素の組み合わせによってつくられている．生命・健康・医薬品をターゲットとする薬学において，あらゆるものの原点である元素と原子構造を学ぶことは，薬学や諸化学を理解するために欠くことのできない知識である．

医薬品を設計する際に標的とする化合物の一部を他の原子に置き換えると化合物が薬になったり，既存の薬の作用が増強されたりする．例えば，グルコースの酸素原子 O の 1 つを周期表で酸素原子 O の隣の族の窒素原子 N に置き換えた化合物（ミグリトール）は，からだの中で炭水化物をグルコースに代謝する酵素を阻害して，糖のからだへの吸収を抑える（図3-1）．その作用によって，食後の血糖をコントロールでき，糖尿病治療薬として用いられている．

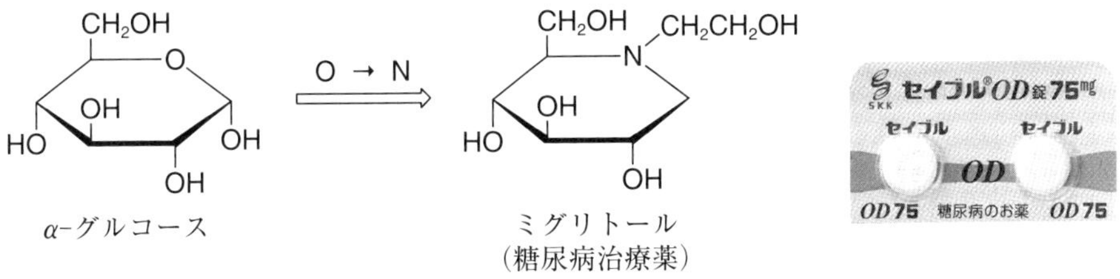

図 3-1　ミグリトールの構造
（セイブル®OD 錠 75 mg，三和化学研究所）

また，医薬品にはフッ素原子 F を含む化合物をよく目にする．その例として，抗菌薬のオフロキサシンおよび抗悪性腫瘍薬のフルオロウラシルの構造を示した（図3-2）．

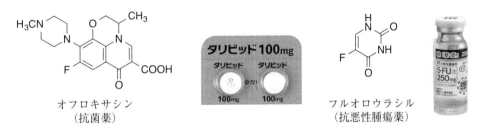

図 3-2　フッ素原子 F を含む医薬品の構造
（左：タリビッド®錠 100 mg，アルフレッサファーマ　　右：5-FU 注 250 mg，協和キリン）

フッ素原子Fが導入される理由として，周期表の中で希ガスを除いて1番右上にあるフッ素原子Fが全元素の中で最大の電気陰性度を有するためにフッ素原子Fの導入によって分子全体の性質を大きく変えられること，フッ素原子Fが水素原子Hの次に小さく，あまり原子半径が変わらないために構造中の水素原子Hと置き換えても分子の大きさを変化させないこと，炭素-フッ素結合が安定であるために体内で代謝されにくく薬理作用の持続が期待できることなど，フッ素原子Fは他の原子でみられない性質をもっていることがあげられる．

このような原子の性質は，元素の周期性と密接に関係している．そのため，原子の構造と元素の周期性を学ぶことは医薬品の性質を理解する手助けになる．

3-2 原子の構成

原子は原子核と電子から構成されている．原子核は単に核ともよばれ，半径は原子半径の10^{-4}〜10^{-5}で1個以上の正電荷をもつ陽子と0個以上の電気的に中性な中性子から構成される．陽子と中性子を核子という．電子は負電荷をもち，原子核のまわりを運動している．原子核の正電荷と電子の負電荷の間には静電的な引力がはたらいていて，これはクーロン力ともよばれる（図3-3，表3-1）．

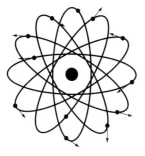

図3-3 原子のイメージ

表3-1 原子を構成する粒子

原子	原子核	陽　子	電荷（+1）
		中性子	電荷（0）
	電　子		電荷（-1）

電子の重さは，陽子の重さの約1/1840に相当し，陽子の質量と中性子の質量はほぼ等しい．したがって，陽子と中性子が原子の質量の大部分を占め，原子の質量は原子核に集中している．原子核の密度は非常に高く，電子の存在する空間には，ほとんど重さがない（表3-2）．

表3-2 粒子の比較

粒　子	記　号	質量/kg	質量比	電荷（C）×10^{-19}
陽子	p	1.6726×10^{-27}	1	+1.6022
中性子	n	1.6749×10^{-27}	1	0
電子	e^-	9.1094×10^{-31}	約 1/1840	-1.6022

3-3 原子の種類

3-3-1 元素と原子番号

原子は物質を構成する基本粒子で，陽子の数の違いでそれぞれ異なる性質を示す．陽子の数が異なる原子ごとの集団の種類を表したのが元素で，元素にはそれぞれの元素に固有の性質をもつ原子が存在している．

元素は，ラテン語などに由来する固有の名称とその名称から1文字（頭文字）または2文字をとった元素記号で表される．原子番号（Z）は原子の陽子数を正の整数で表したもので，元素によって決まっている．また，原子に含まれる電子数と陽子数は等しいので，原子番号は原子の周りの電子の数も示している．例えば，原子番号が6の炭素Cは，その値から6個の陽子および6個の電子をもっていることがわかる．原子核には陽子の他に中性子が含まれており，この陽子数と中性子数の和を質量数（M）という．原子番号と質量数により1つの原子種が規定される．これを核種といい，原子種が違えばその原子は異なる原子という考えである．

原子の種類を原子番号や質量数を含めて表す時は，元素記号の左下に原子番号，左上に質量数を書く（原子番号は元素によって決まっているので，原子番号を省略して書く場合もある）（図3-4）．

$$^M_Z\text{元素記号} \quad \text{質量数}(M) = \text{陽子数} + \text{中性子数}$$
$$\text{原子番号}(Z) = \text{陽子数}（= \text{電子数}）$$

図 3-4 核種の表示法

3-3-2 同位体と同素体

原子番号（陽子数）が等しく中性子数が異なる場合，これらの核種を同位体という．例えば，天然の炭素Cには質量数12と質量数13の2つの核種が存在する．どちらも陽子数は6であるが，前者は中性子数が6，後者は中性子数が7のため質量数が異なる．したがって，互いに同位体である．同位体は電子数が等しいので化学的性質はほとんど等しい．

同位体の関係にある原子1つひとつには固有名称はなく，炭素－12 ^{12}C や炭素－13 ^{13}C のように元素名と質量数（元素記号と質量数）を用いて表される．一方，水素Hは同位体に特別な固有名が使われている唯一の元素で，^{1}Hの核種は軽水素とよばれる．また，^{2}Hおよび^{3}Hの核種は，それぞれ重水素および三重水素とよばれ，DまたはTという記号でも表される．

天然に存在する核種の存在比を表3-3に示した．多くの元素では，ある特定の同位体が圧倒的に多く存在するが，塩素では^{35}Clと^{37}Clが約3：1，臭素では^{79}Brと^{81}Brが約1：1と同位体の存在比に特徴がある．

表 3-3 天然核種の質量と存在比

元素	核種	質量	存在比 (%)	元素	核種	質量	存在比 (%)
水素	^{1}H	1.00783	99.9844	硫黄	^{32}S	31.9721	95.018
	^{2}H	2.01410	0.0156		^{33}S	32.9715	0.750
炭素	^{12}C	12 (基準)	98.8922		^{34}S	33.9679	4.215
	^{13}C	13.00336	1.1078		^{36}S	35.9671	0.017
窒素	^{14}N	14.0031	99.6337	塩素	^{35}Cl	34.9689	75.771
	^{15}N	15.0001	0.3663		^{37}Cl	36.9659	24.229
酸素	^{16}O	15.9949	99.7628	臭素	^{79}Br	78.9183	50.686
	^{17}O	16.9991	0.0372		^{81}Br	80.9163	49.314
	^{18}O	17.9992	0.2000				

　水素 H_2, 酸素 O_2, 鉄 Fe などのように, 1 種類の元素だけからなる物質を単体というが, 同じ元素の単体に性質の異なる物質が存在する. このような単体を同素体という. 同素体どうしは, 原子の配列（結晶構造）や結合様式が異なるため, 化学的・物理的性質が異なっている. 例えば, 「酸素とオゾン」,「ダイヤモンドと黒鉛」,「赤リンと黄リン」,「斜方硫黄, 単斜硫黄とゴム状硫黄」があり, それぞれ酸素 O, 炭素 C, リン P, 硫黄 S の同素体である.

3-3-3　原子の相対質量と原子量

　原子はそれぞれ固有の質量をもつが, 真の原子 1 個の質量はおよそ 10^{-23} 〜 10^{-22} g と極めて小さいため, その絶対的な値を用いるのは不便である. そこで, 原子の質量は特定の核種 1 個の質量を基準とした相対質量に換算されている. 相対値の基準になる核種は ^{12}C で, この核種の質量を 12 (端数なし) と定め, 他の核種の原子質量が求められている. 例えば, ^{35}Cl 原子の相対質量は, ^{12}C 原子 1 個の質量 (1.993×10^{-23} g) と ^{35}Cl 原子 1 個の質量 (5.808×10^{-23} g) から (3-1) 式のように求められる.

$$^{35}Cl \text{ の相対質量} = 12 \times \frac{5.808 \times 10^{-23} \text{ (g)}}{1.993 \times 10^{-23} \text{ (g)}} \fallingdotseq 34.97 \qquad (3\text{-}1)$$

　一方, ^{12}C 原子 12g 中の原子数は (3-2) 式で求められる. このことから, 各原子の相対質量は, 6.02×10^{23} 個 (アボガドロ数) の原子の質量をグラム単位で表した数値に等しいことがわかる.

$$\frac{12 \text{ (g)}}{1.993 \times 10^{-23} \text{ (g)}} \fallingdotseq 6.02 \times 10^{23} \qquad (3\text{-}2)$$

　元素の原子量は, 同位体の存在比を加味した同位体混合物の平均相対質量で表されている. 同位体の存在しない元素では, 核種の原子質量と元素の原子量が一致するが, 数種類の同位体が存在する元素 (表 3-3 参照) では, 各同位体の質量とその天然存在比から求めた平均値がその元素の原子量となる. 例えば, 炭素 C には ^{12}C 原子が 98.8922%, ^{13}C 原子が 1.1078% 存在するので, (3-3) 式によって求めた平均値が炭素元素の原子量となる.

$$12 \times \frac{98.892}{100} + 13.003 \times \frac{1.108}{100} \fallingdotseq 12.011 \tag{3-3}$$

3-4 原子の構造

前節 3-2 原子の構成で述べたように，原子自身内部構造を有する．陽子と中性子は，原子の中心の小さな核の中にあり，電気的に中性になるような数の電子によって囲まれている．この原子構造の抽象は，元素のいくつかの性質（例えば，同位体の存在）を説明するには十分である．しかし，その化学的・物理的性質はまだ説明することができない．

原子の中における微粒子の分布状態のことを原子構造とよぶ．原子が互いに反応する時，外側だけが接触するので，極めて小さくて原子の中に深く埋まっている核の中の微粒子の陽子と中性子は反応することができない．反応に関与するのは，原子の外側を占めている微粒子の電子であり，電子の分布状態によって原子の性質が決まる．したがって，原子の性質は電子の配列と関連づけられる．

3-4-1 原子軌道

電子の存在する空間には，エネルギー準位の異なるいくつもの電子の部屋（原子軌道）があり，電子はエネルギー準位の低い軌道から順に収容される．電子の部屋を理解する上で20世紀初頭にボーアが考案した原子模型（図3-5）が比較的わかりやすい．これは原子を球体と考え，その中の電子は軌道電子（核外電子）で，電子が収容される軌道は電子殻である．電子殻は，原子核から近い順に，K殻，L殻，M殻，N殻…とよび，原子核に近いものほど低いエネルギーをもっている．原子内の電子は，一般にエネルギーの低い内側の電子殻から順に収容される．例えば，図3-5に示した原子番号20のカルシウム原子Caでは，K殻に2個，L殻に8個，M殻に8個，N殻に2個の電子が収容される．

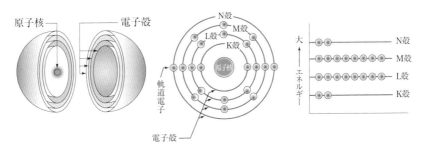

図3-5　カルシウム原子におけるボーアの原子模型と電子殻のエネルギー準位

3-4-2 軌道の種類と形

ボーアの原子模型は複雑な原子を考えるのには不十分で，現在は非常に小さな粒子である電子を量子力学で扱い，波動関数として表される．電子の運動量や電子と核とのクーロン力などは波

動方程式という微分方程式で記述される．波動関数は，電子の存在確率を示すもので，電子の運動は惑星のように一定の軌道を運動しているのではなく，ある瞬間に存在する電子の位置は確率的に決まる．空間における電子の存在確率の密度を雲状の濃淡で表したものを電子雲といい，電子の存在確率の高いところを便宜的に軌道またはオービタルとよぶ．原子核のまわりの電子雲の最も濃いところ（電子の存在確率の最も高いところ）が原子軌道（電子軌道ともよばれる）で，原子軌道には球形のs軌道，亜鈴形のp軌道，二重亜鈴形のd軌道，複雑な形をもつf軌道などがある（図3-6）．s，p，d，fは，それぞれsharp，principal，diffuse，fundamentalという分光学の用語に由来している．

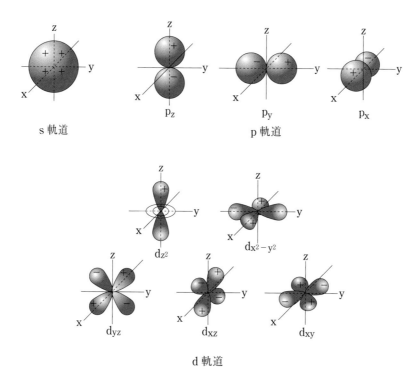

図3-6 s, p, d 軌道の形

また，それぞれの軌道の内部の電子密度の広がりの大きさをイメージしやすいように，電子の三次元分布を軌道のスケールに合わせた二次元平面（x–z平面）投影図を示した（図3-7）．

電子密度の広がり，あるいは広がりの方向などの電子の状態は，4つの量子数（主量子数n，方位量子数l，磁気量子数m，スピン量子数s）の1組の数値で表される（表3-4）．

① 主量子数n：$n = 1, 2, 3, \cdots$

軌道のエネルギー状態を規定し，空間的な広がりを表す．nの数値が大きいほど電子は核から遠くなり，エネルギーは高くなる．ボーアの原子模型のK殻は$n = 1$に対応し，L殻は$n = 2$，M殻は$n = 3$，N殻は$n = 4$にそれぞれ対応している．

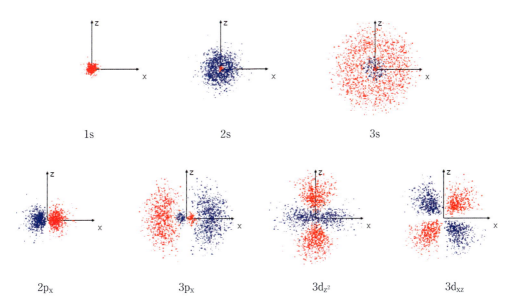

図 3-7　電子の二次元平面投影図
(河波保雄，国立科学博物館で学ぶ物理学．http://wondephysics.web.fc2.com/physicsqc.html)

② 方位量子数 l：$l = 0, 1, 2, \cdots (n-1)$

電子の角運動量を規定し，軌道の形状を表す．l のとりうる値は n によって決まり，0 から $(n-1)$ までの n 個である．$l=0$ は s 軌道，$l=1$ は p 軌道，$l=2$ は d 軌道，$l=3$ は f 軌道に相当する．

③ 磁気量子数 m：$m = -l, -(l-1), \cdots, 0, \cdots, (l-1), l$

特定方向に対する軌道の傾きを規定し，軌道の方向を表す．m のとりうる値は $(2l+1)$ 個である．例えば，$l=1$ では，$m=-1, 0, +1$ の値をとるので 3 種類の異なった p 軌道が存在する．

④ スピン量子数 s：$s = +1/2, -1/2$

電子自身の自転（スピン）の方向を規定する．自転の方向が右回りと左回りの 2 通りを $+1/2$ と $-1/2$ で表す．上向きの矢印↑と下向きの矢印↓を記号として用いることも多い．他の 3 つの量子数が等しい 1 つの軌道はスピン量子数の異なる 2 個の電子を収容できる．

表 3-4 軌道の種類と 4 つの量子数

殻 \ 量子数	主量子数 n	方位量子数 l	磁気量子数 m	スピン量子数 s	原子軌道	電子の数 $2n^2$
K	1	0	0	$-1/2,\ +1/2$	1s	2
L	2	0 1	0 $-1,\ 0,\ +1$	$-1/2,\ +1/2$ $-1/2,\ +1/2$	2s 2p	2 ⎫ 6 ⎭ 8
M	3	0 1 2	0 $-1,\ 0,\ +1$ $-2,\ -1,\ 0,\ +1,\ +2$	$-1/2,\ +1/2$ $-1/2,\ +1/2$ $-1/2,\ +1/2$	3s 3p 3d	2 ⎫ 6 ⎬ 18 10 ⎭
N	4	0 1 2 3	0 $-1,\ 0,\ +1$ $-2,\ -1,\ 0,\ +1,\ +2$ $-3,\ -2,\ -1,\ 0,\ +1,\ +2,\ +3$	$-1/2,\ +1/2$ $-1/2,\ +1/2$ $-1/2,\ +1/2$ $-1/2,\ +1/2$	4s 4p 4d 4f	2 ⎫ 6 ⎪ 10 ⎬ 32 14 ⎭

3-4-3 軌道のエネルギー準位

原子軌道のエネルギー準位は主量子数 n の小さいものから大きいものへ順次高くなる.同じ主量子数 n では,エネルギー準位の低いほうから順に s < p < d < f となる.主量子数 n の違いによるエネルギー準位の差は主量子数 n が小さいほど大きく,主量子数 n が大きいほど小さい.そのため,主量子数 n の大きい(エネルギー準位の高い)ところでは必ずしも主量子数 n の順にならない.例えば,4s 軌道と 3d 軌道では 4s 軌道のエネルギー準位が 3d 軌道より低い.図 3-8 に各々の軌道を 1 本の線で表して,おおよそのエネルギー準位を示した.

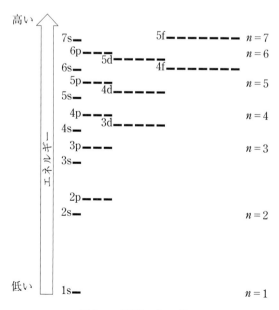

図 3-8 軌道エネルギー

各軌道をエネルギー準位の低い順に並べると，1s＜2s＜2p＜3s＜3p＜4s＜3d＜4p＜5s＜4d＜5p＜6s＜4f＜5d・・・となる．

3-4-4 電子配置

原子には原子番号と同じ数の電子が存在する．原子内の電子配置には一定の規則があり，それに従って配置される．

(1) 軌道に電子が入るときの原則

① 原子内には4つの量子数がまったく同じ電子は存在しない（パウリの排他原理）．言い換えれば，1つの軌道にはスピンの方向が反対の電子2個でいっぱいになり，電子3個は入れない．② 同じエネルギー準位にある複数の軌道には，同じスピン量子数の電子が最大になるように収容される（フントの規則）．例えば，2p軌道に3個の電子が配置されるとき，$2p_x$, $2p_y$, $2p_z$ の3つの軌道にそれぞれ電子スピンが平行になるように1個ずつ配置される．③ 配置される電子は前項で述べたエネルギー準位の低い軌道から順次入っていく（築き上げの原理）．この順序を図3-9に簡単に表した．

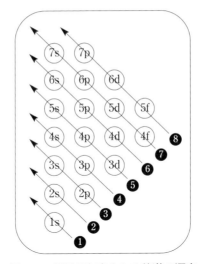

図3-9 電子が収容される軌道の順序

(2) 電子の軌道への詰まり方

原子番号1の水素原子Hには1個の電子が1s軌道に入る．ヘリウム原子Heでは，もう1個の電子が1s軌道に入って対をつくる．リチウム原子Li，ベリリウム原子Beと1個ずつ電子が増え，同じように2s軌道が満たされる．ホウ素原子Bになると同じエネルギー準位にある3つの2p軌道の1つに1個の電子が入る．炭素原子Cでもう1個の電子が入る時，空の2つの2p軌道のうちの1つに先に入った2p電子と同じスピン量子数の電子が入る．次の窒素原子Nの場合も同様で，残った1つの空の2p軌道に先に入った2p電子と同じスピン量子数の電子が入る．酸素原子Oでは，不対電子で満たされている2p軌道の1つに異なるスピン量子数をもった電子が入って対をつくる（図3-10）．

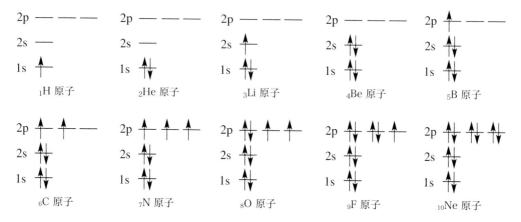

図3-10 第一周期および第二周期元素の基底状態の電子配置

d軌道の場合もまったく同様に5つのd軌道に同じスピン量子数の電子が1個ずつ入り，5つのd軌道が不対電子で満たされてから，異なるスピン量子数の電子が入って対をつくる（図3-11）．

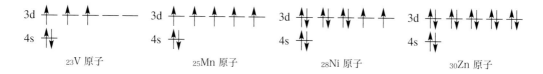

図3-11 V, Mn, Ni, Zn の基底状態の 3d および 4s 軌道の電子配置

(3) 電子配置の表記

電子配置を記述するには，まず軌道を示して電子の数をその軌道の右上にかく．水素原子 H の電子配置は $1s^1$，炭素原子 C は $1s^22s^22p^2$，硫黄原子 S は $1s^22s^22p^63s^23p^4$，臭素原子 Br は $1s^22s^22p^63s^23p^63d^{10}4s^24p^5$ のようになる．原子番号の大きい原子は，次のように省略して示すことが多い．例えば，硫黄原子 S は [Ne] $3s^23p^4$，臭素原子 Br は [Ar] $3d^{10}4s^24p^5$ のように記す．ここで，[ ]の中には希ガスの元素記号を記し，その希ガスと同じ電子配置であることを示している．電子配置は必ず主量子数 n の順に記すことに注意する必要がある．例えば，築き上げの原理による臭素原子 Br の電子配置は，$1s^22s^22p^63s^23p^6\underline{4s^23d^{10}}4p^5$ であるが，アンダーラインの箇所が主量子数 n の順になっていないので，先に示したように書き換える．

(4) 規則に従わない電子配置をとる原子

3d軌道に電子が入る時，4s軌道が電子で満たされてから3d軌道に電子が入っていくのが一般的である．しかし，中にはこの規則に従わない原子が存在する．例えば，クロム原子 Cr の電子配置は [Ar] $3d^44s^2$ ではなく [Ar] $3d^54s^1$ になっているが，これは3d軌道が半充填構造をとるこ

とでより安定な状態になるからである．同様に銅原子 Cu の電子配置は [Ar]3d⁹4s² ではなく [Ar]3d¹⁰4s¹ になり，3d 軌道が電子で満たされた充塡構造をとることでより安定な状態になっている．クロム原子 Cr と銅原子 Cu の電子配置は規則からは予想できないので，例外として注意しておく必要がある（他の原子にも同じような例外が生じている．例えば，銀原子 Ag の電子配置 [Kr]4d¹⁰5s¹ や金原子 Au の電子配置 [Xe] 4f¹⁴ 5d¹⁰6s¹ は，銅原子 Cu と同じように d 軌道が電子で満たされた充塡構造をとることでより安定な状態になっている）（図 3-12）．

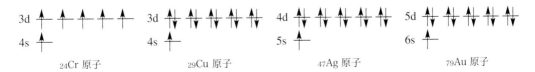

図 3-12　Cr, Cu, Ag, Au の基底状態の最外殻の電子配置

(5) イオンの電子配置

1つもしくはそれ以上の電子を原子が受け取ると陰イオンに，失うと陽イオンになる．イオンの電子配置は，イオンになる前の原子の電子配置をもとに考える．硫化物イオン S^{2-} の電子配置は，硫黄原子 S（$1s^22s^22p^63s^23p^4$）が2電子を受け取って $1s^22s^22p^63s^23p^6$ となり，希ガスのアルゴン Ar と同じ電子配置をとる．マグネシウムイオン Mg^{2+} の電子配置は，マグネシウム原子 Mg

表 3-5　基底状態における原子の電子配置（第1周期から第4周期）

原子番号	元素記号	電子配置	原子番号	元素記号	電子配置
1	H	$1s^1$	19	K	[Ar] $4s^1$
2	He	$1s^2$	20	Ca	[Ar] $4s^2$
3	Li	[He] $2s^1$	21	Sc	[Ar] $3d^14s^2$
4	Be	[He] $2s^2$	22	Ti	[Ar] $3d^24s^2$
5	B	[He] $2s^22p^1$	23	V	[Ar] $3d^34s^2$
6	C	[He] $2s^22p^2$	24	Cr	[Ar] $3d^54s^1$
7	N	[He] $2s^22p^3$	25	Mn	[Ar] $3d^54s^2$
8	O	[He] $2s^22p^4$	26	Fe	[Ar] $3d^64s^2$
9	F	[He] $2s^22p^5$	27	Co	[Ar] $3d^74s^2$
10	Ne	[He] $2s^22p^6$	28	Ni	[Ar] $3d^84s^2$
11	Na	[Ne] $3s^1$	29	Cu	[Ar] $3d^{10}4s^1$
12	Mg	[Ne] $3s^2$	30	Zn	[Ar] $3d^{10}4s^2$
13	Al	[Ne] $3s^23p^1$	31	Ga	[Ar] $3d^{10}4s^24p^1$
14	Si	[Ne] $3s^23p^2$	32	Ge	[Ar] $3d^{10}4s^24p^2$
15	P	[Ne] $3s^23p^3$	33	As	[Ar] $3d^{10}4s^24p^3$
16	S	[Ne] $3s^23p^4$	34	Se	[Ar] $3d^{10}4s^24p^4$
17	Cl	[Ne] $3s^23p^5$	35	Br	[Ar] $3d^{10}4s^24p^5$
18	Ar	[Ne] $3s^23p^6$	36	Kr	[Ar] $3d^{10}4s^24p^6$

($1s^22s^22p^63s^2$) が 2 電子を失って $1s^22s^22p^6$ となり希ガスのネオン Ne と同じ電子配置をとる．原子から陽イオンが生成する時は，一番大きい主量子数の殻から電子が失われるため，遷移元素では，内殻の d 軌道の電子より先に最外殻の s 軌道の電子を失う．例えば，亜鉛イオン Zn^{2+} の電子配置は，亜鉛原子 Zn（[Ar] $3d^{10}4s^2$）が外側の 4s 軌道の 2 電子を失って [Ar] $3d^{10}$ となる．鉄（Ⅲ）イオン Fe^{3+} の電子配置は，鉄原子 Fe（[Ar] $3d^64s^2$）が外側の 4s 軌道の 2 電子を失い，次いで 3d 軌道の 1 電子を失って [Ar] $3d^5$ となる．

3-5 元素の周期性

3-5-1 周期表

元素の化学的性質は電子の配列，特に原子内で最も外側にある最外殻電子の配置に依存している．この最外殻電子の配置に周期性があるため，元素の性質も周期的に変わっていく．これを周期律といい，元素を原子番号の順に並べることによって，周期表ができている．したがって，同じ族に属する元素は互いに類似した性質を示す．1 族，2 族，および 13 族〜18 族の元素を典型元素といい，3 族〜12 族の元素を遷移元素という（12 族元素は化学的性質が典型元素の金属に類似していることから，典型元素に分類されることもある）．

(1) s-ブロック元素

1 族は最外殻に 1 個の s 電子をもつ元素群で，2 族は最外殻に 2 個の s 電子をもつ元素群である．s 軌道に電子が入っていくこの領域の元素を s-ブロック元素という．

(2) p-ブロック元素

13 族は最外殻に 3 個の電子（s 電子 2 個と p 電子 1 個）をもち，最外殻の電子配置は ns^2np^1 となる．同様に，14 族，15 族，16 族，17 族，18 族はそれぞれ電子配置として，ns^2np^2，ns^2np^3，ns^2np^4，ns^2np^5，ns^2np^6 をもつ．これらを p-ブロック元素という．周期表の各周期は 1 族から始まり，18 族で終わるように構成されている．

(3) d-ブロック元素と f-ブロック元素

3 族から 12 族までの元素は d 軌道が満たされていく元素であり，d-ブロック元素という．また，f 軌道が満たされていく元素を f-ブロック元素といい，4f 軌道が満たされていくランタノイドおよび 5f 軌道が満たされていくアクチノイドがある．これらの元素の電子配置は規則に従わないものが存在する．また，最外殻から 2 つ内側の殻を満たしていくことから，f-ブロック元素は内部遷移元素ともよばれている．f-ブロック元素については周期表の枠内に収めることができず，別枠に示される．

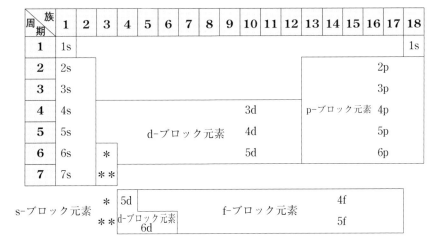

図3-13 周期表における各ブロック元素

3-5-2 原子の大きさ

原子の大きさとは，原子核のまわりに存在する電子が占めている空間の大きさである．そのため，原子の大きさは結合状態によって異なり，通常，共有結合半径，金属結合半径，ファンデルワールス半径で表される．共有結合半径は，結合している原子の核間距離の1/2であり，加成性が成り立つ．同じ原子でも結合状態（単結合，二重結合，三重結合など）によってその値は異なる．金

表3-6 共有結合半径（上段）と金属結合半径（下段）(pm*)

族 周期	1	2	3	4	5	6	7	8	9	10	11	12	13	14	15	16	17
1	H 32																
2	Li 134 152	Be 91 111											B 82	C 77	N 74	O 72	F 72
3	Na 154 186	Mg 138 160											Al 126 143	Si 117	P 110	S 104	Cl 99
4	K 196 231	Ca 174 197	Sc 163	Ti 145	V 131	Cr 125	Mn 112	Fe 124	Co 125	Ni 125	Cu 128	Zn 133	Ga 126 122	Ge 122	As 119	Se 116	Br 114
5	Rb 216 247	Sr 191 215	Y 178	Zr 159	Nb 143	Mo 136	Te 135	Ru 133	Rh 135	Pd 138	Ag 144	Cd 149	In 143 163	Sn 140 141	Sb 138 145	Te 135	I 133
6	Cs 235 266	Ba 198 217	La 187	Hf 156	Ta 143	W 137	Re 137	Os 135	Ir 136	Pt 139	Au 144	Hg 150	Tl 148 170	Pb 147 175	Bi 146 156	Po 146	At 145

*ピコメートル：1 pm = 1 × 10^{-12} m

属結合半径は,単体中の隣接原子の核間距離の1/2である.共有結合半径と金属結合半径をまとめて原子半径とよぶ.ファンデルワールス半径は,結合していない原子と原子が最も近づいた時の核間距離の1/2であり,共有結合半径より大きく,他の原子と接触する距離と考えることができる.

典型元素における原子半径およびファンデルワールス半径は,周期表の同じ周期では18族を除いて1族から17族の順に小さくなる.これは,核電荷が増加することにより,外殻電子が原子核に引きつけられるためである.同じ周期内に遷移元素または内部遷移元素がある時,この縮小の傾向はさらに顕著になる.一方,周期表の同じ族では下にゆくほど原子半径およびファンデルワールス半径は大きくなる.これは,主量子数nの値が大きくなり,軌道の空間的な広がりが大きくなるからである.

3-5-3 イオン化エネルギー

気体状態の中性原子から電子を取り去るのに必要なエネルギーをイオン化エネルギー(図3-14)といい,単位には$kJ\ mol^{-1}$を用いる.原子から1個,2個および3個の電子を取り去るのに必要なエネルギーをそれぞれ,第一イオン化エネルギー,第二イオン化エネルギーおよび第三イオン化エネルギーというが,単にイオン化エネルギーといえば,第一イオン化エネルギーを意味する.

$$M(気) + I_1(第一イオン化エネルギー) \rightarrow M^+(気) + e^- \tag{3-4}$$
$$M^+(気) + I_2(第二イオン化エネルギー) \rightarrow M^{2+}(気) + e^- \tag{3-5}$$
$$M^{2+}(気) + I_3(第三イオン化エネルギー) \rightarrow M^{3+}(気) + e^- \tag{3-6}$$

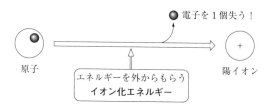

図3-14 イオン化エネルギーの概念図

イオン化エネルギーの大きさは,その電子に対する核電荷の作用および内側の殻に存在する電子の遮蔽効果などの影響を受ける.一般に同じ族を下にゆくのに従いイオン化エネルギーは小さくなる.これは,主量子数nが大きくなることで,原子の大きさの増加に加えて,内側の電子殻の電子が増えることによる遮蔽効果のため,最外殻電子の受ける核の束縛が小さくなって電子が離れやすくなるからである.この傾向は原子の大きさと関連づければ理解しやすい.また,同じ周期では左から右にゆくに従いイオン化エネルギーは大きくなる(図3-15).

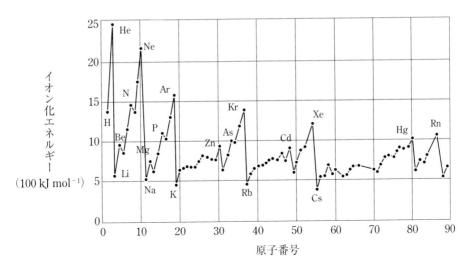

図 3-15　イオン化エネルギーの変化

　しかし，周期の左から右への増加傾向に反するところが存在する．ベリリウム Be の後のホウ素 B およびマグネシウム Mg の後のアルミニウム Al では小さい値になっている．これは，s 軌道の電子は p 軌道の電子よりも原子核の近くに存在するため，核により強く引きつけられ，取り去るのが困難だからである．そのため，s-ブロック元素から p-ブロック元素へ移るところでイオン化エネルギーが小さくなる．また，このことは電子配置の安定性からも説明される．一般に同じエネルギー準位にある軌道がすべて電子対で満たされている場合（充填構造）や不対電子で満たされている場合（半充填構造）は，安定な電子配置である．同じエネルギー準位にある軌道に電子の詰まっていない空軌道のみの状態も 1 つの安定な形と考えられる．ベリリウム Be およびマグネシウム Mg の最外殻の電子配置は，s 軌道が充填構造で 3 つの p 軌道がすべて空軌道であり，安定な電子配置になっている．そのため，電子を取り去るには大きなエネルギーを必要とする．一方，ホウ素 B およびアルミニウム Al の電子配置は，p 軌道に電子が 1 個存在し，この電子を取り去ると安定な電子配置になるため，イオン化エネルギーは小さくてすむ．

　窒素 N の後の酸素 O およびリン P の後の硫黄 S でも小さい値になっている．窒素 N およびリン P は，3 つの p 軌道を 3 個の電子で満たした半充填構造の安定な電子配置をとっているため，電子を取り去るのに大きなエネルギーを必要とする．一方，酸素 O および硫黄 S は，p 軌道の 4 個の電子から 1 個の電子を取り去ると安定な半充填構造になるため，イオン化エネルギーは小さくてすむ．

3-5-4　電子親和力

　気体状態の中性原子が電子を受け取るときに放出されるエネルギーを電子親和力（図 3-16）といい，単位には $kJ\ mol^{-1}$ を用いる．通常は 1 価の陰イオンが形成され，電子親和力の値が大きいほど陰イオンになりやすい傾向にある．

$$X(気) + e^- \longrightarrow X^-(気) + E(電子親和力) \tag{3-7}$$

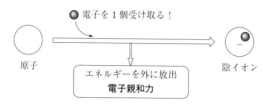

図 3-16 電子親和力の概念図

　第二周期の各元素の電子親和力にみられるように，多くの原子はエネルギーを放出（発熱）する．しかし，最外殻電子が存在する s 軌道が充填構造になっているベリリウム Be や，p 軌道が半充填構造になっている窒素 N，希ガスの安定な電子配置をもつネオン Ne ではエネルギーを吸収する（表 3-7）．他の周期でも 2 族，15 族，18 族で同様の傾向になる（図 3-17）．また，一般に電子親和力は原子の大きさの増大とともに減少するが，第二周期の元素は原子半径が小さすぎるために，既に存在している電子と受け取る電子との静電反発が大きく，第三周期の同じ族の元素より電子親和力が小さくなる傾向がある．

表 3-7　第二周期元素および第三周期元素の電子親和力

第二周期元素	Li	Be	B	C	N	O	F	Ne
電子親和力 (kJ mol^{-1})	60	−50	27	122	−7	141	328	−116
第三周期元素	Na	Mg	Al	Si	P	S	Cl	Ar
電子親和力 (kJ mol^{-1})	53	−40	43	134	72	200	349	−96

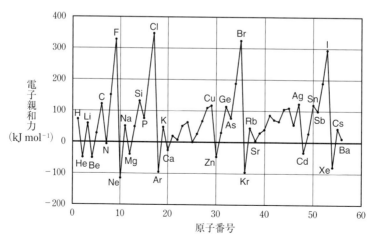

図 3-17　電子親和力の変化

3-5-5 電気陰性度

元素によって核電荷や電子配置が異なることを述べてきた．異なる元素の原子が結合を形成する時，電子を引きつける能力が異なることが期待できる．原子が結合に使われている電子対を引きつける能力を電気陰性度という．電気陰性度の値には，マリケンのイオン化エネルギーと電子親和力からの算出法やポーリングの結合エネルギーからの算出法などがある．表3-8に最も広く用いられているポーリングによる電気陰性度の値を示した．

表3-8 ポーリングによる電気陰性度の値（第1周期から第6周期）

周期＼族	1	2	3	4	5	6	7	8	9	10	11	12	13	14	15	16	17	18
1	H 2.1																	He
2	Li 1.0	Be 1.6											B 2.0	C 2.5	N 3.0	O 3.5	F 4.0	Ne
3	Na 0.9	Mg 1.2											Al 1.5	Si 1.8	P 2.1	S 2.5	Cl 3.0	Ar
4	K 0.8	Ca 1.0	Sc 1.3	Ti 1.5	V 1.6	Cr 1.6	Mn 1.5	Fe 1.8	Co 1.9	Ni 1.9	Cu 1.9	Zn 1.6	Ga 1.8	Ge 1.8	As 2.0	Se 2.4	Br 2.8	Kr
5	Rb 0.8	Sr 1.0	Y 1.2	Zr 1.4	Nb 1.6	Mo 1.8	Tc 1.9	Ru 2.2	Rh 2.2	Pd 2.2	Ag 1.9	Cd 1.7	In 1.7	Sn 1.8	Sb 1.9	Te 2.1	I 2.5	Xe
6	Cs 0.7	Ba 0.9	La 1.0	Hf 1.3	Ta 1.5	W 1.7	Re 1.9	Os 2.2	Ir 2.2	Pt 2.2	Au 2.4	Hg 1.9	Tl 1.8	Pb 1.9	Bi 1.9	Po 2.0	At 2.1	Rn

電気陰性度は，イオン化エネルギーや電子親和力と関連しているので，これらの周期性と同様に電気陰性度も周期性をもつ．一般的には，同じ周期の元素では，希ガス元素を除いて左から右にゆくほど電気陰性度は増大する傾向にあり，同じ族の元素では上から下にゆくほど減少する傾向にある．そのため，電気陰性度の最も大きい元素は周期表の右上に位置する第2周期17族のフッ素Fであり，最も電気陰性度の小さい元素は周期表の左下に位置する第7周期1族のフランシウムFrである．電気陰性度は，次の章の化学結合の性質にも大きく関わっている．

章末問題

1. 次の原子の陽子，中性子および電子の数を答えよ．
   (1) $^{23}_{11}$Na　(2) $^{40}_{18}$Ar　(3) $^{39}_{19}$K　(4) $^{40}_{19}$K　(5) $^{57}_{25}$Mn

2. 銅の同位体存在比は，^{63}Cuが69.09%，^{65}Cuが30.91%である．これらの核種の質量（62.93および64.93）から銅の原子量を求めよ．

3. 塩素には ^{35}Cl（質量 = 34.97）と ^{37}Cl（質量 = 36.97）の同位体があり，原子量は 35.45 である．それぞれの同位体の存在比を百分率で表せ．

4. 塩素原子 $_{17}$Cl の電子配置は，K 殻，L 殻，M 殻の順に（2, 8, 7）と表される．次の各原子の電子配置を塩素原子にならって示せ．
    (1) $_5$B   (2) $_9$F   (3) $_{15}$P   (4) $_{18}$Ar

5. 次の各原子から生じるイオンをイオン式で示せ．
    (1) $_{11}$Na   (2) $_8$O   (3) $_{13}$Al   (4) $_{17}$Cl

6. 次の量子数で表される軌道を例にならって示せ．〔例…$n = 2, l = 1$：軌道 = 2p〕
    (1) $n = 2, l = 0$ (2) $n = 3, l = 2$ (3) $n = 4, l = 1$

7. 次の電子配置で示される原子の族を示せ．
    (1) ［希ガス］$n\text{s}^2 n\text{p}^5$ (2) ［希ガス］$(n-1)\text{d}^2 n\text{s}^2$ (3) ［希ガス］$(n-1)\text{d}^{10} n\text{s}^2 n\text{p}^3$

8. 次の電子配置で示される原子を元素記号で示せ
    (1) ［He］$2\text{s}^2 2\text{p}^3$ (2) ［Ne］$3\text{s}^2 3\text{p}^4$ (3) ［Ar］$3\text{d}^7 4\text{s}^2$ (4) ［Ar］$3\text{d}^{10} 4\text{s}^2 4\text{p}^5$

9. 次の原子またはイオンの基底状態での電子配置と不対電子数を例にならって示せ．
    〔例…$_6$C：［He］$2\text{s}^2 2\text{p}^2$（不対電子 2 個）〕
    (1) $_8$O   (2) $_{20}$Ca   (3) $_{26}$Fe   (4) $_{24}$Cr
    (5) $_{17}$Cl$^-$ (6) $_{22}$Ti^{3+} (7) $_{28}$Ni^{2+} (8) $_{44}$Ru^{3+}

10. Ne，Na，Si，Cl，K のうち，イオン化エネルギーの最大の元素と最小の元素を示せ．さらに，電子親和力の最大の元素と最小の元素を示せ．

11. 同周期のイオン化エネルギーは，全体として原子番号の増加とともに大きくなるが，窒素原子 N より原子番号の大きい酸素原子 O のイオン化エネルギーが小さいのはなぜか．説明せよ．

12. 炭素原子 C と窒素原子 N の間で核電荷が増大しているにもかかわらず，電子親和力が大きく減少しているのはなぜか．説明せよ．

第4章

化学結合と分子間相互作用

4-1 なぜ薬学部で化学結合と分子間相互作用を学ぶのか（事例）

　多くの医薬品は生体高分子のタンパク質である受容体や酵素と結合（分子間相互作用）することで作用を発現する．生体高分子に医薬品が結合する時，ある部分には水素結合が，別の部分にはイオン結合が，さらに別の部分はファンデルワールス力がはたらいているなど，様々な相互作用が関与している．

　高血圧治療薬のカプトプリルは，生体高分子のアンジオテンシン変換酵素と結合することで，この酵素を阻害し，血圧を上げる作用をもつアンジオテンシンⅡという物質の生成を抑え，降圧作用を発揮する（図4-1）．

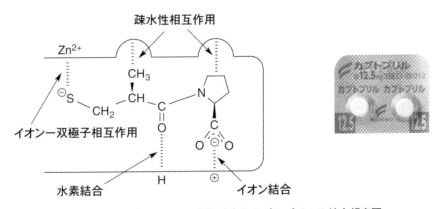

図 4-1　アンジオテンシン変換酵素とカプトプリルの結合想定図
（カプトプリル錠 12.5 mg「日医工」，日医工）

　カプトプリルとアンジオテンシン阻害酵素活性部位の結合は，次のように想定される．カプトプリルのスルファニル基 -SH は酵素活性中心に存在する亜鉛イオン Zn^{2+} と相互作用する．カルボニル基 -CO- の酸素 O は活性中心の水素結合供与部位と水素結合する．カルボキシ基 -COOH が水素イオン H^+ を放出してイオン化した $-COO^-$ は活性中心の陽イオン部位とイオン結合する．メチル基 $-CH_3$ およびピロリジン環は疎水性ポケットと相互作用する．

　ここでは，医薬品と生体内高分子がどのような力で結合するのかを考える上で重要な化学結合と分子間相互作用を学ぶ．

4-2 オクテット則

自然界に存在する元素のうち，18族元素の希ガスは原子の最外殻の軌道に8個の電子をもち，s軌道とp軌道が電子で満たされたns^2np^6の閉殻構造をとっている（ヘリウム原子Heにはp軌道がないため，$1s^2$の2個の電子で閉殻構造）．この最外殻の軌道の電子配置は，著しく安定であり，希ガス（18族元素）は1個の原子でも安定に存在することができる．希ガス以外の原子も最外殻の軌道を電子で満たした安定な状態をとろうとして他の原子と電子のやりとりを行って結合をつくる．この時，最外殻の軌道が希ガスと同じ8個の電子で満たされると安定な状態になる．これをオクテット則という（オクテットはもともと数字の8を意味するが，水素原子Hやヘリウム原子Heの場合は2個の電子で最外殻の軌道が満たされる）（図4-2）．

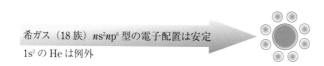

図4-2 安定な最外殻の電子配置

したがって，結合の形成は，最外殻電子の放出，獲得，あるいは共有によってオクテットを形成して最外殻の軌道が満たされることである．例えば，イオン結晶中の塩化ナトリウムNaClは，ナトリウム原子NaがM殻にある3s軌道の価電子を1個放出してネオン原子Neと同じ閉殻構造をもつナトリウムイオンNa^+になり，塩素原子ClがM殻の3p軌道に電子を1個獲得してアルゴン原子Arと同じ閉殻構造をもつ塩化物イオンCl^-となる（図4-3）．陽イオンと陰イオンは互いに静電引力によって結合しており，この結合をイオン結合という．

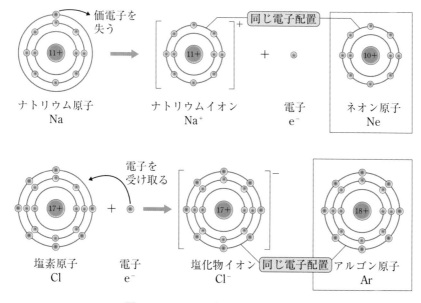

図4-3 イオンの生成による安定化

また，水素分子 H_2 は，水素原子 H どうしが互いの電子 1 個を共有して最外殻の軌道を満たし，塩化水素分子 HCl では，塩素原子 Cl と水素原子 H の間で電子を共有して最外殻の軌道を満たしている（図 4-4）．このように，原子間で共有された電子対のことを共有電子対とよび，これによって生じた結合を共有結合という．

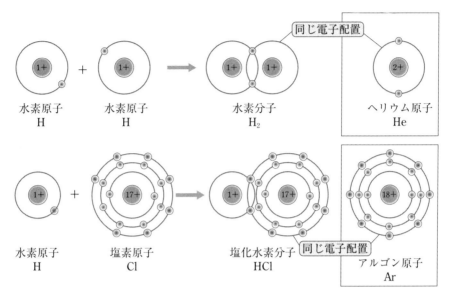

図 4-4　電子の共有による安定化

4-3　イオン結合

イオン結合は，正の電荷をもつ陽イオンと負の電荷をもつ陰イオンが互いに静電的な引力（クーロン力）によって形成される結合である．電気的な引力には方向性がないので，両イオンはすべての方向に無限に結合してイオン結晶をつくる．すなわち，イオン結晶は陽イオンと陰イオンの集合体で，単独の分子は存在しない（高温で気体状態の時には例外がある）．イオン結晶中では反対の符号の電荷をもったイオン間の引力が最大となり，同じ符号をもった電荷のイオン間の反発力が最小となるように陽イオンと陰イオンが規則正しく三次元配列している．この配列を結晶格子といい，その最小単位を単位格子という．

4-3-1　組成式

イオンからなる化合物を表すには，構成しているイオンの種類とその数の最も簡単な整数比で示した組成式（第 2 章 2-2-2 参照）を用いる．すなわち，イオンからなる化合物は電気的に中性であり，化合物中では陽イオンの正の電荷と陰イオンの負の電荷は等しくなるので，イオンの数の比を簡単に求めることができる（(4-1) 式）．

　　　　（陽イオンの価数）×（陽イオンの数）＝（陰イオンの価数）×（陰イオンの数）　　　(4-1)

例えば，塩化マグネシウムでは，$Mg^{2+} \times 1 = Cl^- \times 2$ となり，組成式は $MgCl_2$ と表される．また，炭酸ナトリウムでは，$Na^+ \times 2 = CO_3^{2-} \times 1$ となり，組成式は Na_2CO_3 と表される．同様に，硫酸アルミニウムの組成式は $Al_2(SO_4)_3$ となる．

4-3-2 イオン結合の形成

イオン結合は，イオン化エネルギーが小さく陽イオンになりやすい陽性元素と電子親和力が大きく陰イオンになりやすい陰性元素との間で生じることが多い．例えば，陽性元素であるリチウム原子 Li の電子配置は $1s^2 2s^1$ であり，電子1個を放出することによって，安定な希ガスのヘリウム原子 He と同じ $1s^2$ の電子配置をもったリチウムイオン Li^+ となる．一方，陰性元素であるフッ素原子 F の電子配置は $1s^2 2s^2 2p^5$ であり，電子1個を獲得して安定な希ガスのネオン原子 Ne と同じ $1s^2 2s^2 2p^6$ の電子配置をもったフッ化物イオン F^- となる．リチウム原子 Li からフッ素原子 F に1個の電子が移動することによって，リチウムイオン Li^+ とフッ化物イオン F^- が形成され，互いに反対の電荷をもつため静電的な引力（クーロン力）によって結合する（図 4-5）．

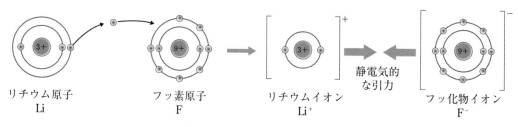

図 4-5　イオン結合のイメージ

4-4　金属結合

金属結合は，陽イオンになりやすい陽性元素が価電子を放出して陽イオンになり，放出された価電子が陽イオンの間を自由に運動して局在化することなくすべての原子で共有される結合である．自由に運動している電子を自由電子といい，価電子を放出した原子は陽イオンとして互いに結合している（図 4-6）．この状態は，自由電子のつくる雰囲気（電子ガス）の中に陽イオンが浸っているとみなせる．

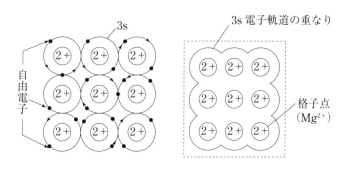

図 4-6　マグネシウム Mg の自由電子モデル

　金属は，陽イオンの結合は強いが方向性はなく，その移動に大きなエネルギーを必要としないため変形しやすく延性と展性がある．また，非局在化している自由電子が熱エネルギーを容易に伝えるため熱の良導体であり，電位差があると自由電子が容易に移動するため電気の良導体である．さらに，自由電子は光，特に可視光のエネルギーを吸収してより高いエネルギー準位に励起され，脱励起して低いエネルギー準位に戻る際に光を放出するために光を通さない特有の光沢を有する．

4-5　共有結合

　共有結合は，原子が互いに価電子を共有してできる結合である．前節 4-2 オクテット則で述べたように，最外殻の軌道が電子で満たされていない（オクテット則を満たしていない）原子は，互いの価電子をもち合って最外殻の軌道を電子で満たして安定化する．

4-5-1　共有結合の形成

　水素分子 H_2 の結合を考えると，水素原子 H の電子配置は $1s^1$ で，最外殻に 1 個の電子をもつ．最外殻の軌道を満たすには，もう 1 個の電子が必要である．そこで，2 つの水素原子 H が互いに最外殻の電子を 1 個ずつ共有することで最外殻の電子が 2 個になり，双方の水素原子 H が安定なヘリウム原子 He の電子配置 $1s^2$ をとる（図 4-7）．

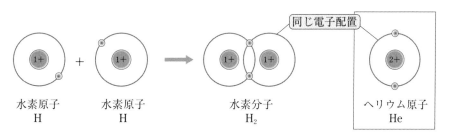

図 4-7　水素分子 H_2 の結合のイメージ

　塩素分子 Cl_2 では，塩素原子 Cl の電子配置が $[Ne]3s^23p^5$ で，安定なアルゴン原子 Ar の電子

配置と比べて電子が1個不足している．そこで，水素分子 H_2 の結合と同様に2つの塩素原子 Cl が互いに他方の塩素原子 Cl の最外殻の電子を1個共有して安定なアルゴン原子 Ar の電子配置をとる（図4-8）．この時，塩素原子 Cl の7個の価電子のうち，1個が共有結合に使われ，残りの6個は結合に関与せず，3組の非共有電子対[1]になる．

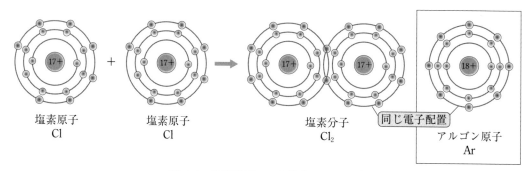

図4-8　塩素分子 Cl_2 の結合のイメージ

複数の共有電子対によって形成される共有結合の二重結合や三重結合も存在する．例えば，酸素分子 O_2 では，酸素原子 O の電子配置が $[He]2s^22p^4$ で，安定なネオン原子 Ne の電子配置と比べて電子が2個不足している．そのため，2つの酸素原子 O が互いに他方の酸素原子 O の最外殻の電子を2個共有して二重結合となり，安定なネオン原子 Ne の電子配置をとる（図4-9）．この時，酸素原子 O 6個の価電子のうち，2個が共有結合に使われ，残りの4個は結合に関与せず，2組の非共有電子対になる．

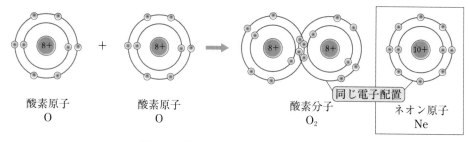

図4-9　酸素分子 O_2 の結合のイメージ

窒素分子 N_2 も同様に，2つの窒素原子 N が互いに他方の窒素原子 N の最外殻の電子を3個共有して三重結合となり，安定なネオン原子 Ne の電子配置をとる．

4-5-2　ルイス構造式

原子の最外殻の軌道に収容された電子（価電子）に注目すれば，原子どうしのつながりを考えることができる．元素記号のまわりに価電子を"・"で示した表記法をルイス構造式[2]という．例えば，水素原子 H は電子配置が $1s^1$ で，1個の"・"を，炭素原子 C は最外殻の電子配置が

---

[1] 孤立電子対，ローンペア，非結合電子対ともいう．
[2] 電子式，点電子構造式，点電子表記法ともいう．

$2s^22p^2$ で 4 個の "・" を，塩素原子 Cl は最外殻の電子配置が $3s^23p^5$ で 7 個の "・" をもっている（表 4-1）．

表 4-1 原子のルイス構造式

	族番号	1	2	13	14	15	16	17	18
ルイス構造式	第 1 周期	H・							He :
	第 2 周期	Li・	Be	・B	・C・	・N・	・O・	:F・	:Ne:
	第 3 周期	Na・	Mg	・Al	・Si・	・P・	・S・	:Cl・	:Ar:

He は電子の入る場所が 1 つしかないので，・He・ ではなく He : と書く．

フッ素分子 F_2 をルイス構造式で表記すると，:F:F: となる．この表記法はオクテット則を用いて構造式を考える際に非常に便利である．すなわち，元素記号のまわりの上下左右の各辺に 2 個ずつ電子を配置してすべてが満たされたとき，オクテット則を満たした安定な状態になる（ただし，水素原子 H とヘリウム原子 He は，最外殻が 2 個の電子でオクテット則を満たす）ことから，化合物を構成するそれぞれの原子がオクテット則を満たすように原子どうしを結合させて安定な分子をかける．例えば，水分子 H_2O のルイス構造式は，価電子 6 個の酸素原子 O がオクテットを満たすには 2 個電子が足りないので，2 つの水素原子 H と電子を共有して 2 つの水素原子 H が酸素原子 O と結合した H:O:H となる．アンモニア分子 NH_3 では，窒素原子 N の 5 個の価電子のうち，3 個の価電子を 3 つの水素原子 H との共有結合に使い，残りの 2 個の価電子が 1 組の非共有電子対になる（図 4-10）．この時，窒素原子 N と水素原子 H はそれぞれオクテット則を満たし，安定なネオン原子 Ne およびヘリウム原子 He の電子配置となる．

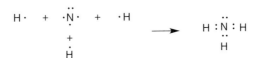

図 4-10 アンモニア分子 NH_3 のルイス構造式

また，多重結合は原子間に結合に関与する電子対を書いて表せる．例えば，共有電子対が 2 組ある（二重結合）酸素分子 O_2 は :O::O: と表される．

<オクテット則の例外>

ベリリウム原子 Be，ホウ素原子 B，アルミニウム原子 Al などの化合物には，中心原子のまわりの電子数が 8 個未満の安定な分子が存在する（不完全なオクテット）．また，第 3 周期以降の元素になるとオクテットにとどまらず，d 軌道を利用して中心原子の電子数が 10 個や 12 個の化合物が多くみられる（拡張オクテット則）．例えば，五フッ化リン PF_5 はリン原子 P の 5 個の価

電子がそれぞれフッ素原子 F と共有結合を形成し，中心のリン原子 P のまわりには電子が 10 個あることになる（図 4-11）．

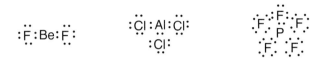

図 4-11 オクテット則の例外分子のルイス構造式

一方，1 組の共有電子対（：）を 1 本の線（—）で表して構造式を示す表記法を線結合構造式[3]という．この表記法は，ルイス構造式より簡便である．ルイス構造式と線結合構造式の関係を図 4-12 に示した．線結合構造式では非共有電子対を必ずしも表記する必要はないが，非共有電子対は化学反応を考える際に重要な場合が多いので注意しなければならない．

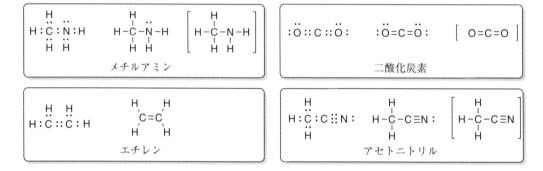

図 4-12 ルイス構造式と線結合構造式

4-5-3 極性共有結合

水素分子 H_2 や塩素分子 Cl_2 などの共有結合は，結合する原子が同じなので，結合電子に偏りがなく均等に分布した理想的な（100 %）共有結合である．一方，塩化水素分子 HCl，水分子 H_2O，アンモニア分子 NH_3 などの異なる原子間の共有結合は，原子の電気陰性度が異なるため，電子が電気陰性度の高い原子に偏ってしまい，片方の原子は部分的に正電荷を帯び，他方の原子が部分的に負電荷を帯びる．このように電子分布に偏りができることを分極といい，分極した共有結合を極性共有結合とよぶ（図 4-13）．分極は部分的にイオン化しているもので，完全にはイオン化していないため，δ^+ と δ^- の記号を用いて双極子として表される．また，その大きさは双極子モーメント（双極子能率：μ）で示され，双極子モーメントは双極子の一方がもつ電荷の大きさ（q）と原子間距離（r）の積で表される（(4-2) 式）．単位は通常デバイ（D）が用いられる．

$$\mu = q \times r \quad (1D = 3.33564 \times 10^{-30} \, C \cdot m) \tag{4-2}$$

---

[3] ケクレ構造式ともいう．

双極子モーメントの大きさの程度は，結合している原子間の電気陰性度の差を反映し，電気陰性度の差が大きいほど分極の度合い（双極子モーメント）が大きくなる．

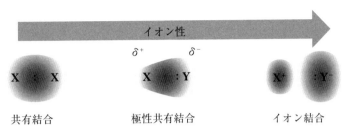

図4-13　原子間結合の電子の偏り

4-5-4　配位結合

配位結合は共有結合の1種であるが，配位結合の結合様式は共有結合と異なり，一方の原子の非共有電子対がもう一方の原子に提供されて原子間で電子対を共有して形成される結合である．例えば，アンモニウムイオン NH_4^+ は，アンモニア分子 NH_3 中の窒素原子Nの非共有電子対が水素イオン H^+（プロトン）に提供され，この電子対を窒素原子Nと水素原子Hで共有する．配位結合は，通常の共有結合とでき方が異なるものの，結合が形成されると，アンモニウムイオン NH_4^+ の4つの窒素-水素結合はまったく同じ性質となり，他の3つの共有結合と区別がつかず等価となる．水分子 H_2O とプロトン H^+ との反応で生じるオキソニウムイオン H_3O^+ も，水分子 H_2O とプロトン H^+ との配位結合によって生じる（図4-14）．

図4-14　配位結合の形成

4-6　共鳴と形式電荷

4-6-1　共鳴

化合物の構造式を示す時，1つの構造式で表せない化合物が存在する．例えば，硝酸イオン NO_3^- のルイス構造式は図4-15の**A～C**のように示される．窒素-酸素結合の1つが二重結合で他の2つは単結合である．しかし，これら3つの窒素-酸素結合はすべて同じ長さで等価であることが知られている．この事実は，硝酸イオン NO_3^- の3つの窒素-酸素結合に電子が均等に分布していなければならない．すなわち，硝酸イオン NO_3^- は**A～C**のルイス構造式で表されるが，

どれか1つだけでは硝酸イオン NO_3^- を正確に示しておらず，この3つの中間が正しい構造式である．

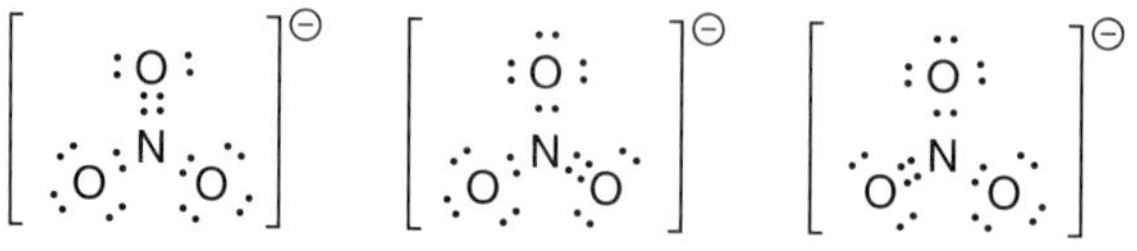

図4-15 硝酸イオン NO_3^- のルイス構造式

硝酸イオン NO_3^- のように，原子の配置は同一であるが電子の配置の異なる2つ以上の構造式がかける時，それらの構造式を互いに共鳴構造といい，共鳴構造の関連づけは，両矢印（⟷）を用いる．共鳴構造は実在するものではなく，すべての共鳴構造が複合した共鳴混成体として存在する（図4-16）．

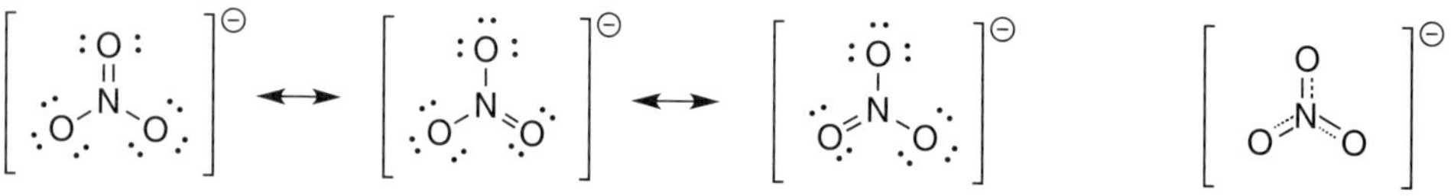

共鳴構造　　　　　　　　　　　　　共鳴混成体

図4-16 硝酸イオンの共鳴構造

酢酸イオン $CH_3CO_2^-$ および炭酸イオン CO_3^{2-} も共鳴構造で示される．どちらの化合物も分子内の炭素-酸素結合は等価であり，共鳴混成体として存在している（図4-17）．

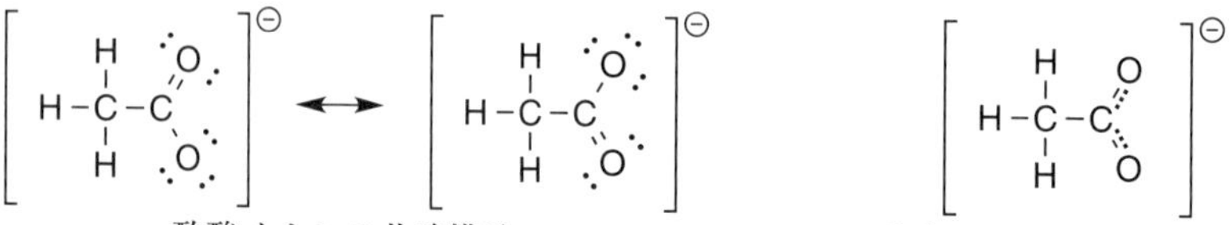

酢酸イオンの共鳴構造　　　　　　酢酸イオンの共鳴混成体

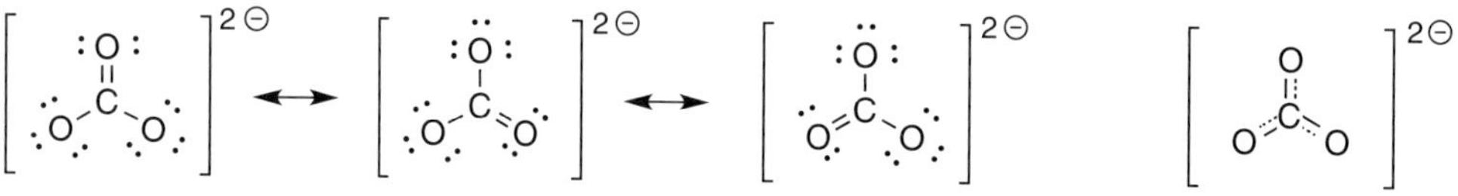

炭酸イオンの共鳴構造　　　　　　炭酸イオンの共鳴混成体

図4-17 酢酸イオン $CH_3CO_2^-$ および炭酸イオン CO_3^{2-} の共鳴構造

4-6-2 形式電荷

化合物を構成する原子が専有することになる電子の数が，その原子の価電子の数と異なっている場合，原子はイオン性の電荷を帯びる．この電荷を形式電荷という（形式電荷は形式的であり，実際にイオン電荷があるという意味ではない）．形式電荷は，原子の価電子の数から原子が専有している電子の数を引いた数と等しい．すなわち，結合した原子がもつ電子の数は，結合電子（結合に使われている電子）の半分と非結合電子（結合に使われていない電子）の数の和に等しいので，形式電荷は (4-3) 式で求めることができる．

$$形式電荷 = （基底状態の原子がもつ価電子数） - [（結合電子の 1/2 の数） + （非結合電子の数）] \quad (4\text{-}3)$$

例えば，ニトロメタン CH_3NO_2 をルイス構造式で表すと，2つの窒素-酸素結合において，一方が単結合，他方が二重結合をとる（図 4-18）．

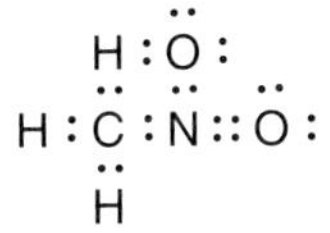

図 4-18 ニトロメタン CH_3NO_2 のルイス構造式

ニトロメタン CH_3NO_2 の各原子の形式電荷を求めると，ニトロメタン CH_3NO_2 の窒素原子 N は 8 個の結合電子をもち，非結合電子は 0 である．基底状態の窒素原子 N は 5 個の価電子をもつので，(4-4) 式のように計算すると，窒素原子 N の形式電荷は +1 となる．

$$窒素原子 N の形式電荷 = 5 - (8/2 + 0) = +1 \quad (4\text{-}4)$$

ニトロメタン CH_3NO_2 の窒素-酸素単結合の酸素原子 O は 2 個の結合電子をもち，非結合電子は 6 個である．基底状態の酸素原子は 6 個の価電子をもつので，(4-5) 式のように計算すると，酸素原子 O の形式電荷は -1 となる．

$$酸素原子 O の形式電荷 = 6 - (2/2 + 6) = -1 \quad (4\text{-}5)$$

他の水素原子 H，炭素原子 C，窒素-酸素二重結合の酸素原子 O はそれぞれ専有している電子の数と基底状態の価電子の数が等しく，形式電荷は 0 となる．形式電荷を示した構造式は図 4-19 のようになり，ニトロメタン CH_3NO_2 で生じた 2 つの形式電荷の和は 0，したがって，分子全体として電気的に中性である．

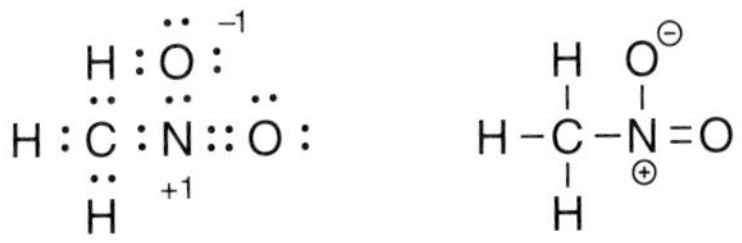

図 4-19 形式電荷を示したニトロメタン CH_3NO_2 の構造式

構造式が複数考えられる時，形式電荷を求めるとどの構造式が最も適当か判断できる．例えば，一酸化二窒素 N_2O はオクテット則を満たしたルイス構造式が A ～ C の3つかける（図4-20）．

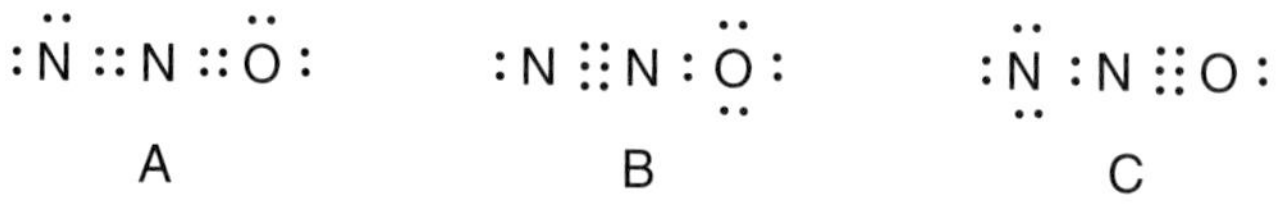

$$
\ddot{\overset{..}{N}}::N::\overset{..}{\ddot{O}}: \qquad :N:::N:\overset{..}{\ddot{O}}: \qquad :\overset{..}{N}:N:::\overset{..}{\ddot{O}}:
$$

　　　　A　　　　　　　　　B　　　　　　　　　C

図4-20　一酸化二窒素 N_2O のルイス構造式

一酸化二窒素 N_2O A では，左の窒素原子 N が専有している電子が6個で，窒素原子 N の価電子より電子が1個多いために形式電荷は －1 である．中央の窒素原子 N は4個の電子を専有しているので価電子より電子が1個少ないために形式電荷は ＋1 となる．酸素原子 O は6個の電子を専有し，価電子と同じ数なので形式電荷は0である．同様に B，C の形式電荷を求めると図4-21のようになる．

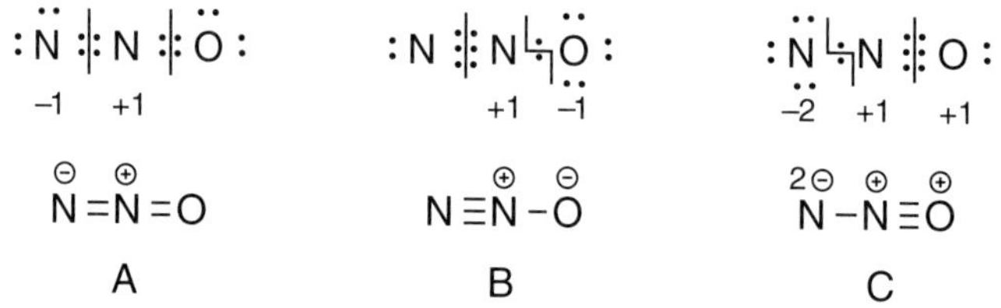

$$
\begin{array}{ccc}
\underset{-1}{\ddot{N}}::\underset{+1}{N}::\underset{0}{\ddot{\ddot{O}}}: & :N:::\underset{+1}{N}:\underset{-1}{\ddot{\ddot{O}}}: & :\underset{-2}{\ddot{N}}:\underset{+1}{N}:::\underset{+1}{\ddot{O}}: \\
\overset{\ominus}{N}=\overset{\oplus}{N}=O & N\equiv\overset{\oplus}{N}-\overset{\ominus}{O} & \overset{2\ominus}{N}-\overset{\oplus}{N}\equiv O \\
A & B & C
\end{array}
$$

図4-21　形式電荷を示した一酸化二窒素 N_2O の構造式

形式電荷の考え方では，形式電荷の最も小さい電荷をもつ原子はエネルギー準位が最も低く，そのような原子を含む構造をとりやすいとされる．よって，－2の形式電荷をもつ C の構造式は適当ではない．A と B は同じ形式電荷で存在可能であり，共鳴構造として表される（図4-22）．

$$
\overset{\ominus}{N}=\overset{\oplus}{N}=O \quad \longleftrightarrow \quad N\equiv\overset{\oplus}{N}-\overset{\ominus}{O}
$$

図4-22　一酸化二窒素 N_2O の共鳴構造

硝酸イオン NO_3^- の共鳴構造（4-6-1参照）において，各原子の形式電荷を示すと図4-23のようになる．

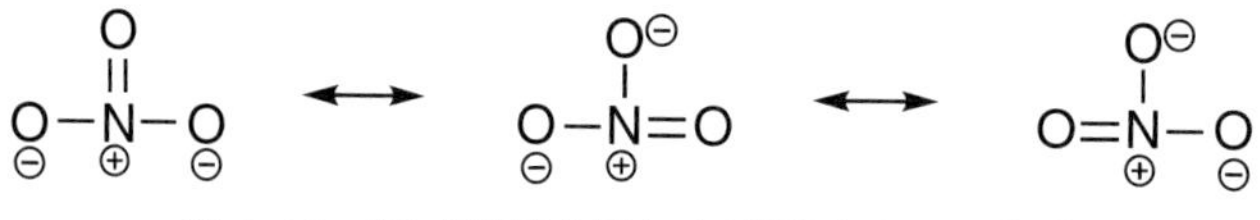

$$
\begin{array}{ccc}
\underset{\ominus\ \ \ \ \ \oplus\ \ \ \ \ominus}{O-\overset{\overset{\displaystyle O}{\|}}{N}-O} & \underset{\ominus\ \ \ \ \ \ \ \ \ \ }{O-\overset{\overset{\displaystyle O^{\ominus}}{|}}{N}=O} & \underset{\ \ \ \ \ \ \ \ \ \ \ominus}{O=\overset{\overset{\displaystyle O^{\ominus}}{|}}{N}-O}
\end{array}
$$

図4-23　形式電荷を示した硝酸イオンの共鳴

4-7 分子間相互作用

4-7-1 極性分子と無極性分子

分子の極性は，それぞれの結合の双極子モーメント（ベクトル）の和で表される．水分子 H_2O では，酸素-水素結合の双極子モーメントは電気陰性度の大きい酸素原子 O に向かう矢印（ベクトル）で示される（図4-24）．このように分子全体として双極子モーメントをもつ分子を極性分子という．また，極性分子のもつ双極子を永久双極子という．

これに対して，分子全体の双極子モーメントの総和が0になる分子を無極性分子という．分子の中の個々の原子間結合で双極子モーメントが生じていても分子の形状によって双極子モーメントが打ち消される無極性分子が存在する．例えば，二酸化炭素分子 CO_2 の C＝O 結合は，酸素に向かう矢印で示される双極子モーメントをもつが，2つの双極子モーメントが打ち消し合い，分子全体として双極子モーメントが0となるので，CO_2 は無極性分子である．四塩化炭素分子 CCl_4 も同様に双極子モーメントを打ち消し合って，分子全体として双極子モーメントが0となり，無極性分子である．

図 4-24 水 H_2O，二酸化炭素 CO_2，四塩化炭素 CCl_4 の分極と分子の極性

4-7-2 ファンデルワールス力

分子は分子間にはたらく引力によって凝集し，液体あるいは固体の状態になる．この分子間にはたらく力をファンデルワールス力という．ファンデルワールス力は，次の分散力（ロンドン力），双極子-双極子相互作用，双極子-誘起双極子相互作用の3つに分けられる．

(1) 分散力（ロンドン力）

無極性であるヘリウム原子 He，あるいはメタン分子 CH_4 や水素分子 H_2 でも液体になり，超低温では固体になる．これらの無極性の原子または分子の電子雲は均一に分布しているが，運動している電子はある瞬間には偏って存在する．この時，瞬間的に双極子が生じ（図4-25の**A**），この双極子は他の無極性の原子または分子の電子雲を歪ませて（図4-25の**B**）瞬間的に新たな双極子を誘起することができる．こうして無極性のものでも次々に双極子が生じる．このように瞬間的に生じた双極子によって引き合う力を分散力（ロンドン力）という．

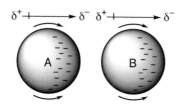

図 4-25 分散力（ロンドン力）

1分子あたりの電子の数が多いほど電子が広がっているため分極しやすく，一般に，分子構造の似ている化合物では，分子量が大きいほど融点や沸点が高くなる．また，分子量が同じ異性体では分子間の接触面積に影響され，接触面積の大きい分子ほど融点や沸点が高くなる（表4-2）．

表 4-2　アルカンおよび臭化アルキルの沸点

構造式	分子量	沸点（℃）	構造式	分子量	沸点（℃）
$CH_3CH_2CH_2CH_3$	58	-0.5	$CH_3CH_2CH_2Br$	123	71
$CH_3CH_2CH_2CH_2CH_3$	72	36	$CH_3CH_2CH_2CH_2Br$	137	102
$CH_3CHCH_2CH_3$ $\quad\;\;\mid$ $\quad\;\;CH_3$	72	28	CH_3CH_2CHBr $\quad\;\;\mid$ $\quad\;\;CH_3$	137	91
$\quad\;\;CH_3$ $\quad\;\;\mid$ CH_3CCH_3 $\quad\;\;\mid$ $\quad\;\;CH_3$	72	9.5	$\quad\;\;CH_3$ $\quad\;\;\mid$ $CH_3C\text{-}Br$ $\quad\;\;\mid$ $\quad\;\;CH_3$	137	72

(2) 双極子-双極子相互作用

極性分子は永久双極子をもち，分子の双極子の一端が他の分子の双極子の反対符号の端と電気的に引き合う力を双極子-双極子相互作用という．例えば，アセトン分子 CH_3COCH_3 では電気陰性度の大きい酸素原子 O に電子が引き寄せられ，$\overset{\delta^+}{C}=\overset{\delta^-}{O}$ のように電荷の偏りができている（図4-26）．この偏りから生じる双極子間に引力が生じる．この引力は電荷の偏りが大きいほど大きくなる．

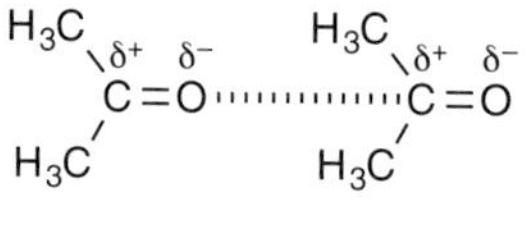

$$\begin{array}{c}H_3C\\\end{array}\!\!\underset{H_3C}{\overset{}{\diagdown}}\overset{\delta^+}{C}=\overset{\delta^-}{O}\cdots\cdots\cdots\begin{array}{c}H_3C\\\end{array}\!\!\underset{H_3C}{\overset{}{\diagdown}}\overset{\delta^+}{C}=\overset{\delta^-}{O}$$

図 4-26　アセトン分子 CH_3COCH_3 間の双極子-双極子相互作用

(3) 双極子-誘起双極子相互作用

極性分子が無極性分子に近づくと，極性分子の双極子は無極性分子上に均等に分布していた電子雲に電荷の偏りを誘起する（誘起双極子）．その結果，極性分子の双極子と無極性分子に生じた誘起双極子が相互に引き合う．これを双極子-誘起双極子相互作用とよぶ（図4-27）．

図 4-27　双極子-誘起双極子相互作用

4-7-3　水素結合

水素原子 H が電気陰性度の大きい原子（窒素原子 N，酸素原子 O，フッ素原子 F など）と共有結合すると，その結合の共有電子対は電気陰性度の大きな原子に偏り，分極した極性共有結合になる．その結果，正電荷を帯びた水素原子 H と近くの電気陰性度の大きい（窒素原子 N，酸素原子 O，フッ素原子 F など）非共有電子対との間に結合が形成される．このような水素原子 H の橋渡しの結合を水素結合という（図 4-28）．水素結合は，共有結合やイオン結合と比べると極めて弱い結合であるが，一般に，ファンデルワールス力より強い結合で，融点，沸点，溶解度などに大きな影響を与える．

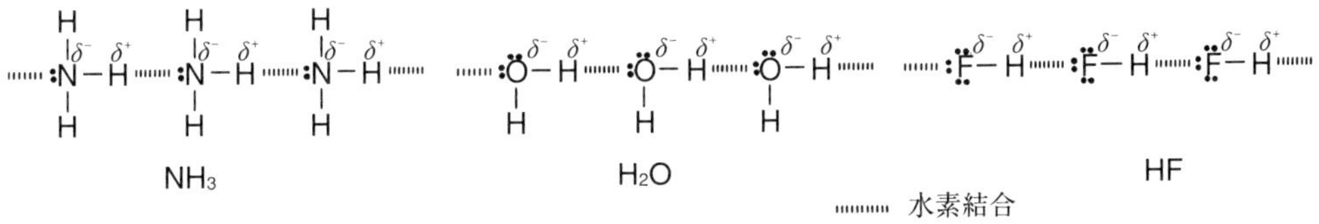

図 4-28　水素結合の模式図

水素結合は2つの分子間で双極子が相互作用しているので，双極子-双極子相互作用の1種とみなせるが，双極子-双極子相互作用の中で最も大きい結合エネルギーをもつ．例えば，同じ分子式をもつエタノール C_2H_5OH とジメチルエーテル CH_3OCH_3 の沸点を比較すると，エタノール C_2H_5OH は 78℃，ジメチルエーテル CH_3OCH_3 は 25℃ と著しい差がある．この違いは，エタノール C_2H_5OH がヒドロキシ基 -OH をもち，分子間で水素結合するのに対してジメチルエーテル CH_3OCH_3 に水素結合を形成する構造が存在しないためである（図 4-29）．

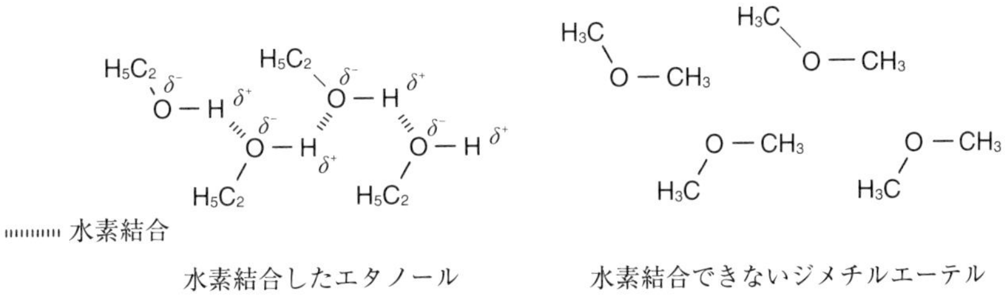

図 4-29　エタノール C_2H_5OH およびジメチルエーテル CH_3OCH_3 の分子間水素結合

また，14～17族元素の水素化物の沸点を比較すると，14族元素の水素化物は無極性化合物なので他の族に属する同程度の分子量をもつ水素化物の沸点より低く，同族では分子量が大きいほどファンデルワールス力が強くはたらくため沸点が高い．しかし，16族元素の水素化物の中で最も分子量の小さい水分子 H_2O は，水素結合を形成しやすいために他の16族元素の水素化物と比べて沸点が著しく高い．同様に17族元素の水素化物のフッ化水素 HF や15族元素の水素化物のアンモニア NH_3 も分子間で水素結合を形成するので，他の同族の水素化物に比べて沸点が高い（図4-30）．

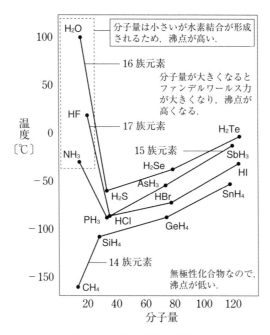

図4-30　水素化物の沸点

さらに，水素結合は生体内においても重要な役割を担っている．例えば，DNA は核酸塩基のグアニンとシトシンの間およびアデニンとチミンの間の水素結合によって，二重らせん構造を形成している（図4-31）．

水素結合は分子間だけではなく，分子内で5員環または6員環の環状構造がつくられる場合に水素結合が形成される．例えば，o-ニトロフェノールは異性体の p-ニトロフェノールに比べて融点が著しく低い．これは，p-異性体がヒドロキシ基 -OH とニトロ基 $-NO_2$ の間で分子間水素結合を形成するのに対して，o-異性体は分子内で水素結合を形成するため，分子間水素結合を形成しにくいからである（図4-32）．

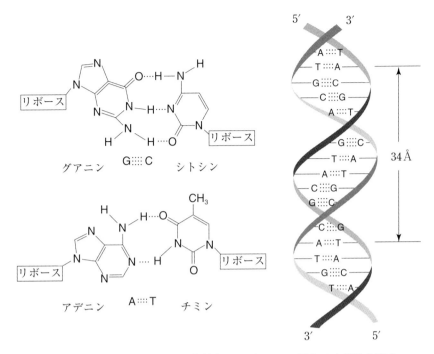

図 4-31 核酸塩基の分子間水素結合および DNA 二重らせん構造の形成

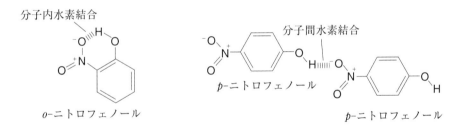

図 4-32 分子内水素結合と分子間水素結合

4-7-4 疎水性相互作用

　水分子 H_2O は互いに三次元的に自由に水素結合を形成している．水分子 H_2O と親和性の小さい疎水性化合物が水中に存在すると，水分子 H_2O 間に形成されていた水素結合が制限されるために水分子 H_2O の自由度が失われる．そのため，水分子 H_2O は疎水性化合物との接触面積を減らすように動き，結果として疎水性化合物あるいは疎水性部分が集合する．この性質を疎水性相互作用という．

　疎水性相互作用は，セッケン溶液中でのミセル形成（図 4-33）やタンパク質の高次構造の形成（図 4-34）などに関与している．

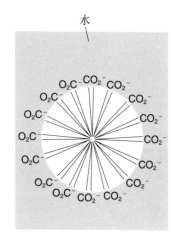

図4-33 ミセル形成

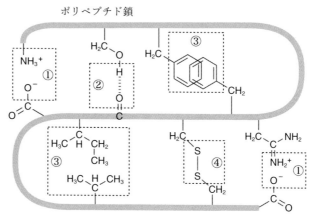

① 静電的相互作用　② 水素結合
③ 疎水性相互作用　④ ジスルフィド結合

図4-34 タンパク質の高次構造の形成

章末問題

1. 次のイオンからできる物質の組成式を示せ.
   (1) Na^+ と CO_3^{2-}　(2) Mg^{2+} と OH^-　(3) Al^{3+} と S^{2-}　(4) NH_4^+ と HCO_3^-

2. 次の化合物またはイオンをイオン結合性のものと共有結合性のものに分類せよ.
   (1) KCl　　　　(2) CaF_2　　　(3) OF_2　　　(4) $MgCl_2$
   (5) NH_4^+　　(6) NaH　　　　(7) HBr　　　　(8) CO_3^{2-}

3. 次の化合物またはイオンのルイス構造式を示せ. 形式電荷がある場合には構造式中に表記せよ.
   (1) H_2S　　　(2) N_2　　　　(3) O_3　　　　(4) BF_4^-
   (5) H_3O^+　　(6) H_2SO_4　　(7) $POCl_3$　　(8) C_2F_4

4. 次の化合物の線結合構造式を非共有電子対も表記して示せ.
   (1) $CHCl_3$　　(2) H_2Se　　　(3) CH_3NH_2　　(4) HCN
   (5) HCHO　　(6) C_2H_3Cl　　(7) C_6H_6（ベンゼン）　(8) H_2SO_4

5. 次の線結合構造式をルイス構造式で示せ.

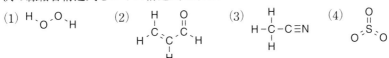

6. 次の化合物またはイオンの共鳴構造を（非共有電子対を表記した）線結合構造式で示せ.

   (1) CO_3^{2-} (2) NO_3^- (3) N_2O (4) ⌬

7. 次の各組の化合物またはイオンを原子間（C–O，C–C，N–O）距離の長い順に並べよ.

   (1) CO, CO_2, CO_3^{2-} (2) CH_3CH_3, $CH_2=CH_2$, ⌬
   (3) NO^+, NO_2^-, NO_3^-

8. 次の化合物を極性化合物と無極性化合物に分類せよ.

   (1) $CH_2=CH_2$ (2) CH_3OCH_3 (3) CO_2 (4) CCl_4
   (5) $(CH_3)_2C=O$ (6) $CH_2=CCl_2$ (7) BF_3 (8) SO_2

9. 次の各組の化合物のうち，沸点の高い化合物はどちらか. 選んだ理由も示せ.

   (1) NH_3 と CH_4 (2) o-ニトロフェノールと p-ニトロフェノール
   (3) HF と HBr (4) $CH_3CH_2CH_2Cl$ と $CH_3CH_2CH_2Br$
   (5) $CH_3CH_2CH_2CH_2CH_3$ と $(CH_3)_4C$ (6) $(CH_3)_3N$ と $CH_3CH_2CH_2NH_2$
   (7) $CH_3CH_2CH_2CH_2OH$ と $(CH_3)_3COH$
   (8) cis-1,2-ジクロロエテンと trans-1,2-ジクロロエテン

第5章

混成軌道と分子軌道

5-1 なぜ薬学部で混成軌道と分子軌道を学ぶのか（事例）

　生体分子や医薬品分子は固有の構造をもち，医薬品分子の構造を標的生体分子が認識して相互作用することで特定の機能を発揮している．分子は原子が結合してできているが，結合の理解だけでは分子のかたちはみえてこない．

　肺がんや膵臓がんを治療する医薬品のエルロチニブは，がん細胞だけを狙い撃ちにする抗がん剤の分子標的薬の1つに分類される．エルロチニブの構造は，三重結合の炭素Cに結合する原子は炭素-炭素三重結合の直線上に存在し，二重結合の炭素Cに結合する原子は炭素-炭素二重結合の平面上に存在している．また，酸素原子Oに結合する原子は折れ線のかたちで結合している（図5-1）．

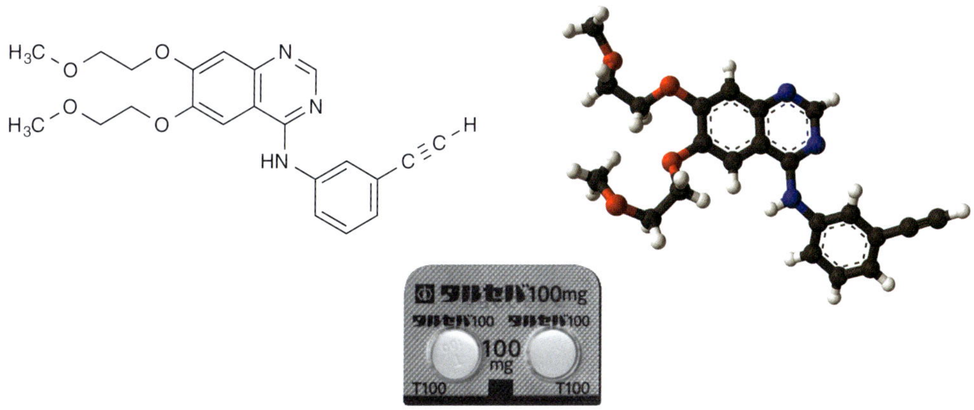

図5-1　エルロチニブの構造
（分子模型：PDB，1 m17　写真：タルセバ®錠100 mg，中外製薬）

　この章の原子価結合法（混成軌道）を学ぶことで，共有結合をしている原子の結合の方向性を考える力が身につき，分子のかたちを予測できるようになる．

　また，分子軌道を理解すると，水素分子H_2が存在するのにヘリウム分子He_2が存在しないのはなぜかといった結合のしくみの本質的な疑問が解決できるだろう．

5-2 混成軌道

分子の三次元的なかたちを理解するには，共有結合を軌道で考える必要がある．2個の電子を共有して形成される共有結合は，結合に関与する原子軌道どうしが重なるため，軌道が再編成されて新しい軌道となる．この新たに生じた軌道を混成軌道といい，結合する相手の原子軌道との重なりが最大になるように，かつ電子対どうしの反発が最小になるような方向性をもつ等価な軌道として形成される．この混成軌道は分子軌道（molecular orbital method, MO 法）によって定量的に説明されているが，ここでは簡単に原子価結合法（valence bond theory, VB 法）という概念での定性的な説明をする．原子価結合法は，2つの原子が近づき，1個の電子が入っている軌道が互いに重なりあって共有結合を形成するという考え方で，価電子数をもとに構造を推定できる便利な方法である．

5-2-1 sp 混成軌道

最外殻の s 軌道 1 つと p 軌道 1 つが混成して，新たに s 軌道と p 軌道の性質を半分ずつ併せもった等価な 2 つの sp 混成軌道が形成される．この 2 つの sp 混成軌道は電子対どうしの反発が最小になるように互いに一直線上に 180°の角度となる（図 5-2）．

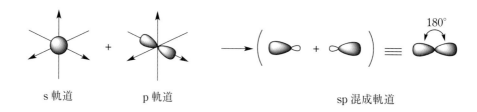

図 5-2　sp 混成軌道の形成

水素化ベリリウム分子 BeH_2 の中心のベリリウム原子 Be は，2つの共有結合をもつ．ベリリウム原子 Be の基底状態の電子配置は $[He]\,2s^2$ で不対電子をもたないため他の原子と共有結合を形成することができないが，ベリリウム原子 Be にエネルギーを与える（昇位エネルギー）と，2s 軌道の 1 個の電子が 2p 軌道に昇位して励起状態となり，不対電子が s 軌道と p 軌道にそれぞれ 1 個ずつ存在するようになる．s 軌道と p 軌道の性質は異なるが，s 軌道と p 軌道のそれぞれの性質を半分ずつ併せもつ新たな 2 つの等価な sp 混成軌道が形成される．この 2 つの sp 混成軌道と 2 つの水素原子 H の 1s 軌道が重なって 2 つの共有結合が形成され，水素化ベリリウム分子 BeH_2 となる（図 5-3）．

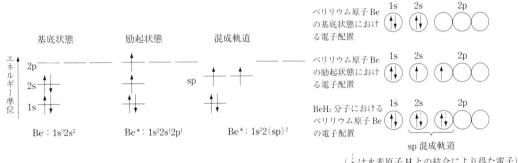

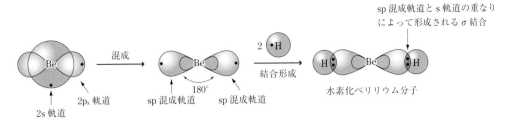

図 5-3 水素化ベリリウム分子 BeH₂ の混成軌道

5-2-2 sp² 混成軌道

最外殻の s 軌道 1 つと p 軌道 2 つが混成して，新たに 3 つの等価な sp² 混成軌道が形成される．それぞれの混成軌道は電子対どうしの反発が最小になるように互いに 120° の角度となる（図 5-4）．

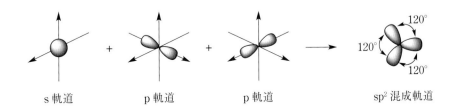

図 5-4 sp² 混成軌道の形成

水素化ホウ素分子 BH_3 の中心のホウ素原子 B は，3 つの共有結合をもつ．ホウ素原子 B の基底状態の電子配置は [He] $2s^22p^1$ で不対電子の数は 1 個であり，1 つの共有結合しか形成できない．そこで，2s 軌道の電子 1 個を 2p 軌道に昇位させると，3 個の不対電子をもつ励起状態となる．このときホウ素原子 B の軌道は，s 軌道 1 つと p 軌道 2 つが混成して，新たに 3 つの等価な sp² 混成軌道が形成される．この 3 つの sp² 混成軌道と 3 つの水素原子 H の 1s 軌道が重なって 3 つの共有結合が形成され，水素化ホウ素分子 BH_3 となる（図 5-5）．

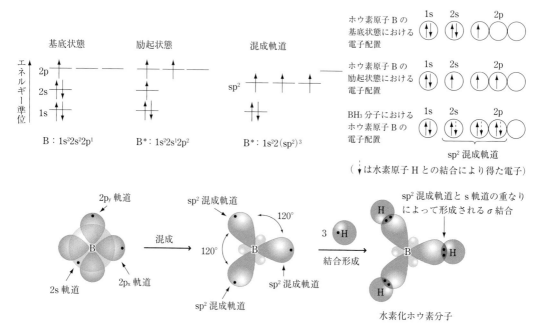

図 5-5 水素化ホウ素分子 BH_3 の混成軌道

5-2-3 sp³ 混成軌道

最外殻の s 軌道 1 つと p 軌道 3 つが混成して，新たに 4 つの等価な sp³ 混成軌道が形成される．それぞれの混成軌道は電子対どうしの反発が最小になるように互いに 109.5° の角度となる（図 5-6）．

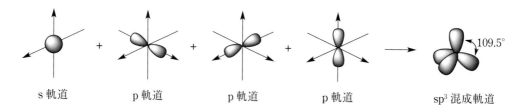

図 5-6 sp³ 混成軌道の形成

メタン分子 CH_4 の中心の炭素原子 C は 4 つの共有結合をもつ．炭素原子 C の基底状態の電子配置は [He] $2s^2 2p^2$ で 2p 軌道 2 つにそれぞれ不対電子をもち，2 つの共有結合を形成できるが，このままでは 4 つの共有結合を形成できない．そこで，2s 軌道の電子 1 個を 2p 軌道に昇位させると，4 個の不対電子をもつ励起状態となる．この時，炭素原子 C の軌道は，s 軌道 1 つと p 軌道 3 つが混成して，新たに 4 つの等価な sp³ 混成軌道が形成される．この 4 つの sp³ 混成軌道と 4 つの水素原子 H の 1s 軌道が重なって 4 つの共有結合が形成され，メタン分子 CH_4 となる（図 5-7）．

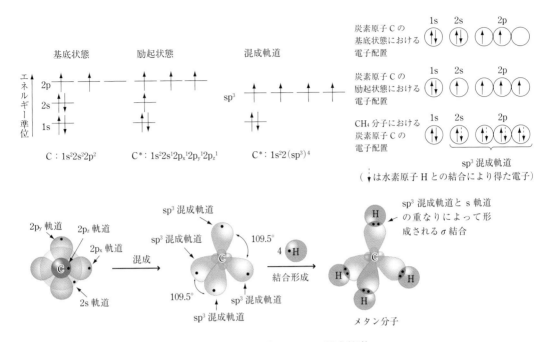

図5-7　メタン分子 CH_4 の混成軌道

5-2-4 非共有電子対を収容した混成軌道

アンモニア分子 NH_3 の中心の窒素原子 N は，3つの共有結合と1組の非共有電子対をもつ．窒素原子 N の基底状態の電子配置は [He] $2s^2 2p^3$ で2p軌道3つにそれぞれ不対電子をもつため，電子を昇位させることなく，3つの共有結合が形成できる．しかし，2s軌道にある非共有電子対

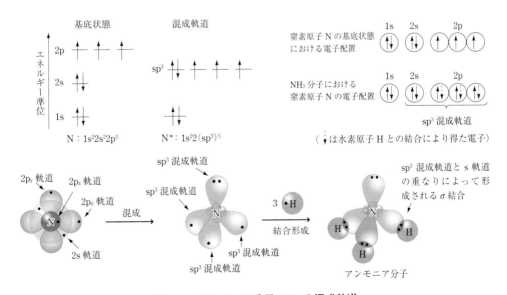

図5-8　アンモニア分子 NH_3 の混成軌道

がそのままでは電子対どうしの反発が最小にならない．電子対どうしの反発が最小になるようにs軌道1つとp軌道3つが混成して4つのsp^3混成軌道が形成される．4つのsp^3混成軌道のうち3つが水素原子Hと共有結合を形成し，1つが非共有電子対を収容する（図5-8）．

水分子H_2Oの中心の酸素原子Oは，2つの共有結合と2組の非結合電子対をもつ．酸素原子Oの基底状態の電子配置は[He]$2s^22p^4$で2p軌道2つにそれぞれ不対電子をもつため，電子を昇位させることなく，2つの共有結合が形成できる．しかし，アンモニア分子NH_3と同様に，2s軌道と2p軌道にある非共有電子対がそのままでは電子対どうしの反発が最小にならない．また，2組の非共有電子対が収容される軌道は等価である必要がある．したがって，s軌道1つとp軌道3つが混成して4つのsp^3混成軌道が形成される．4つのsp^3混成軌道のうち2つが水素原子Hと共有結合を形成し，2つが非共有電子対を収容する（図5-9）．

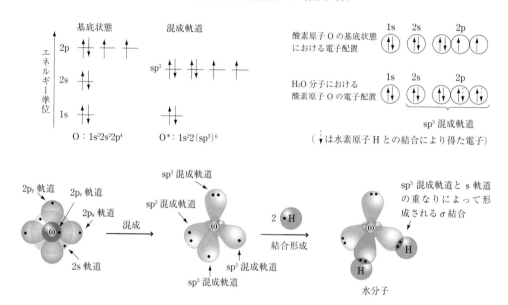

図5-9 水分子H_2Oの混成軌道

5-2-5 σ結合とπ結合

共有結合には，結合軸上に共有電子対が存在する強い結合のσ結合と，p軌道どうしが軌道の側面で重なりあって形成される比較的弱い結合のπ結合がある（図5-10）．

1組の共有電子対で形成される単結合はσ結合である．一方，複数の共有電子対によって形成される二重結合や三重結合は1つが必ずσ結合で，残りの結合がπ結合である．

エチレン分子C_2H_4の炭素-炭素結合は，2組の共有電子対で二重結合が形成され，σ結合とπ結合からなる．エチレン分子C_2H_4の炭素原子Cの基底状態の電子配置は[He]$2s^22p^2$で2p軌道2つにそれぞれ不対電子をもっていて，2s軌道の電子1個を2p軌道に昇位させると，4個の不対電子をもつ励起状態となる．この時，3つの原子と結合している炭素原子Cの軌道は，s軌道1つとp軌道2つが混成して，新たに3つのsp^2混成軌道が形成される．この3つのsp^2混成軌道は平面上にあり，混成に関与しない残りの2p軌道はこの平面に対して垂直方向に伸びてい

第5章　混成軌道と分子軌道　**63**

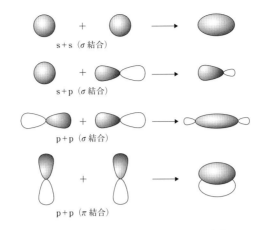

図 5-10　σ結合およびπ結合の形成

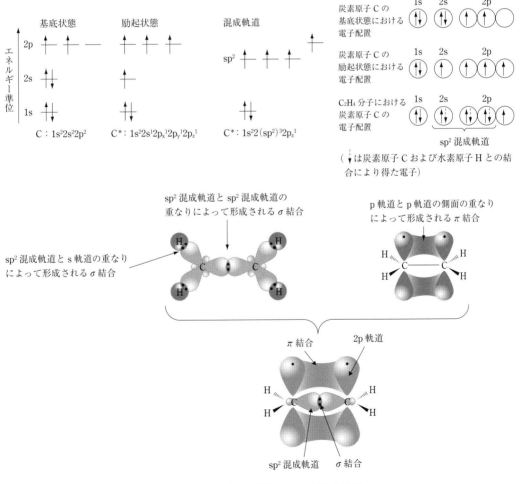

図 5-11　エチレン分子 C_2H_4 の混成軌道

る．二重結合のうちの1つは，sp²混成軌道どうしの重なりによるσ結合で，もう1つが2p軌道と他の炭素原子Cの2p軌道が側面で重なってできたπ結合である（図5-11）．

アセチレン分子C_2H_2の炭素-炭素結合は，3組の共有電子対で三重結合が形成され，1つはσ結合，残りの2つはπ結合である．2つの原子と結合している炭素原子Cの軌道は，s軌道1つとp軌道1つが混成して，新たに2つのsp混成軌道が形成される．混成に関与しない2つの2p軌道によって，2つのπ結合が生成する（図5-12）．

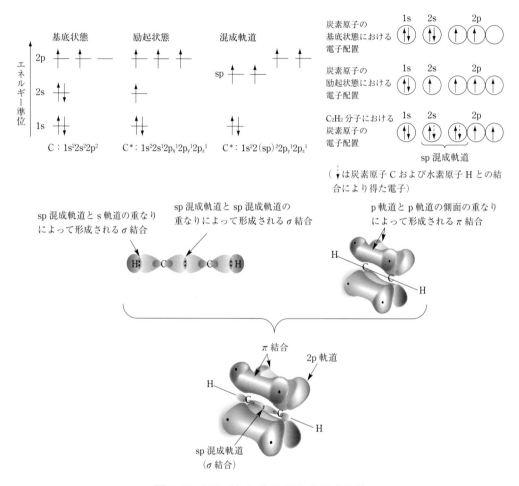

図5-12　アセチレン分子C_2H_2の混成軌道

5-2-6　分子の立体構造

分子の立体構造は，「中心原子の電子対が互いに反発して最も高い対称性をとろうとする」という電子対反発則（VSEPR理論：Valence Shell Electron-Pair Repulsion rule）によって推定することができる．VSEPR理論は，中心原子の周囲の結合電子対や非共有電子対は互いに反発しているので，この反発が最小になるように電子対を配置することで分子の形が決まる．この時，π結合は分子の基本的な立体構造に大きな影響を与えないので，σ結合の結合電子対と非共有電子

対のみを考える．また，2つの原子で共有されている結合電子対に比べて，1つの原子に引き付けられている非共有電子対は，原子の比較的近くに存在して広がりも大きいため電子間の電子反発が大きい．したがって，電子対間の反発の大きさは次の順になる．

非共有電子対と非共有電子対 ＞ 非共有電子対と結合電子対 ＞ 結合電子対と結合電子対

混成軌道は，分子内の電子対（結合電子対と非共有電子対）どうしの反発が最も小さくなるように対称な軌道に再編成されてできたものであり，中心原子を取り巻く電子対の数によって分子の立体構造が決まる．

メタン分子 CH_4 は中心原子が sp^3 混成軌道で，4組の結合電子対の反発力が最小になるように対称的に電子対が配置され，その結合角 ∠HCH は 109.5° となる．一方，アンモニア分子 NH_3 は中心原子がメタン分子 CH_4 と同じ sp^3 混成軌道であるが，1組の非共有電子対が1つの sp^3 混成軌道に収容されている．そのため，水素原子 H との結合に用いられている結合電子対との電子反発が大きく，結合角 ∠HNH はメタン分子 CH_4 の結合角 ∠HCH より小さい 107.3° となる．さらに，水分子 H_2O の中心原子も sp^3 混成軌道であるが，2組の非共有電子対が2つの sp^3 混成軌道に収容されており，結合角 ∠HOH はアンモニア分子 NH_3 の結合角 ∠HNH よりもさらに小さい 104.5° となる（図 5-13）．

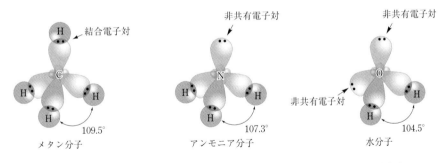

図 5-13　メタン分子 CH_4，アンモニア分子 NH_3，水分子 H_2O の結合角

メタン分子 CH_4 の立体構造は正四面体である．アンモニア分子 NH_3 および水分子 H_2O の立体構造も非共有電子対を含めると四面体であるが，一般的に非共有電子対を含めないかたちで表現するため，非共有電子対を1組もつアンモニア分子 NH_3 は三角錐，非共有電子対を2組もつ水分子 H_2O は折れ線のかたちとなる（図 5-14）．

図 5-14　メタン分子 CH_4，アンモニア分子 NH_3，水分子 H_2O のかたち

中心原子のまわりにある電子対の数を把握することで，化合物のかたちを予測できる．電子対の数と基本的なかたちの関係を表5-1に示した．

表5-1 混成軌道と分子の立体構造

中心原子のまわりの電子対の数*	中心原子の混成軌道	非共有電子対数	立体構造	分子またはイオン
2	sp混成軌道	0	直線	$BeCl_2$，HCN，NO_2^+
3	sp^2混成軌道	0	平面三角形	BF_3，SO_3，CO_3^{2-}，$^+CH_3$（メチルカチオン）
		1	折れ線	CCl_2，SO_2，NO_2^-
4	sp^3混成軌道	0	正四面体	CH_4，CCl_4，SO_4^{2-}
		1	三角錐	NH_3，PCl_3，$^-CH_3$（メチルアニオン）
		2	折れ線	H_2O，H_2S，SF_2

*σ結合の結合電子対と非共有電子対の合計電子対数

5-3 分子軌道法

ここまでは，分子のかたちを説明するのに定性的な原子価結合法による混成軌道をみてきた．次に分子軌道法による結合について簡単に解説する．原子価結合法は電子が1個入った原子軌道が互いに重なり合うことで結合が形成されると考えるが，分子軌道法は分子全体に広がった分子軌道に電子が配置されると考える．分子軌道法では，原子軌道（波動関数）どうしの数学的な組み合わせから分子軌道をつくることによって共有結合を表現する．原子軌道が原子のまわりの電子の存在確率の大きい空間を表現したのと同じように，分子軌道は分子中での電子の存在確率の最も大きい空間を表現している．

5-3-1 分子軌道法による化学結合の理解

分子の結合は原子軌道が重なり合うことによって形成される．分子の中では元々の原子軌道が分子軌道となるため，A原子の1つの軌道とB原子の1つの軌道が重なり合うと，2つの分子軌道が形成される．そのうちの1つは，原子軌道よりエネルギー準位の低い結合性軌道となり，もう1つはエネルギー準位の高い反結合性軌道となる．図5-15には2つのs軌道が重なり合って

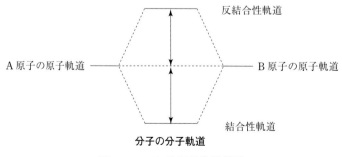

図5-15 AB分子の分子軌道

分子軌道をつくる例を示した.

　水素分子 H_2 では2つの水素原子 H の 1s 軌道どうしが相互作用して2つの分子軌道が形成される．この時の片方の分子軌道のエネルギー準位は，2つの水素原子 H の 1s 原子軌道よりも低い安定な結合性分子軌道 (σ_{1s}) となり，この軌道に入った電子は2つの原子核の中間の領域に長くとどまって2つの原子を結びつける．もう一方の分子軌道のエネルギー準位は2つの水素原子 H の 1s 原子軌道よりも高く不安定な反結合性分子軌道 (σ^{*}_{1s}) となり，この軌道に入った電子は原子核間の中央部に存在できず，2つの原子の結合に関与できない．このように形成された水素分子 H_2 の分子軌道に2つの水素原子 H がもつ2個の電子がパウリの排他原理（第3章 3-4-4 参照）に従って，エネルギー準位の低い分子軌道にスピンを逆にして入り，結合性分子軌道が2個の電子で満たされる．一方のエネルギー準位の高い反結合性分子軌道は電子が存在せず，空軌道になる．電子を収容した軌道は 1s 原子軌道よりもエネルギー準位が低いため，分子全体としてエネルギーが低くなり，単独の水素原子 H より水素分子 H_2 のほうが安定となる．水素分子 H_2 の電子配置は $(\sigma_{1s})^2$ のように表される（図5-16）.

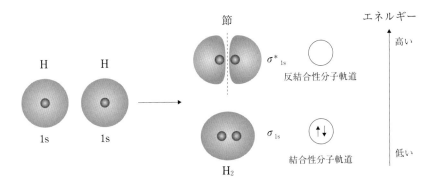

図 5-16　水素分子 H_2 の分子軌道

　ヘリウム原子 He は希ガスの1種で，通常は二原子分子を形成しない．その理由は，2つのヘリウム原子 He がもつ4個の電子のうち2個が結合性分子軌道を満たし，残りの2個が反結合性分子軌道を満たすため，結合性分子軌道にある2個の電子による安定化エネルギーが，反結合性分子軌道にある2個の電子による不安定化エネルギーによって打ち消されるからである（図5-17）.

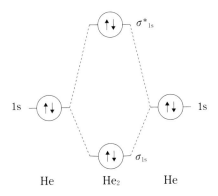

図 5-17　ヘリウム原子 He およびヘリウム分子 He_2 のエネルギー準位

5-3-2 等核二原子分子の分子軌道

原子軌道と原子軌道が相互作用することによって結合性軌道と反結合性軌道が形成される組み合わせはs軌道どうしだけでなく，s軌道とp軌道，p軌道どうし，p軌道とd軌道などが考えられる．例えば，2つの原子の2p軌道どうしの重なりは，それぞれの原子に3つのp軌道があるため6つの分子軌道が形成される．形成される6つの分子軌道は，1つのσ_{2p}と2つの縮重したπ_{2p}の合計3つの結合性軌道と，1つのσ^{*}_{2p}と2つの縮重したπ^{*}_{2p}の合計3つの反結合性軌道である（図5-18）．この時の縮重とはエネルギー準位が等しいことを意味している．

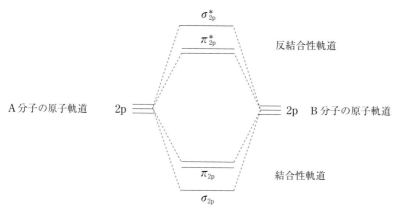

図5-18 AB分子のp軌道の分子軌道

p軌道の分子軌道を有する分子の例として，酸素分子O_2の分子軌道を示す．酸素分子O_2は不対電子をもつ分子であるが，ルイス電子式では不対電子の存在を説明しにくい．しかし，分子軌道を用いると酸素分子O_2が2個の不対電子をもつラジカル分子であることを説明できる．水素分子H_2の時と同様に2つの1s軌道からσ_{1s}とσ^{*}_{1s}軌道が，2つの2s軌道からσ_{2s}とσ^{*}_{2s}軌道が生成する．また，2p軌道どうしの重なりによってσ_{2p}とσ^{*}_{2p}軌道，π_{2p}とπ^{*}_{2p}軌道が生成する．図5-19に示した酸素分子O_2の分子軌道に合計16個の電子をパウリの排他原理とフントの規則に従って入れていくと，2つの反結合性軌道π^{*}_{2p}にそれぞれ1個ずつ同じスピン量子数の電子が収容され，酸素分子O_2が不対電子を2個もつ特異な分子であることがわかる．

酸素分子O_2の電子配置は，$(\sigma_{1s})^2(\sigma^{*}_{1s})^2(\sigma_{2s})^2(\sigma^{*}_{2s})^2(\sigma_{2px})^2(\pi_{2py})^2(\pi_{2pz})^2(\pi^{*}_{2py})^1(\pi^{*}_{2pz})^1$のように表される．

結合性軌道に入った電子によって得られる安定化エネルギーが反結合性軌道に入った電子による不安定化エネルギーにより打ち消されると，電子4個分正味2組の結合が生成し，酸素分子O_2は二重結合からなる．すなわち，分子軌道法での結合次数（2つの原子が共有する結合電子対の数）は，結合性分子軌道に含まれる電子の数と反結合性軌道に含まれる電子の数から（5-1）式で容易に求められる．

$$結合次数 = (結合性軌道の電子数 - 反結合性軌道の電子数) \div 2 \qquad (5\text{-}1)$$

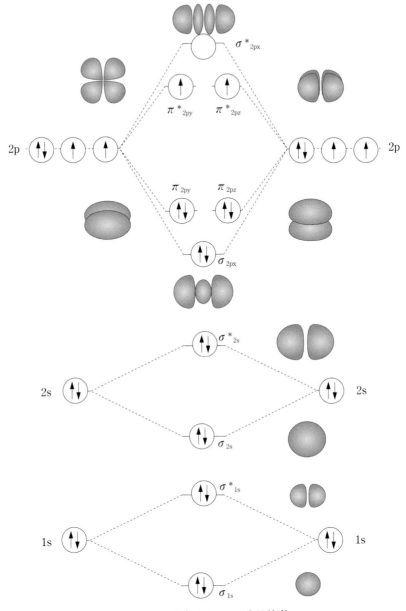

図 5-19　酸素分子 O_2 の分子軌道

　原子軌道どうしが相互作用して結合性分子軌道が形成される要件として，軌道の重なりと結合軸まわりの対称性の一致が必要である．また，原子軌道どうしのエネルギー準位が近くないと軌道相互作用は生じにくい．エネルギー準位が近くなるほど相互作用が大きくなり，エネルギー準位が等しい時に最大となる．ここで，酸素分子 O_2 以外の周期表第 2 周期の元素による等核二原子分子の分子軌道を考える．酸素分子 O_2 より電子が 2 個多いフッ素分子 F_2 は 18 個の電子を分子軌道に順次入れていくと，2p 軌道に入る合計 10 個の電子は 3 つの結合性軌道と 2 つの反結合性軌道に対をつくって入る．フッ素分子 F_2 の結合次数を考えると 1 となり，フッ素分子 F_2 はル

イス構造式と一致した単結合で結ばれた分子である．窒素分子 N_2 も同様に全体の電子 14 個を分子軌道に入れていくと，2p 軌道に入る合計 6 個の電子は 3 つの結合性軌道に対をつくって入り，反結合性軌道には電子が存在しない．したがって，結合次数は 3 となり，窒素分子 N_2 は三重結合で結ばれた分子である．

図 5-20 にリチウム分子 Li_2 からフッ素分子 F_2 までの二原子分子の軌道エネルギーおよび電子配置を示した．窒素分子 N_2 と酸素分子 O_2 のところで σ_{2p} 軌道と π_{2p} 軌道のエネルギー準位が逆転している．また，表 5-2 にリチウム分子 Li_2 からフッ素分子 F_2 までの二原子分子の結合距離と結合エネルギーを記した．

リチウム分子 Li_2 は，図 5-20 の中で結合距離が最も長く最も弱い結合であるが，これは 2 つの 2s 軌道の重なりによって生成する単結合しかないためである．

ベリリウム分子 Be_2 は，結合性分子軌道に入った電子の数と反結合性分子軌道に入った電子の数が等しく，結合次数が 0 なので，安定なベリリウム分子 Be_2 は存在しない．

ホウ素分子 B_2 は，分子軌道にパウリの排他原理とフントの規則に従って 10 個の電子を入れてゆくと，最後の 2 個の電子が 2 つの π_{2p} 軌道に 1 個ずつ入るため，不対電子が 2 個存在することになる．また，結合次数は 1 で，リチウム原子 Li よりホウ素原子 B の原子半径が小さいためにリチウム分子 Li_2 より結合距離が短く結合エネルギーが大きい．

炭素分子 C_2 は，分子軌道にパウリの排他原理とフントの規則に従って 12 個の電子を入れてゆくと，最後の 4 個の電子が 2 つの π_{2p} 軌道に対をつくって入るため，不対電子は存在しない．また，結合次数は 2 で結合距離はホウ素分子 B_2 より短く結合エネルギーが大きい．

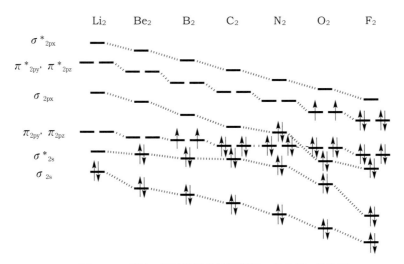

図 5-20　等核二原子分子の分子軌道エネルギー準位図
（1s 軌道は省略）

表5-2 等核二原子分子の結合距離と結合エネルギー

等核二原子分子	Li_2	Be_2	B_2	C_2	N_2	O_2	F_2
結合距離 [Å]	2.67	—	1.59	1.24	1.10	1.21	1.42
結合エネルギー [kJ/mol]	110	—	272	602	941	493	138

ネオン分子 Ne_2 は，σ^*_{2p} 軌道までのすべての分子軌道が2つのネオン原子 Ne がもつ20電子で満たされるので，その結合次数が0となり，分子として存在できない．

5-3-3 活性酸素の電子配置

基底状態の酸素分子 O_2 は三重項酸素とよばれ，$^3O_2$ で表される．この時の三重項は不対電子の状態によって生じる多重度を示しており，(5-2) 式で求められる．

$$\text{多重度} = \text{全スピン量子数} \times 2 + 1 \tag{5-2}$$

一般に，不対電子をもたない分子は一重項，不対電子を1個もつ（ラジカル）分子は二重項，不対電子を2個もつ（ビラジカル）分子は三重項となる．前節5-3-2で述べたように，酸素分子 O_2 は分子軌道の2つの π^* 軌道に同じスピン量子数の電子が1個ずつ入り，全スピン量子数が1となる三重項のビラジカル分子である．

一方，活性酸素は基底状態の三重項酸素 $^3O_2$ が活性の高い化合物に変化した酸素種の総称であり，一般に狭義においては，一重項酸素 $^1O_2$，スーパーオキシド O_2^-，過酸化水素 H_2O_2，ヒドロキシラジカル・OH の4種が相当する．また，広義においては，アルコキシラジカル RO・などのフリーラジカル種やオゾン O_3 なども活性酸素種に含まれる．活性酸素は生体内における酸化反応に関与するものが多く，酵素反応，脂質の酸化，放射性障害，炎症，免疫，発がん，白内障，動脈硬化などに関係している．

(1) 一重項酸素 $^1O_2$

酸素分子 O_2 が励起して生成する一重項酸素 $^1O_2$ は，π^* 軌道にある2個の電子のスピン量子数が異なり，全スピン量子数が0の状態をとる．一重項酸素 $^1O_2$ には，スピン量子数の異なる2個の電子が π^* 軌道のそれぞれに1個ずつ入っている $^1\Sigma_g$ と，2つの π^* 軌道の一方のみに2個の電子が入っている $^1\Delta_g$ が存在する（表5-3，次頁）．このうち，$^1\Sigma_g$ は $^1\Delta_g$ よりエネルギーが高く，すぐに $^1\Delta_g$ に遷移するため，通常，一重項酸素 $^1O_2$ の電子配置といえば，$^1\Delta_g$ の方をさす．

(2) スーパーオキシド O_2^-

酸素分子 O_2 は一電子還元されやすく，一電子還元されて生成するスーパーオキシド O_2^- は，フリーラジカルであり，不対電子を1個もつ（表5-3）．スーパーオキシド O_2^- は，(5-3) 式の不均化反応によって過酸化水素 H_2O_2 と酸素 O_2 に分解される．

表 5-3 酸素分子および活性酸素の電子配置

	$^3O_2$	$^1O_2\,(^1\Delta_g)$	$^1O_2\,(^1\Sigma_g^+)$	$\cdot O_2^-$
$\sigma^*_{2p_x}$	○	○	○	○
$\pi^*_{2p_y}\,\pi^*_{2p_z}$	↑ ↑	↑↓ ○	↑ ↓	↑↓ ↑
$\pi_{2p_y}\,\pi_{2p_z}$	↑↓ ↑↓	↑↓ ↑↓	↑↓ ↑↓	↑↓ ↑↓
σ_{2p_x}	↑↓	↑↓	↑↓	↑↓
σ^*_{2s}	↑↓	↑↓	↑↓	↑↓
σ_{2s}	↑↓	↑↓	↑↓	↑↓

$$2\,O_2^- + 2\,H^+ \rightleftarrows O_2 + H_2O_2 \tag{5-3}$$

生体内ではスーパーオキシドジスムターゼ(SOD)が触媒としてはたらいてスーパーオキシド O_2^- を分解するため,低濃度に保たれ,生体内の酸化的損傷が防がれている(図5-21).

(3) 過酸化水素 H_2O_2

酸素分子 O_2 の二電子還元体にプロトンが2つ結合した化合物が過酸化水素 H_2O_2 である.過酸化水素 H_2O_2 は水溶液中で弱い酸性を示し,酸化作用と還元作用の両方の性質をもつ.また,3%水溶液をオキシドールといい,傷の殺菌消毒薬として用いられる.過酸化水素 H_2O_2 は,室温で徐々に分解して酸素 O_2 と水 H_2O になる.この反応は酸化マンガン(IV) MnO_2 や生体内のカタラーゼなどで触媒されて過酸化水素 H_2O_2 が速やかに分解される(図5-21).

$$2\,H_2O_2 \rightarrow O_2 + 2\,H_2O \tag{5-4}$$

カタラーゼはヘムタンパク質の1種であり,動物では肝臓,腎臓,赤血球に多く含まれ,植物では葉緑体に多く含まれる.

(4) ヒドロキシラジカル ·OH

過酸化水素 H_2O_2 が一電子還元されて生成するヒドロキシラジカル ·OH は,極めて反応性の高いラジカルであり,生体内ではDNA鎖やタンパク質の傷害,脂質の過酸化などを引き起こすため,酸化的損傷の強力な元凶物質である.ヒドロキシラジカル ·OH は,過酸化水素 H_2O_2 と鉄(II)イオン Fe^{2+} や銅(I)イオン Cu^+ との反応により容易に生成する.

$$H_2O_2 + Fe^{2+} \rightarrow \cdot OH + OH^- + Fe^{3+} \quad (\text{フェントン反応}) \tag{5-5}$$

$$H_2O_2 + Cu^+ \rightarrow \cdot OH + OH^- + Cu^{2+} \tag{5-6}$$

また,ヒドロキシラジカル ·OH は過酸化水素 H_2O_2 の光分解や水 H_2O への γ 線照射でも生成する.

スーパーオキシド O_2^- や過酸化水素 H_2O_2 の酸化力は強くないが,強力な酸化力をもつラジカル種のヒドロキシラジカル・OH 生成の元凶とされている(図5-21).

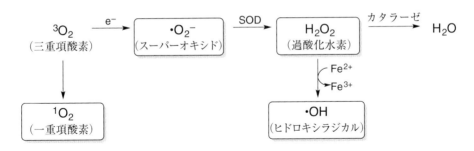

図5-21 活性酸素の生成

章 末 問 題

1. 次の化合物またはイオンについて,アンダーラインの原子の混成状態を示せ.
   (1) $CH_3\underline{O}H$ (2) $CH_3\underline{N}O_2$ (3) $CH_3\underline{C}N$ (4) $\underline{C}O_2$
   (5) $(CH_3)_3\underline{C}^+$ (6) $(CH_3)_3\underline{C}^-$ (7) $\underline{C}O$ (8) $CH_2=\underline{C}=CH_2$

2. 次の化合物またはイオンの中心原子の混成軌道と立体構造を示せ.
   (1) $BeCl_2$ (2) OF_2 (3) BF_3 (4) SO_3
   (5) SO_3^{2-} (6) SO_4^{2-} (7) CO_3^{2-} (8) CH_2

3. 次の各組の化合物またはイオンのうち,( )内に示した結合角の大きい化合物はどちらか.
   (1) NH_3 (∠HNH) と CH_4 (∠HCH)
   (2) NO_2^- (∠ONO) と NO_2^+ (∠ONO)
   (3) NO_2 (∠ONO) と NO_2^- (∠ONO)
   (4) NH_3 (∠HNH) と BH_3 (∠HBH)
   (5) CO_2 (∠OCO) と SO_2 (∠OSO)

4. 次の二原子分子の基底状態での電子配置を例に習って分子軌道で示せ.
   〔例… $F_2 : (\sigma_{1s})^2(\sigma^*_{1s})^2(\sigma_{2s})^2(\sigma^*_{2s})^2(\sigma_{2px})^2(\pi_{2py})^2(\pi_{2pz})^2(\pi^*_{2py})^2(\pi^*_{2pz})^2$〕
   (1) Be_2 (2) O_2 (3) N_2 (4) B_2

5. 次の二原子分子の基底状態での結合次数と不対電子数を示せ.

(1) CO (2) O$_2$ (3) NO (4) C$_2$

6. 次の酸素分子またはイオンの結合次数と不対電子数を示せ．
   (1) O$_2^+$ (2) ^{1}O$_2$ ($^1\Delta_g$) (3) ^{1}O$_2$ ($^1\Sigma_g$) (4) O$_2^-$

7. 次の分子とイオンの組み合わせのうち，原子間の結合距離の長いのはどちらか．
   (1) H$_2$ と H$_2^+$ (2) F$_2$ と F$_2^+$ (3) O$_2$ と O$_2^-$ (4) NO と NO$^+$

8. 狭義のすべての活性酸素の名称を示せ．

9. 次の文章の空欄 ア ， イ を埋めよ．
   Fe^{2+} を触媒として過酸化水素から ア および水酸化物イオンが生成する反応は イ 反応とよばれ，この反応で生成する ア は，活性酸素中で最も反応性が高い．

第6章

酸塩基反応

6-1 なぜ薬学部で酸塩基反応を学ぶのか（事例）

　酸および塩基の化学的な性質については，本章で詳述するが，リンゴやミカンなどの果物の酸味のもととなる物質は酸とよばれ，酢の酸味の正体も酢酸という酸とよばれる一群の物質である．一方，これら酸のはたらきを打ち消す物質は塩基とよばれ，植物を煮た時に出てくる灰汁や燃やしたあとに残る灰に含まれている．本章では，このように身のまわりにたくさん存在する酸ならびに塩基の性質を学び，さらに，薬学においてこれらの性質がどのように利用されるかを学ぶ．

　薬学を学ぶにあたっては，すべての基礎となる規格書として「日本薬局方」がある．日本薬局方には，代表的な医薬品の品質規格の基準として，色調や匂いのような性状，保存方法，および不純物を調べる純度試験や含有量を調べる定量法などの詳細が収載されている．この日本薬局方を薬剤師として使いこなすためには酸塩基反応をきっちり理解しておく必要がある．例えば，解熱鎮痛薬のイブプロフェンの定量法には酸塩基反応を利用する滴定法が採用されている．イブプロフェンとは図6-1に示すようにカルボキシ基-COOHをもつため，水溶液は酸性を示す．したがって，塩基性の溶液である水酸化ナトリウム液で滴定することにより，イブプロフェンの正確な量を知ることができる．

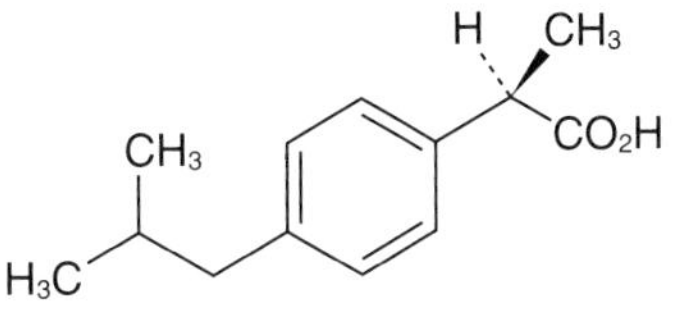

図6-1　イブプロフェン（$C_{13}H_{18}O_2$：206.28）

　「**定量法**　本品を乾燥し，その約0.5 gを精密に量り，エタノール（95）50 mLに溶かし，0.1 mol/L 水酸化ナトリウム液で滴定する（指示薬：フェノールフタレイン試液3滴）．同様の方法で空試験を行い，補正する．

　　0.1 mol/L 水酸化ナトリウム液 1 mL = 20.63 mg $C_{13}H_{18}O_2$」

（第18改正日本薬局方）

6-2 反応の基礎

酸の性質を打ち消す物質が塩基であり，これとは逆に塩基の性質を酸によって打ち消すこともでき，これらは互いに相補的な関係になっている．

6-2-1 酸塩基の定義

水 H_2O は，よく知られているように酸素 O に水素 H が 2 つ結合してできている物質である．酸とは，水 H_2O に溶ける時に水素イオン H^+ を生じる物質のことである．実際には水 H_2O に水素イオン H^+ を 1 つ与えてオキソニウムイオン H_3O^+ を生じるが，酸塩基反応を考える時，一般には略して H^+ として扱うことが多い．一方，塩基とは，水 H_2O に溶ける時に水酸化物イオン OH^- を生じる物質のことをいう．このように，水 H_2O に溶けた時，オキソニウムイオン H_3O^+ または水酸化物イオン OH^- を生じる物質をアレニウス酸またはアレニウス塩基とよび，この酸塩基の定義をアレニウス Arrhenius の定義という（図 6-2）．

一方，水素イオン H^+ のやりとりに注目すれば，広い意味として，酸は水素イオン H^+ を与える物質，塩基は水素イオン H^+ を受け取る物質と考えることもできる．このように，水素イオン H^+ の授受により定義される酸および塩基をブレンステッド酸およびブレンステッド塩基とよぶ．また，この酸塩基の定義をブレンステッド・ローリー Brønsted・Lowry の定義という．

水素イオン H^+ を含む水 H_2O の性質を酸性，水酸化物イオン OH^- を含む水 H_2O の性質を塩基性といい，これらを混ぜ合わせると，酸性を示す水素イオン H^+ と塩基性を示す水酸化物イオン OH^- が反応して水 H_2O となり，お互いの性質を打ち消し合う．このような反応を酸塩基反応または中和反応とよぶ．

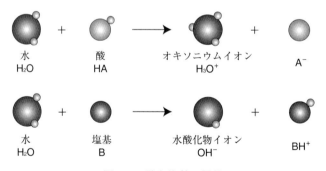

図 6-2 酸と塩基の電離

図 6-3 のように酸性溶液①を塩基性溶液に加える時，これらは反応して水 H_2O を生成し，水素イオン H^+ のほうが水酸化物イオン OH^- よりも多い場合には過剰分の水素イオン H^+ が反応液①中に存在することになる．この状態の反応液①の性質はもとの酸性溶液①と比べると弱くなるが液性としては酸性を示す．これとは逆に水素イオン H^+ が不足している場合には水酸化物イオン OH^- が残るため反応液は塩基性を示す．

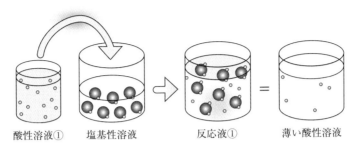

図 6-3　酸と塩基の反応（1）

一方，図 6-4 のように塩基性溶液に含まれる水酸化物イオン OH^- と同数の水素イオン H^+ を含む酸性溶液②を加えると，反応液②ではすべての水素イオン H^+ と水酸化物イオン OH^- が反応して水 H_2O になる．このように，水素イオン H^+ と水酸化物イオン OH^- の量が等しい時の溶液の性質を中性という．また，過不足なく中和が完了した状態の量的関係を中和点といい，この中和点を測定することで，様々な酸性物質や塩基性物質の量を求めることができる（酸塩基滴定）．

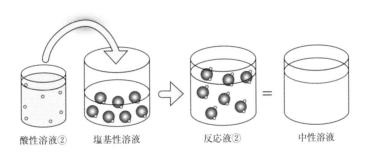

図 6-4　酸と塩基の反応（2）

酸と塩基の定義には，アレニウス Arrhenius の定義とブレンステッド・ローリー Brønsted・Lowry の定義以外にもう 1 つの定義があるので，ここで少し触れておく．

水素イオン H^+ と水酸化物イオン OH^- が反応して水 H_2O になる時，原子間の結合が電子対であることに注目すると，結合を形成するために水素イオン H^+ は電子対を受け取っており，水酸化物イオン OH^- は電子対を与えている．すなわち，酸は電子対を受け取る物質，塩基は電子対を与える物質と考えることができる．このように，電子対の授受により定義される酸および塩基をルイス酸およびルイス塩基とよび，この酸塩基の定義をルイス Lewis の定義という．この定義は，水素イオン H^+ をもたない物質にまで酸および塩基の概念を拡張した．したがって，空の軌道のある原子や分子（例えば電子不足分子），陽イオンなどはルイス酸であり，非共有電子対をもつ原子や分子，陰イオンなどはルイス塩基である（表 6-1）．

表 6-1 ルイス酸およびルイス塩基

ルイス酸	$AlCl_3$, BF_3, SO_3, H^+, Zn^{2+}, Ag^+, など
ルイス塩基	$N(CH_3)_3$, NH_3, H_2O, OH^-, O^{2-}, Cl^-, など

6-2-2 価数

図 6-2 では，酸 acid を HA，塩基 base を B として示している．この場合の酸 HA は水 H_2O に水素イオン H^+ を 1 つ与えて A^- になり，塩基は水素イオン H^+ を 1 つ受け取って BH^+ になることにより 1 つの水酸化物イオン OH^- を生じているが，このような酸および塩基をそれぞれ 1 価の酸および 1 価の塩基といい，酸および塩基と同じ数だけ水素イオン H^+ または水酸化物イオン OH^- を生じる．代表的な 1 価の酸には，塩酸 HCl，硝酸 HNO_3 および酢酸 CH_3COOH などがあり，代表的な 1 価の塩基には，水酸化ナトリウム NaOH，水酸化カリウム KOH およびアンモニア NH_3 などがある．これらが反応して互いを打ち消し合うことは先に述べたとおりであるが，1 価の酸である塩酸 HCl と 1 価の塩基である水酸化ナトリウム NaOH を例にして，これらの間の中和反応について考えてみる．この反応は化学反応式を用いると，(6-1) 式のように表すことができる．すなわち，1 価の酸と 1 価の塩基の反応においては，中和により生じる水 H_2O は，酸および塩基と同じ数になることがわかる．

$$HCl + NaOH \longrightarrow NaCl + H_2O \tag{6-1}$$

酸や塩基の中には，塩酸 HCl や水酸化ナトリウム NaOH のような 1 価のものだけでなく 1 つの酸や塩基が複数の水素イオン H^+ や水酸化物イオン OH^- を与えるものがある．1 つの酸が 2 つの水素イオン H^+ を与える場合は 2 価の酸，1 つの塩基が 2 つの水酸化物イオン OH^- を与える場合は 2 価の塩基という．2 価の酸には硫酸 H_2SO_4，3 価の酸にはリン酸 H_3PO_4 などがあり，2 価の塩基には水酸化カルシウム $Ca(OH)_2$，3 価の塩基には水酸化鉄（Ⅲ） $Fe(OH)_3$ などがある．このような 1 つの酸または塩基が与えることのできる水素イオン H^+ または水酸化物イオン OH^- の数を価数といい，2 価以上の酸や塩基を多価の酸または多価の塩基とよぶ．1 価の酸と多価の塩基の反応または多価の酸と 1 価の塩基の反応はどのように起こるのかを考えてみる．2 価の酸である硫酸 H_2SO_4 と 1 価の塩基である水酸化ナトリウム NaOH の反応を化学反応式で表すと (6-2) 式のように硫酸 H_2SO_4 1 に対して水酸化ナトリウム NaOH 2 の割合で反応して，水酸化ナトリウム NaOH と同数の水 H_2O を生じる．

$$H_2SO_4 + 2\,NaOH \longrightarrow Na_2SO_4 + 2\,H_2O \tag{6-2}$$

同様に，3 価の酸であるリン酸 H_3PO_4 と 1 価の塩基である水酸化ナトリウム NaOH の化学反応式は (6-3) 式のようになり，1：3 の反応である．

$$H_3PO_4 + 3\,NaOH \longrightarrow Na_3PO_4 + 3\,H_2O \tag{6-3}$$

また，2 価の塩基である水酸化カルシウム $Ca(OH)_2$ と 1 価の酸である塩酸 HCl の反応は (6-4)

式のようになり，水酸化カルシウム Ca(OH)$_2$ 1 に対して塩酸 HCl 2 の割合で反応が進む．

$$2\,HCl + Ca(OH)_2 \longrightarrow CaCl_2 + 2\,H_2O \tag{6-4}$$

慣れない人には，やや難解に思われるかもしれないが，このように反応の量的関係を知るうえで，化学反応式は有用である．

6-2-3 電離度

ここで，酸や塩基が水 H$_2$O に溶ける際の変化をもう一度振り返ると，例えば，塩酸 HCl の場合は水素イオン H$^+$ と塩化物イオン Cl$^-$ に，水酸化ナトリウム NaOH の場合は，ナトリウムイオン Na$^+$ と水酸化物イオン OH$^-$ に分かれる．水 H$_2$O に溶ける時にイオンに分かれて，その一方が水素イオン H$^+$ または水酸化物イオン OH$^-$ の場合に，それらを酸または塩基とよび，お互いに打ち消し合う性質をもっている．このように，プラスやマイナスの電荷をもって分かれたものをイオンという．水溶液中でイオンに分かれることを電離といい，水 H$_2$O に溶けた時にイオンを生じ

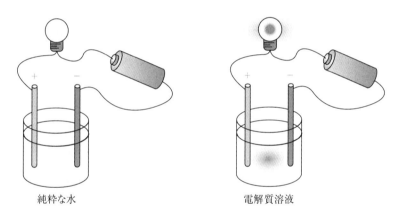

図 6-5　電解質溶液の電気伝導性

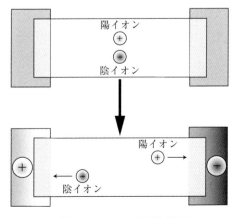

図 6-6　イオンの電気泳動

る物質を電解質とよぶ．また，プラスの符号をもつイオンを陽イオン，マイナスの符号をもつイオンを陰イオンとよぶ．電解質溶液では，酸と塩基がお互いを打ち消し合うような化学的性質だけでなく，文字通り電気的な性質，すなわち物理化学的性質もあわせもっている．例えば，電解質溶液は電気を通す性質があるため，図6-5のように電球と電池の間に純粋な水 H_2O または電解質溶液をはさんだ場合，純粋な水 H_2O は電気を通す性質がないので電球は点灯しないが，電解質溶液の場合は電気を通す性質をもつため，電球が点灯する．

　また，電解質溶液で湿らせたろ紙の両端に電極を接続して電圧をかけることのできる装置（図6-6）を用いて，イオンを直流の電場におくと，陽イオンは陰極へ，陰イオンは陽極へ移動する．このような現象を電気泳動とよぶ．

　ところで，酸や塩基の強さとはどのように理解すればよいのだろうか．例えば，酸性を示す水素イオン H^+ の中には強い水素イオン H^+ と弱い水素イオン H^+ が存在するのだろうか．もちろん，そんなことはない．水素イオン H^+ を多く生じる酸が強い酸であり，水素イオン H^+ を多く含む水溶液の性質が強酸性である．酸と塩基の強さとは，水素イオン H^+ または水酸化物イオン OH^- の量であると考えればよい．水 H_2O に溶かした時に水素イオン H^+ または水酸化物イオン OH^- を多く生じさせる物質を強酸または強塩基という．また，水 H_2O に溶かしても水素イオン H^+ または水酸化物イオン OH^- を少ししか生じさせない物質を弱酸または弱塩基とよぶ．代表的な強酸としては塩酸 HCl や硫酸 H_2SO_4 などがあり，これらは水溶液中でほぼすべてが電離し，イオンとして存在している．一方，酢酸 CH_3COOH は弱酸であり，水 H_2O に溶かしても大部分は電離せずに分子型（CH_3COOH）で存在し，わずかしか酢酸イオン CH_3COO^- と水素イオン H^+ に分かれない．したがって，同じ物質量の塩酸 HCl と酢酸 CH_3COOH が溶けている水溶液を比べると塩酸 HCl のほうが多くの水素イオン H^+ を含んでいることになる．これを模式的に表すと図6-7のようになり，強酸は水溶液中ではすべて電離してイオンになるが，ここで示している弱酸は12分子のうち1分子しか電離しないので，図6-7において強酸は弱酸の12倍強い酸であることになる．これを示す指標として電離度 α という値が用いられ，電離度 α は（6-5）式により表すことができる．

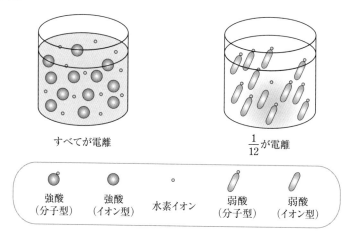

図6-7　強酸と弱酸の電離

$$電離度 \alpha = \frac{電離している酸（塩基）の物質量（mol）}{溶液に溶かした酸（塩基）の物質量（mol）} \tag{6-5}$$

強酸および強塩基において，すべてが電離する場合の電離度 α は 1 となり，弱酸および弱塩基においては電離せずに分子型で存在するものもあるので 1 より小さい値をとる．つまり，電離度 α は最大 1 で，その値が大きい物質ほど強い酸または塩基であり，小さい物質ほど弱い酸または塩基ということになる．図 6-7 に示した例では，強酸はすべてイオン型に電離しているので，電離度 $\alpha = 1$，弱酸では 1/12 が電離しており，電離度 $\alpha = 1/12 = 0.083$ となる．

6-2-4 平衡定数

先に述べたように，酸や塩基の強さはそれらの電離のしやすさによって決まる．例えば，酢酸 CH_3COOH は，水溶液中で (6-6) 式のような平衡状態になっている．この平衡では (6-7) 式のような各成分の濃度の関係が成り立っている．

$$CH_3COOH \rightleftarrows CH_3COO^- + H^+ \tag{6-6}$$

$$\frac{[CH_3COO^-][H^+]}{[CH_3COOH]} = K_a \tag{6-7}$$

K_a は，一定の温度において一定の値になる．また，一般に酸の濃度によって変化しない平衡定数であり，これを酸解離定数という．ここで，水溶液に加える酢酸のモル濃度を c mol/L として，分子型で存在する酢酸の濃度 $[CH_3COOH]$，酢酸イオン濃度 $[CH_3COO^-]$ および水素イオン濃度 $[H^+]$ について c と電離度 α を使って表すと，それぞれ $c(1-\alpha)$，$c\alpha$ および $c\alpha$ となる．これらを (6-7) 式にあてはめると (6-8) 式のようになる．

$$K_a = \frac{(c\alpha)^2}{c(1-\alpha)} \tag{6-8}$$

α が 1 に比べて十分小さい場合には $(1-\alpha)$ をほぼ 1 とみなして K_a を (6-9) 式のように近似することができる．

$$K_a = c\alpha^2 \tag{6-9}$$

(6-9) 式を α について展開すると (6-10) 式が得られ，加えた酸の濃度と酸解離定数から，電離度 α を求めることができる．この式から，酸の濃度が高くなるほど電離度 α が小さくなることがわかる．

$$\alpha = \sqrt{\frac{K_a}{c}} \tag{6-10}$$

また，$[H^+] = c\alpha$ なので $\alpha = [H^+]/c$ となり，これを (6-10) 式に代入すると (6-11) 式が得られる．この式により $[H^+]$ を求めることができ，加えた酸の濃度が高いほど $[H^+]$ が大きくなることがわかる．

$$[H^+] = \sqrt{cK_a} \tag{6-11}$$

一方，弱塩基であるアンモニア NH_3 は，水溶液中で水 H_2O と反応して（6-12）式のような平衡状態になっている．この平衡では（6-13）式のような各成分の濃度の関係が成り立っている．

$$NH_3 + H_2O \rightleftarrows NH_4^+ + OH^- \tag{6-12}$$

$$\frac{[NH_4^+][OH^-]}{[NH_3][H_2O]} = K_b \tag{6-13}$$

ここで，溶媒である水 H_2O の濃度 $[H_2O]$ は一定であるとみなせるので（6-14）式のように表すことができる．

$$\frac{[NH_4^+][OH^-]}{[NH_3]} = K_b \tag{6-14}$$

K_b を塩基解離定数といい，酸解離定数の場合と同様にして，加える塩基の濃度および塩基解離定数から弱塩基の電離度 α および水酸化物イオン濃度 $[OH^-]$ を（6-15）式および（6-16）式で表すことができる．つまり，加えた塩基の濃度が高いほど $[OH^-]$ が大きくなる．

$$\alpha = \sqrt{\frac{K_b}{c}} \tag{6-15}$$

$$[OH^-] = \sqrt{cK_b} \tag{6-16}$$

6-2-5　pH

(1) 水素イオン指数 pH

酸性の強さは水素イオン H^+ の濃度により決まる．例えば，1価の強酸の溶液において $[H^+]$ は酸の濃度と同じである．また，弱酸の場合は，（6-11）式により酸の濃度と酸解離定数から $[H^+]$ を知ることができ，$[H^+]$ を比べれば溶液の酸性の強さを比較できる．しかし，$[H^+]$ を用いて液性を示すには，例えば，1.0×10^{-3} mol/L や 1.0×10^{-5} mol/L などと少しややこしい表記になる．また，酸性の溶液と塩基性の溶液の液性を示すには，$[H^+]$ と $[OH^-]$ の別の表記が必要となる．そこで，溶液の液性を示すのに水素イオン指数 pH という値が用いられる．例えば，1.0×10^{-3} mol/L および 1.0×10^{-5} mol/L の水素イオン H^+ を含む溶液を pH 3 および pH 5 と表記することで，簡潔にその溶液の液性を示すことができる．この pH という値は，数字が小さいほど酸性が強く，逆に数字が大きいほど塩基性が強いことを表す．酸性溶液の pH は（6-17）式に示すように $[H^+]$ の逆数の常用対数を求めればよい．

$$pH = -\log[H^+] \tag{6-17}$$

(2) 水のイオン積 K_w

ここで，少し水 H_2O の電離について触れることにする．溶媒である水 H_2O も部分的には電離していることを知っておく必要がある．その電離平衡および電離定数を（6-18）式および（6-19）式に示す．

$$H_2O \rightleftarrows H^+ + OH^- \tag{6-18}$$

$$\frac{[H^+][OH^-]}{[H_2O]} = K \tag{6-19}$$

また，水 H_2O の電離においても一定の電離定数 K をもつ．しかし，溶媒である水 H_2O の濃度はほとんど変動することがなく一定とみなせるので，(6-20) 式に示すように，$K[H_2O]$ を平衡定数 K_w として扱うことができる．K_w を水のイオン積とよび，温度が一定であれば一定の値をとる定数である．K_w は，25℃において 1.0×10^{-14} $(mol/L)^2$ である．

$$K_w = [H^+][OH^-] \tag{6-20}$$

(3) 塩基性溶液の pH

塩基性の強さは水酸化物イオン OH^- の濃度により決まる．つまり，酸性溶液の場合と同じように考えれば，(6-21) 式を用いて $[OH^-]$ の逆数の常用対数である pOH を求めることで塩基性の強さを表すことができる．

$$pOH = -\log[OH^-] \tag{6-21}$$

しかし，酸性溶液と同じ指標の pH で塩基性の強さを表すことができれば液性の指標が非常にわかりやすくなる．そこで，温度が変わらなければ水 H_2O のイオン積 K_w が一定の値であることを利用する．25℃の水溶液中では $[H^+][OH^-]$ が常に一定で 1.0×10^{-14} $(mol/L)^2$ であることから，$-\log\{[H^+][OH^-]\} = -\log[H^+] + \{-\log[OH^-]\} = 14$ となる．すなわち，(6-22) 式に示すように，pH と pOH の和が 14 で一定であることになる．

$$pH + pOH = 14 \tag{6-22}$$

このことから，塩基性溶液の pH は 14 から pOH を差し引くことで得られ，酸性溶液から塩基性溶液までの液性を pH で表すことができる．$[H^+]$ と $[OH^-]$ がつり合った状態が中性であるから中性溶液の pH は 7 となり，pH が 7 より小さければその溶液は酸性であり値が小さいほど酸性が強いことを表す．また，pH が 7 より大きければその溶液は塩基性であり値が大きいほど塩基性が強いことを表す．

本章では，酸塩基の定義のような基本的な知識から液性を示す水素イオン指数（pH）について解説した．多くの数式が出てきて，数字が苦手な学生には難解な部分もあるかもしれないが，薬学においては，ここで学んだ知識を応用することで，酸塩基反応についてほとんどの対応が可能であるから，専門科目に入る前にしっかり本章を理解してもらいたい．

章 末 問 題

1. 次の (1)〜(3) の各問に答えよ.
   (1) アレニウス Arrhenius の定義における酸および塩基を簡潔に説明せよ.
   (2) ブレンステッド・ローリー Brønsted・Lowry の定義における酸および塩基を簡潔に説明せよ.
   (3) ルイス Lewis の定義における酸および塩基を簡潔に説明せよ.

2. 次の文章 (1) および (2) 中の空欄 □ を適した語句でうめよ.
   (1) 酸には，水溶液中でほぼ完全に電離する □1□ と一部しか電離しない □2□ とがある．電離のしやすさを示す指標である □3□ は，電離しやすいものほど □4□ い値を与え，完全に電離している場合は □5□ となる．また，酸の □3□ は，「電離している酸の量」を「溶液に溶かした酸の量」で除することで得られ，□2□ の □3□ は，溶液濃度が高いほど □6□ い値をとる．
   (2) 湿らせたろ紙の両端に電極を接続して電圧をかけることのできる装置を用いて，イオンを直流の電場におくと，陽イオンは □7□ 極へ，陰イオンは □8□ 極へ移動する．このような現象を □9□ とよぶ.

3. 次の (1)〜(4) の各溶液の pH 値を求めよ.
   (1) 0.01 mol/L 塩酸 HCl 溶液
   (2) 0.1 mol/L 水酸化ナトリウム NaOH 溶液
   (3) 0.2 mol/L 水酸化ナトリウム NaOH 溶液と 0.18 mol/L 塩酸 HCl 溶液を同量混合した混合液
   (4) 0.1 mol/L 酢酸 CH_3COOH 溶液（ただし，酢酸 CH_3COOH の $K_a = 1.8 \times 10^{-5}$，$-\log K_a (pK_a) = 4.74$ とする）

第7章

酸化還元反応

7-1 なぜ薬学部で酸化還元反応を学ぶのか（事例）

　ものが燃える時や金属がさびるといった時に起こる反応は，酸化という反応が目に見えて起こっている状態である．一方，目には見えないが，人が穀物を食して分解，吸収された糖類（おもにブドウ糖）からエネルギーを取り出す際にも体内で酸化反応が起こっている．また，お酒を飲むと，アルコールが体内でアセトアルデヒドに酸化され，さらに酢酸にまで酸化されて体外に排泄される．このような体内での反応も広い意味では酸化反応であり，生物においては代謝とよばれている．これらの酸化反応の逆向きの反応を還元という．身近なものとしては，赤ワインに含まれているポリフェノールやビタミンCなどは，からだの酸化を防ぐ物質（抗酸化物質）としてよく知られているが，これらは，化学的には，非常に強い酸化力をもつためからだに害を及ぼす活性酸素とよばれる物質を還元することにより，抗酸化作用（活性酸素を無害化する効果）を発揮する．本章では，いくつかの反応例を用いて，酸化反応ならびに還元反応について学ぶ．

　先に述べた抗酸化物質の1つであるビタミンCは，薬学ではアスコルビン酸とよばれ医薬品として取り扱われている．しかし，すぐれた抗酸化（還元）作用を示すがゆえに容易に分解してしまう．医薬品の品質を保証するためには，一定以上の純度が保たれていることを確認する必要がある．還元力をもつアスコルビン酸は，酸化力をもつ化合物，例えば，ヨウ素I_2液で滴定することにより正確な量を知ることができる．

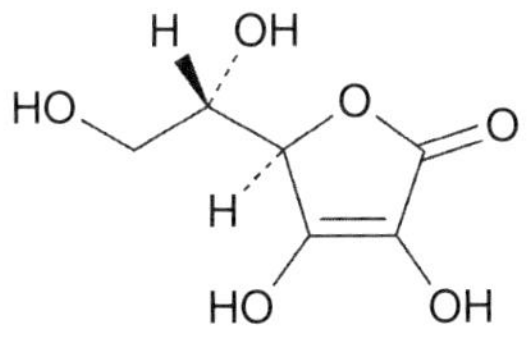

図7-1　アスコルビン酸（$C_6H_8O_6$：176.12）

「**定量法**　本品を乾燥し，その約0.2 gを精密に量り，メタリン酸溶液（1 → 50）50 mLに溶かし，0.05 mol/L ヨウ素液で滴定する（指示薬：デンプン試液1 mL）．

　　　0.05 mol/L ヨウ素液1 mL ＝ 8.806 mg $C_6H_8O_6$」

（第18改正日本薬局方）

また，過マンガン酸カリウム $KMnO_4$ の水溶液は，濃い紫であるが，(7-1) 式に示すように，還元されることにより脱色されて無色になることから，アスコルビン酸のように還元作用を示す医薬品の存在を確認するために多用されている．

$$MnO_4^- \xrightarrow[\text{還元}]{8H^+ + 5e^-} Mn^{2+} + 4H_2O \quad (7\text{-}1)$$
紫　　　　　　　　　　無色

7-2 反応の基礎

酸化反応とは，簡単にいうと文字通り酸素 O を受け取る反応である．また，逆に酸素 O を失う反応を還元反応と考えればよい．ここで，酸素 O を受け取るものがあれば，必ず逆に酸素 O を与える，つまり，失うものが存在する．したがって，酸化と還元は必ず同時に起こることから，これらをまとめて酸化還元反応とよぶ．また，このような酸素 O のやりとりだけでなく，電子 e^- のやりとりや酸化数の変化を伴う反応を酸化還元反応として広く認識する必要がある．

7-2-1 酸素の授受で考える酸化と還元

理科の実験として，水 H_2O の電気分解や塩酸 HCl に金属片を入れることで水素 H_2 ガスを発生させ，その水素 H_2 に火を近づけると勢いよく燃えて水 H_2O になるという反応を行ったことがあるだろうか．

$$2H_2 + O_2 \longrightarrow 2H_2O \quad (7\text{-}2)$$

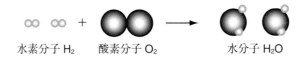
水素分子 H_2　　酸素分子 O_2　　　　水分子 H_2O

図 7-2　水素と酸素の酸化還元反応

この反応は，(7-2) 式に示すように，水素が酸素を受け取る反応であり，酸化反応の最もわかりやすく馴染みの深い反応の1つといえる．その一方，この反応では酸素は水素を酸化するのと同時に自らは還元されることも示している．言い換えれば，酸素は水素を受け取ることにより還元されるということである．つまり，酸素を受け取る反応は酸化反応，水素を受け取る反応は還元反応と表すことができる．この反応は，二酸化炭素 CO_2 の発生を伴わずに大きなエネルギーを発生させるため，最近では燃料電池車に続き，自動車の水素エンジンとして内燃機関にも応用されている．しかし，先に述べたように，酸化還元反応には，酸素 O や水素 H のやりとりだけでなく，電子 e^- の授受や酸化数の変化を伴う反応として理解しておく必要がある．

7-2-2 電子の授受で考える酸化と還元

水 H_2O や二酸化炭素 CO_2 のような共有結合でできている物質の例では電子の授受がわかりにくいので，違った例を使って電子 e^- の移動を考えることにする．金属の銅 Cu は，特有の色を有しているが，これをガスバーナーで加熱すると，空気中の酸素 O_2 と結合して黒色の酸化銅(II) CuO を生じる．

$$2Cu + O_2 \longrightarrow 2CuO \tag{7-3}$$

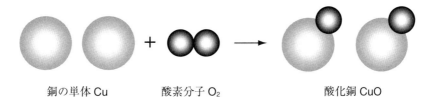

図 7-3 銅と酸素の酸化還元反応

この反応における銅 Cu と酸素 O のそれぞれについて電子 e^- のやりとりを考える．銅 Cu はもともと電荷をもっていなかったが，この反応で生じた化合物では 2 価の正電荷をもつ．このことから，(7-4) 式に示すように銅 Cu 1 つあたり 2 つの電子 e^- を失ったことになる．

$$Cu \longrightarrow Cu^{2+} + 2e^- \tag{7-4}$$

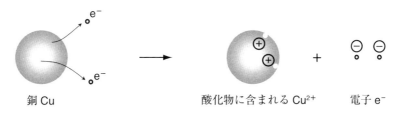

図 7-4 銅の酸化

また，酸素分子 O_2 は 2 つの酸素原子 O が電子 e^- を共有して安定な状態になっているが，この反応により銅 Cu から 4 つの電子 e^- を受け取り 2 つの酸素 O はそれぞれ 2 価の負電荷をもった状態になる．

$$O_2 + 4e^- \longrightarrow 2O^{2-} \tag{7-5}$$

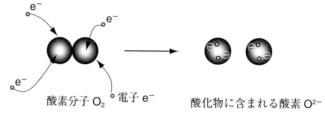

図7-5　酸素の還元

図7-6　酸化銅

　この反応では，電子e^-を失った銅Cuは酸化され，逆に電子e^-を受け取った酸素分子O_2は還元されたということになる．言い換えれば，銅の単体Cuが単独ではこの反応は進行しないが，還元されやすい，つまり，電子e^-を受け取りやすい性質をもつ酸素分子O_2と出会ったことにより電子e^-を放出して酸化されたのである．このことからも酸化と還元が同時に起こっていることがわかる．次に，酸化還元反応のもう1つの考え方として酸化数について説明する．

7-2-3　酸化数の変化で考える酸化と還元

　酸化数を取り扱うにあたっては，先ほどの反応例として示した銅Cuの酸化反応における酸化物にあたる酸化銅(Ⅱ)CuOに含まれる酸素Oは銅Cuから電子e^-を2個受け取ることで安定な化合物になっていることを覚えておくと考えやすい．

　酸化数というのは電荷をもつものではその価数に等しい数字で，例えば，銅イオンCu^{2+}であれば+2と表す．また，酸化銅(Ⅱ)CuOに含まれる銅Cuのように酸化される際に電子e^-を2個放出した銅（Cu^{2+}）についても同じように酸化数は+2となる．ただし，電荷の価数を示す表記とは符号と数字の順番が逆転する．酸化銅(Ⅱ)CuOに含まれる酸素Oについては，電子e^-を2個受け取った状態（O^{2-}）になるので酸化数は-2である．多くの場合，酸素Oは電子e^-を2個受け取ることで安定な化合物になるので，一般に，化合物に含まれる酸素Oの酸化数は-2である．一方，水分子H_2O，二酸化炭素分子CO_2，酸素分子O_2，窒素分子N_2，水素分子H_2など共有結合によりできている分子全体の酸化数は0である．ここで，酸化還元反応の例としてはじめにあげた水素分子H_2の酸化により水分子H_2Oが生じる反応における各原子の酸化数について考える．水素分子H_2は酸化数0であるから，そこに含まれる個々の水素Hについても酸化数は0である．一方，反応により生じた水分子H_2Oの水素Hは，酸化される際に電子e^-を放出するので水素イオンH^+と同様に正電荷を帯びて酸化数は+1となる（図7-7）．水素Hはほとんどの場合，電子e^-を放出して安定な化合物になるので，一般に，化合物に含まれる水素Hの酸化数は+1である．酸化数0の水素分子H_2の水素Hが，酸素Oと結合することにより酸化数

が＋1に変化する．逆に酸化数0の酸素分子 O_2 の酸素Oは，水素と結合することにより酸化数が－2に変化する．つまり，酸化される（相手を還元する）と酸化数が増加し，還元される（相手を酸化する）と酸化数が減少する．

水素分子 H_2 　　化合物に含まれる水素 H^+ 　　電子 e^-

図7-7　水素の酸化

ここで，水分子 H_2O を例に，化合物の合計の酸化数とそこに含まれる各原子の酸化数との関係性を考えてみる．共有結合分子である水分子 H_2O は，その合計の酸化数は0であり，酸化数0の水素分子 H_2 と酸化数0の酸素分子 O_2 が反応して生じる化合物であるが，H_2O に含まれる水素Hと酸素Oの酸化数は先述のとおり，いずれも0ではない．水分子 H_2O に含まれる酸素Oは酸化数－2，水素は酸化数＋1である．酸素Oは2つの水素Hから電子 e^- を1つずつ受け取って安定な水分子 H_2O として存在している．

$$0\,(\text{H}_2\text{O の酸化数}) = +1\,(\text{H の酸化数}) \times 2 + (-2)(\text{O の酸化数}) \tag{7-6}$$

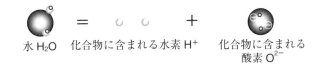

水 H_2O 　　化合物に含まれる水素 H^+ 　　化合物に含まれる酸素 O^{2-}

図7-8　水分子

水分子 H_2O に含まれている水素Hの酸化数はすでに述べたとおり＋1であるが，（7-6）式を使って水分子 H_2O に含まれる水素Hの酸化数を求めることができる．つまり酸化数－2の酸素O1つと水素H2つの酸化数の総和にあたる水分子 H_2O の酸化数が0であることから，水素Hの酸化数は＋1ということになる．ここで，水素分子 H_2 と酸素分子 O_2 の反応により水分子 H_2O が生じる反応における酸化数の変化をまとめると，水素Hは酸化数0から＋1に変化し，酸素Oは酸化数0から－2に変化する．つまり，水素Hは酸化され，酸素Oは還元される反応であり，酸化数が2だけ変化した酸素Oと酸化数が1だけ変化した水素Hの反応におけるモル比は1：2であることがわかる．このように，酸化数の変化から酸化還元反応を把握することができる．次に，酸化数の求め方について，化合物が電解質の場合はどうすればいいのだろうか．強酸でよく知られている硫酸 H_2SO_4 に含まれる硫黄Sの酸化数について考える．硫酸 H_2SO_4 は2つの水素イオン H^+ と1つの硫酸イオン SO_4^{2-} からなるが，硫黄Sが含まれている硫酸イオン SO_4^{2-} について考えればよい．イオンについては，その酸化数は電荷に等しいから，硫酸イオン SO_4^{2-} の合計の酸化数は－2である．化合物中に含まれる酸素Oの酸化数は－2であり，硫酸イオン SO_4^{2-} には4つ含まれている．硫黄Sの酸化数をXとおくと（7-7）式が得られ，これを展

開することにより硫酸イオン SO_4^{2-} に含まれる硫黄 S の酸化数 (X) は $+6$ と求めることができる．

$$-2 \text{ (} SO_4^{2-} \text{の酸化数)} = X \text{ (S の酸化数)} + (-2)(\text{O の酸化数}) \times 4 \tag{7-7}$$

ここでは，2 つの例をあげて酸化数を求めてみたが，その他の化合物についても特殊な場合を除き，同様にして酸化数を求めることができる．以下に，酸化数を求める際の注意点をいくつかあげる．これ以降にも酸化数という考え方を使うことがあるので，ここでしっかりと理解しておいてもらいたい．

1. 重要：共有結合でできている分子の合計の酸化数は 0 である（水素分子 H_2，酸素分子 O_2 などの合計の酸化数が 0 であるから，同一元素からなる分子内の水素 H および酸素 O の酸化数においてもいずれも 0 である）．
2. 重要：電解質の酸化数は，電荷に等しい（ナトリウムイオン Na^+ およびカリウムイオン K^+ の酸化数は $+1$，カルシウムイオン Ca^{2+} およびマグネシウムイオン Mg^{2+} の酸化数は $+2$，塩化物イオン Cl^- および臭化物イオン Br^- の酸化数は -1，硫酸イオン SO_4^{2-} の合計の酸化数は -2，過マンガン酸イオン MnO_4^- の合計の酸化数は -1 など）．
3. 重要：ほとんどの化合物において，水素 H の酸化数は $+1$ である（水 H_2O，硫化水素 H_2S など）．
4. 重要：ほとんどの化合物において，酸素 O の酸化数は -2 である（二酸化炭素 CO_2，酸化銅(II) CuO など）．
5. 注意：過酸化水素 H_2O_2 において，水素 H の酸化数は $+1$，酸素 O の酸化数は -1 である．
6. 注意：金属の水素化物（CaH_2 など）においては，水素 H よりもほとんどの金属類のほうが陽性が強いので，水素 H の酸化数はマイナスの値をとる（例えば，CaH_2 の場合，水素 H の酸化数は -1 である）．

7-2-4 酸化剤と還元剤

水素ガス H_2 の燃焼は，水素分子 H_2 が酸素分子 O_2 と反応して水分子 H_2O を生じる反応，つまり，酸素分子 O_2 が水素 H を酸化する反応と水素分子 H_2 が酸素 O を還元する反応であることは先ほど述べたとおりである．このような関係において，一般的に，相手を酸化する化合物を酸化剤，相手を還元する化合物を還元剤とよぶ．また，酸化剤は相手を酸化すると同時に自分は還元され，還元剤は相手を還元すると同時に自分は酸化される．すなわち，酸化還元反応は酸化剤と還元剤の相補的な反応であるといえる．また，この反応の見方を少し変えると，酸素 O を受け取る反応が酸化反応であることは言葉のとおり明らかであるが，一方で，水素 H を受け取る反応が還元反応であると考えることもできる．

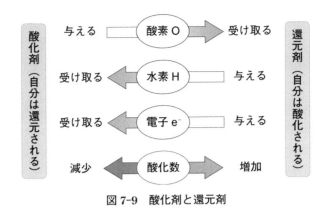

図 7-9 酸化剤と還元剤

　水素 H の授受も含めて酸化剤と還元剤の特徴を図 7-9 にまとめた．すなわち，酸素 O の授受において，酸素 O を与える物質が酸化剤であり，受け取る物質が還元剤である．水素 H の授受において，水素 H を与える物質が還元剤であり，受け取る物質が酸化剤である．一方，電子 e^- の授受においては，電子 e^- を与える（マイナスを手放す）物質は反応により酸化数が増加する（酸化される）ことから還元剤であり，逆に電子 e^- を受け取る物質は酸化数が減少する（還元される）ことから酸化剤であるとわかる．

7-2-5　酸化剤と還元剤の量的関係

　それでは，いくつかの酸化剤および還元剤による反応について，酸化数の変化からもう少し詳しく考えてみる．はじめに，先ほどの水素分子 H_2 の燃焼において酸化剤としてはたらく酸素分子 O_2 について考える．(7-2) 式における酸素 O の酸化数について考えると，(7-8) 式のように，酸化数 0 の酸素分子 O_2 1 つから酸化数 -2 の酸素 O を含む水分子 H_2O が 2 つ生じる．つまり，酸素分子 O_2 は合計で -4（-2×2）の酸化数が変化したことになる．

$$2H_2 + O_2 \,(\text{O：酸化数 0}) \longrightarrow 2H_2O \,(\text{O：酸化数} -2) \tag{7-8}$$

　また，同反応において還元剤としてはたらく水素分子 H_2 について考えると (7-9) 式のように，酸化数 0 の水素分子 H_2 2 つから酸化数 $+1$ の水素 H を 2 つ含む 2 分子の水 H_2O が生じる．つまり，水素分子 H_2 では合計で $+2$ の酸化数が変化したことになる．

$$2H_2 \,(\text{H：酸化数 0}) + O_2 \longrightarrow 2H_2O \,(\text{H：酸化数} +1) \tag{7-9}$$

　ここで，1 つ約束ごとについて触れると，水素 H 1 mol あたりの酸化数変化量（$0 \to +1$）を 1 当量という．すなわち，酸素分子 O_2 における合計の酸化数の変化は -4 であるから酸素分子 O_2 1 mol は 4 当量，水素分子 H_2 における合計の酸化数の変化は $+2$ であるから水素分子 H_2 1 mol は 2 当量に相当する．また，酸素分子 O_2 は酸化剤，水素分子 H_2 は還元剤としてはたらいているから，この反応においては，酸素分子 O_2 は，1 mol 4 当量の酸化剤，水素分子 H_2 は 1 mol 2 当量の還元剤ということになる．

　それでは，滴定によく用いられる酸化剤および還元剤についても同様に酸化数の変化から，そ

れらが 1 mol 何当量であるかを考えていくことにする．薬学における容量分析用標準液の中で酸化還元滴定によく用いられる酸化剤として過マンガン酸カリウム $KMnO_4$ 液やヨウ素 I_2 液などがある．また，還元剤としてはチオ硫酸ナトリウム $Na_2S_2O_3$ 液やシュウ酸 $H_2C_2O_4$ 液などがよく用いられる．

過マンガン酸カリウム $KMnO_4$ は酸性条件下，還元剤を酸化し，Mn^{2+} と 4 つの水 H_2O を生じる．この反応は，(7-10) 式のように表すことができ，この反応式をみれば，5 つの電子 e^- を受け取っていることから，容易に 1 mol が 5 当量の酸化剤であることがわかるが，この反応についても酸化数の変化から酸化還元反応を考えてみる．

$$MnO_4^- + 8H^+ + 5e^- \longrightarrow Mn^{2+} + 4H_2O \tag{7-10}$$

$$-1\,(MnO_4^-\text{の酸化数}) = X\,(Mn\text{の酸化数}) + -2\,(O\text{の酸化数}) \times 4 \tag{7-11}$$

この反応は，過マンガン酸イオン MnO_4^- に含まれるマンガン Mn がマンガンイオン Mn^{2+} に変化する反応であるから，マンガン Mn の酸化数に注目すれば 1 mol 何当量であるかと酸化剤であるか還元剤であるかがわかる．過マンガン酸イオン MnO_4^- について考えると，酸化数 −2 の酸素 4 つとマンガン Mn の合計の酸化数が −1 であるから，ここに含まれるマンガン Mn の酸化数は，(7-11) 式より +7 ということになる．また，マンガンイオン Mn^{2+} は，その価数から酸化数は +2 である．すなわち，この反応によりマンガン Mn は，酸化数 +7 から +2 に変化するから，酸化数として −5 だけ変化する反応，すなわち，還元される反応である．したがって，自分が還元される物質は酸化剤（相手を酸化する物質）なので，酸化数の変化から，過マンガン酸カリウム $KMnO_4$ は 1 mol 5 当量の酸化剤であることがわかる．この酸化剤は，消毒薬であるオキシドール中の過酸化水素 H_2O_2 の定量に用いられる．過酸化水素 H_2O_2 は前項の酸化数を求める際に注意する点の 5 番目にあげたように，酸化還元反応においては特殊な化合物であり，酸素 O の酸化数が −1 であるから，酸化数 0 の酸素分子 O_2 に変化する場合は酸化数として +1 だけ変化する．過酸化水素 H_2O_2 は分子内に酸素 O を 2 つもつので 1 mol 2 当量の還元剤（自分は酸化される），酸素 O の酸化数として −2 となる水分子 H_2O に変化する場合は酸化数の変化は −1 であるから 1 mol 2 当量の酸化剤（自分は還元される）としてはたらくことになる．ここでは，酸化剤の過マンガン酸カリウム $KMnO_4$ との反応であるから (7-12) 式に示すような反応により，還元剤としてはたらく．一方，酸化剤としてはたらく場合は，(7-13) 式に示すような反応である．

$$H_2O_2\,(O：\text{酸化数}-1) \longrightarrow 2H^+ + O_2\,(O：\text{酸化数}-0) + 2e^- \tag{7-12}$$

$$H_2O_2\,(O：\text{酸化数}-1) + 2H^+ + 2e^- \longrightarrow 2H_2O\,(O：\text{酸化数}-2) \tag{7-13}$$

また，ヨウ素 I_2 液も重要な酸化剤の 1 つであるが，これは，周期表では 17 族，すなわちハロゲンに属しており，ヨウ素 I_2 に限らず，例えば，塩素 Cl_2 や臭素 Br_2 などのハロゲン分子は酸化力をもっている．しかし，電気陰性度の違いからフッ素 F_2 や塩素 Cl_2 ならびに臭素 Br_2 はイオン

になりやすく反応性は高いが分解しやすいため，酸化還元滴定においては分子型として比較的安定であり，溶液の色の変化で反応を確認できるヨウ素 I_2 液がよく用いられる．ただし，反応によっては，臭素 Br_2 液が用いられる場合もある．ヨウ素 I_2 液による酸化は（7-14）式に示すように２つの電子 e^- を受け取ってヨウ化物イオン I^- になることにより酸化作用を示す．

$$I_2\ (I：酸化数\ 0) + 2e^- \longrightarrow 2I^-\ (I：酸化数\ -1) \tag{7-14}$$

酸化数 0 のヨウ素 I_2 は，酸化数 -1 のヨウ化物イオン I^- を２つ与えることから，1 mol 2 当量の酸化剤であることがわかる．ヨウ素 I_2 液は，本章の冒頭でも述べたように，抗酸化（還元）作用をもつアスコルビン酸の定量などに用いられる．

還元剤として容量分析用標準液によく利用されるチオ硫酸ナトリウム $Na_2S_2O_3$ 液の反応は，（7-15）式に示すように少々難解であるが，これについても酸化数からどのような反応が起こるのかを考えてみることにする．

$$2S_2O_3^{2-} \longrightarrow S_4O_6^{2-} + 2e^- \tag{7-15}$$

まずは，チオ硫酸イオン $S_2O_3^{2-}$ に含まれる硫黄 S の酸化数を（7-16）式から求める．チオ硫酸イオン $S_2O_3^{2-}$ の合計の酸化数は -2，酸素 O 3 つの酸化数の合計は -6 であるから，硫黄 S 2 つの酸化数の合計は +4 ということになる（硫黄 S 1 つの酸化数 X_{S1} は +2）．

$$-2\ (S_2O_3^{2-}\ の酸化数) = X_{S1}\ (S\ の酸化数) \times 2 + (-2)(O\ の酸化数) \times 3 \tag{7-16}$$

次に，反応により生成するテトラチオン酸 $S_4O_6^{2-}$ に含まれる硫黄 S の酸化数を（7-17）式から求める．2 価の陰イオンであるテトラチオン酸 $S_4O_6^{2-}$ の合計の酸化数は -2，酸素 O 6 つの酸化数の合計は -12 であるから，硫黄 S 4 つの酸化数の合計は +10 となる（硫黄 S 1 つの酸化数 X_{S2} は +2.5）．

$$-2\ (S_4O_6^{2-}\ の酸化数) = X_{S2}\ (S\ の酸化数) \times 4 + (-2)(O\ の酸化数) \times 6 \tag{7-17}$$

ここで，これらの酸化数の変化を（7-15）式の反応にあてはめると（7-18）式のようになり，酸化数 +2 の硫黄 S を 2 つ含むチオ硫酸ナトリウム $Na_2S_2O_3$ 2 つが反応して酸化数 +2.5 の硫黄 S を 4 つ含むテトラチオン酸ナトリウム $Na_2S_4O_6$ が 1 つ生じる反応であるから，硫黄 S の酸化数の合計を考えると，左辺は +8，右辺は +10 である．すなわち，チオ硫酸ナトリウム $Na_2S_2O_3$ 2 つあたりの酸化数の変化が +2 なので，1 つあたりでは +1 である．つまり，チオ硫酸ナトリウム $Na_2S_2O_3$ は 1 mol 1 当量の還元剤ということになる．

$$2S_2O_3^{2-}\ (S：酸化数\ +2) \longrightarrow S_4O_6^{2-}\ (S：酸化数\ +2.5) + 2e^- \tag{7-18}$$

チオ硫酸ナトリウム $Na_2S_2O_3$ は，ヨウ素 I_2 をはじめとするハロゲン単体のほか，多くの医薬品の定量に用いられている．

この他，主要な還元剤としてシュウ酸 $H_2C_2O_4$ がある．ナトリウム塩のシュウ酸ナトリウム $Na_2C_2O_4$ は，標準液としての用途はそれほど広くないが，酸化剤の標準液である過マンガン酸カ

リウム KMnO₄ 液の標定用標準試薬として使用される．シュウ酸 $H_2C_2O_4$ は，カルボキシ基 -COOH の炭素 C どうしが共有結合した，2 価の弱酸であり，ナトリウム塩のシュウ酸ナトリウム $Na_2C_2O_4$ は，水 H_2O に溶かすと塩基性を示す．ここでは，シュウ酸ナトリウム $Na_2C_2O_4$ の還元剤としてのはたらきについて考えていくことにする．ここまでくると，勘のよい人は，「還元剤としてはたらくわけだから，シュウ酸イオン $C_2O_4^{2-}$ の酸化数が増加するためには，共有結合分子である二酸化炭素 CO_2 2 つに分かれるのでは？」という予想がつくかもしれない．その通りである．還元剤は，自分は酸化されるのだから，酸化数が増加する，すなわち，陰イオンであるシュウ酸イオン $C_2O_4^{2-}$ が共有結合によりできた分子に変化すれば酸化数の合計が 0 となる．つまり，自分は酸化され，相手を還元することになるからである．この反応を（7-19）式に示す．

$$C_2O_4^{2-} \longrightarrow 2CO_2 + 2e^- \qquad (7\text{-}19)$$

酸化数については，2 価の陰イオンであるシュウ酸イオン $C_2O_4^{2-}$ が，共有結合分子の二酸化炭素 CO_2 に変化するから，この反応の酸化数は，-2 から 0 に変化する．すなわち，シュウ酸ナトリウム $Na_2C_2O_4$ は 1 mol 2 当量の還元剤ということになる．しかし，念のため炭素 C の酸化数に着目して確認しておくと，シュウ酸イオン $C_2O_4^{2-}$ に含まれる炭素 C の酸化数は（7-20）式より $+3$ となる．また，二酸化炭素 CO_2 に含まれる炭素 C の酸化数は（7-21）式より $+4$ となり，炭素 C 1 つあたりの酸化数の変化は $+1$ である．したがって，炭素 C を 2 つ含むシュウ酸ナトリウム $Na_2C_2O_4$ は，やはり 1 mol 2 当量の還元剤であることがわかる．

$$-2\,(C_2O_4^{2-}\text{の酸化数}) = X_{C1}\,(C\text{の酸化数}) \times 2 + (-2)(O\text{の酸化数}) \times 4 \qquad (7\text{-}20)$$

$$0\,(CO_2\text{の酸化数}) = X_{C2}\,(C\text{の酸化数}) + (-2)(O\text{の酸化数}) \times 2 \qquad (7\text{-}21)$$

シュウ酸ナトリウム $Na_2C_2O_4$ は先述のように過マンガン酸カリウム KMnO₄ 液の標定用標準試薬として用いられ，酸性条件下，つまり，水素イオン H^+ が豊富な条件で（7-22）式のように反応が進行する．この反応式より過マンガン酸カリウム KMnO₄ とシュウ酸ナトリウム $Na_2C_2O_4$ は 2：5 で反応することがわかる．

$$2MnO_4^- + 5C_2O_4H_2 \xrightarrow{H^+} 2Mn^{2+} + 8H_2O + 10CO_2 \uparrow \qquad (7\text{-}22)$$

一方で，もし（7-22）式を完成させることができなくても，この反応は，1 mol 5 当量の過マンガン酸カリウム KMnO₄ 液と 1 mol 2 当量のシュウ酸ナトリウム $Na_2C_2O_4$ の酸化還元反応であるから，2：5 の反応であることを知ることができる．その他，代表的な酸化剤と還元剤の半反応式を表 7-1 にまとめた．

表 7-1 代表的な酸化剤と還元剤の半反応式

酸化剤	はたらき方	還元剤	はたらき方
過酸化水素	$H_2O_2 + 2H^+ + 2e^- \rightarrow 2H_2O$	過酸化水素	$H_2O_2 \rightarrow 2H^+ + O_2 + 2e^-$
過マンガン酸カリウム	$MnO_4^- + 8H^+ + 5e^- \rightarrow Mn^{2+} + 4H_2O$	水素	$H_2 \rightarrow 2H^+ + 2e^-$
酸化マンガン(IV)	$MnO_2 + 4H^+ + 2e^- \rightarrow Mn^{2+} + 2H_2O$	硫化水素	$H_2S \rightarrow 2H^+ + S + 2e^-$
濃硝酸	$HNO_3 + H^+ + e^- \rightarrow NO_2 + H_2O$	二酸化硫黄	$SO_2 + 2H_2O \rightarrow SO_4^{2-} + 4H^+ + 2e^-$
希硝酸	$HNO_3 + 3H^+ + 3e^- \rightarrow NO + 2H_2O$	亜硫酸ナトリウム	$SO_3^{2-} + H_2O \rightarrow SO_4^{2-} + 2H^+ + 2e^-$
熱濃硫酸	$H_2SO_4 + 2H^+ + 2e^- \rightarrow SO_2 + 2H_2O$	塩化スズ(II)	$Sn^{2+} \rightarrow Sn^{4+} + 2e^-$
二クロム酸カリウム	$Cr_2O_7^{2-} + 14H^+ + 6e^- \rightarrow 2Cr^{3+} + 7H_2O$	硫酸鉄(II)	$Fe^{2+} \rightarrow Fe^{3+} + e^-$
塩素	$Cl_2 + 2e^- \rightarrow 2Cl^-$	シュウ酸	$(COOH)_2 \rightarrow 2CO_2 + 2H^+ + 2e^-$
オゾン	$O_3 + 2H^+ + 2e^- \rightarrow H_2O + O_2$	チオ硫酸ナトリウム	$2S_2O_3^{2-} \rightarrow S_4O_6^{2-} + 2e^-$
二酸化硫黄	$SO_2 + 4H^+ + 4e^- \rightarrow S + 2H_2O$	イオン化傾向の大きい金属	$Na \rightarrow Na^+ + e^-$
ヨウ素	$I_2 + 2e^- \rightarrow 2I^-$		

注：過酸化水素 H_2O_2 と二酸化硫黄 SO_2 は，酸化剤にも還元剤にもなる．

　読者の中には，「高校時代あまり化学が得意ではなかった」「生物で受験したので化学はあまり勉強しなかった」という人もいるかもしれない．「酸塩基反応ならまだ何とかなりそうだけど，化学反応式が複雑な酸化還元反応は自分には無理かも」と思う前に，酸化還元反応は必ず酸化剤と還元剤という2者の間の反応であるから，どちらが1 mol何当量の酸化剤，また，どちらが1 mol何当量の還元剤か，ということさえわかれば，反応の量的関係をつかむことができることを意識してほしい．つまり，蛇足ではあるが，物理系薬学の領域においては，必ずしも完全な化学反応式を導くことができなくても，示性式などの情報から酸化数を使ってどのような反応が起こっているのかを理解することができ，また，基本に戻って酸素Oの授受，水素Hの授受，さらに電子e^-の授受など様々な角度から反応を捉えることができるのである．

章末問題

1. 酸化反応および還元反応を次の観点から簡潔に説明しなさい．
   (1) 酸素の授受
   (2) 水素の授受
   (3) 電子の授受
   (4) 酸化数の変化

2. 次の反応のうち，酸化還元反応はどれか．また，選択した反応における酸化剤および還元剤はどの物質か．

   (1) $HCl + NaOH \rightarrow NaCl + H_2O$
   (2) $MnO_2 + 4HCl \rightarrow MnCl_2 + 2H_2O + Cl_2$
   (3) $CuO + H_2 \rightarrow Cu + H_2O$
   (4) $NaCl + H_2SO_4 \rightarrow NaHSO_4 + HCl$
   (5) $CH_4 + 2O_2 \rightarrow CO_2 + 2H_2O$
   (6) $Zn + 2HCl \rightarrow ZnCl_2 + H_2$

3. 次の物質における括弧内に示した原子の酸化数はいくらか．

   (1) H_2O (O)　　　(2) O_2 (O)　　　(3) H_2O_2 (O)
   (4) $KMnO_4$ (Mn)　(5) MnO_2 (Mn)　(6) $MnSO_4$ (Mn)
   (7) CH_4 (C)　　　(8) CO_2 (C)　　　(9) $Na_2S_2O_3$ (S)

4. アスコルビン酸はヨウ素 I_2 と反応してデヒドロアスコルビン酸を生じる．アスコルビン酸の定量に関する記述のうち，正しいのはどれか．2つ選べ．

アスコルビン酸
($C_6H_8O_6$ 分子量：176.12)

デヒドロアスコルビン酸
($C_6H_6O_6$ 分子量：174.11)

「**定量法** 本品を乾燥し，その約 0.2 g を精密に量り，メタリン酸溶液（1→50）50 mL に溶かし，0.05 mol/L ヨウ素液で滴定する（指示薬：　ア　試液 1 mL）．

$$0.05 \text{ mol/L ヨウ素液 1 mL} = \boxed{\text{イ}} \text{ mg } C_6H_8O_6 \quad ①」$$

(1) アスコルビン酸は上の反応により抗酸化作用を示す．
(2) 上の反応において，アスコルビン酸は酸化剤としてはたらく．
(3) 上の反応において，アスコルビン酸は 1 mol 3 当量である．
(4) 　ア　に入る指示薬はフェノールフタレインである．
(5) ①式の　イ　に入る数値は 8.806 である．

※ヒント：①式は，標準液 1 mL と反応する試料の mg 数（対応量）を求める式である．つまり，0.05 mmol のヨウ素 I_2 と反応する試料の mg 数を求めればよい．

第8章

容量分析

8-1 なぜ薬学部で容量分析を学ぶのか（事例）

医薬品ならびにその他一般的な化学物質を，治療または研究などを目的として使用する場合には，その品質を確かめる必要がある．薬品の純度や目的成分の含有量を調べることを定量または定量分析という．定量分析には，大きく分けて酸塩基反応や酸化還元反応をはじめとする化学反応を利用する化学的定量法と光などの電磁波（電波，光および放射線など，一定の周期をもつ波）や電気信号などの物理学的現象を利用する物理的定量法がある．また，化学的定量法は，重量分析と容量分析に大別できるが，ここでは，酸塩基反応および酸化還元滴定を例として容量分析について学ぶ．

 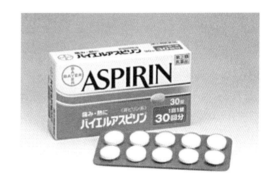

図 8-1　アスピリン製剤
左：粉末のアスピリン®（1900 年頃バイエルから発売），右：錠剤のアスピリン®（バイエル薬品）

1899 年にドイツでその名も「アスピリン」という商標で登録され発売されて以来，100 年以上経過する今もなお使用されているアスピリンは解熱鎮痛薬の1つである（図8-1）．アスピリンは，分子内にカルボキシ基 – COOH をもつため，その定量には酸塩基滴定を利用できる．

8-2 容量分析

化学反応を利用する定量法には，先に述べたとおり，大きく2つの方法がある．1つは，特定の化学反応を行う前後で物質の重さを測定することによって目的物の定性・定量を行う重量分析，

もう1つは，酸塩基反応や酸化還元反応をはじめとする溶液中での化学反応を利用して，目的物質に加えた反応試液の体積を測定することによって定量を行う容量分析である．

薬品の量を調べる化学的定量法として後者の容量分析が広く用いられているが，ここでは，日本薬局方に基づく容量分析の操作手順および定量計算について学ぶ．

8-2-1 「どれだけ？」を表すには

(1) グラム，リットル，モル（物質の絶対量）

定量分析とは，試料中にどれだけの量の目的物質が含まれているのかを調べる分析方法であるが，「どれだけ？」を表すには，多くの場合「重さ」，「体積」および「数」で表すだろう．第2章で詳しく述べられているが，ここで，物質量を表すモル（mol）という単位について少し振り返ることにする．「重さ」つまり「質量」と「体積」については，周知のようにグラム（g）とリットル（L）を標準の単位として用いるが，化学の世界では，反応の量的関係を考慮しなければならないことが多いため3つ目の「数」に基づく表し方がよく用いられる．しかし，原子や分子またはイオンの数をその都度正確に数えることはほぼ不可能といえる．それでは，どのようにして数を表せばいいだろうか．原子量や分子量にグラムをつけた質量の中に含まれる原子数あるいは分子数をアボガドロ数といい，6.022×10^{23} 個で，この量を1モル（mol）という単位で表す．モル（mol）を使えば，滴定結果を用いて「数」に基づく計算ができる．

(2) モル濃度とパーセント濃度（溶液の濃度）

容量分析においては一定濃度の標準液の消費量から目的物質の量を求めるわけであるから，ここで濃度についても触れる必要がある．一般的に濃度というと，パーセント（%）という言葉がよく出てくるが，薬学では大きく2つの濃度を使い分ける．1つは，百分率つまりパーセント濃度で，もう1つがモル濃度である．パーセントといっても，気体や液体または固体といった様々な状態で種々の媒体に含まれる物質の量を表すわけであるから，定量計算を行う場合においては，定義をしっかりと認識する必要がある．一般によく用いられているパーセント（%）という単位は，質量百分率（%）または体積百分率（vol%）であるが，容量分析でよく用いられるパーセント濃度は，これらと少し違い，質量/容量比の「100 mL 中に含まれる質量（g）」を示す質量対容量百分率（w/v%）である．これは，容量分析においては液体の体積を測定するわけであるから，あとでモル換算しやすい一定容量あたりの質量含量である質量/容量比が便利だからである．パーセント濃度以外の濃度として，容量分析で最も重要な濃度単位であるモル濃度は「1 L 中に含まれる物質量（mol）」を表し，単位は mol/L である．

容量分析においては，まず，モル濃度（mol/L）をしっかりと使いこなせるようになる必要がある．また，モル濃度（mol/L）と質量対容量百分率（w/v%）の濃度換算を行えるようになることも重要である．

8-2-2 容量分析の器具と操作

(1) 容量分析の原理

　容量分析の基礎について少し触れておく．医薬品の中には水溶液が酸性または塩基性を示すものが多数ある．1つの例として，定量しようとする薬品が塩基性医薬品であり1価の塩基だったとする．この医薬品を水に溶かすと水酸化物イオン OH^- を生じるので，当然のことながら，酸を加えれば酸塩基反応により中和が進行する．このことを利用し，定量したい塩基性医薬品の溶液に濃度がわかっている酸の溶液を滴下してゆき，中和が完了するまでに使用した酸溶液の体積を測れば，その濃度と体積の積から医薬品の量を計算して求めることができる．この場合，目的物質が1価の塩基なので，滴定に用いた酸が1価の場合は，酸の物質量（mol）がそのまま医薬品の物質量（mol）ということになる．また，酸が2価の場合には，酸の物質量（mol）の2倍が医薬品の物質量（mol）ということになる．つまり，この場合，「酸のモル濃度 × 使用した酸溶液の体積 × 酸の価数」により，定量しようとする1価の塩基性医薬品の物質量（mol）を求めることができる．また，質量が知りたければ，ここで求めた物質量（mol）にその物質の分子量（または式量）をかけることで得られる．これが容量分析の基本原理である．

(2) 容量分析に使用する器具

　容量分析は，実際には滴定とよばれる実験操作により行う．滴定には特別な器具を用いるので，器具の種類および標準的な操作方法について簡単に説明する．分析する目的物質を含む液体，固体，気体を試料といい，試料中の目的物質とスムーズに反応する物質（塩基を定量したい場合には酸）を正確な濃度で調製した溶液を標準液という．先に述べたような容量分析の原理に基づいて定量を行う場合には，まず，標準液を正確に少量ずつ滴下できる器具が必要になる．これには一般的にビュレットが用いられる．また，試料溶液を入れておき，標準液を加えてゆく容器が必要になるが，液の飛散と空気中の物質による汚染を防ぐためには口の細い容器が適切である．この目的には，マイヤーフラスコ（三角フラスコ）がよく用いられる．この他，試料などの重さを正確に量るための化学天秤，試料溶液が濃すぎる場合には，正確に希釈するためにホールピペットおよびメスフラスコを用いる．ビュレットを片手で支えて，もう一方の手で使用することは難しいのでビュレット台というビュレットを固定する道具を使う．一般的なビュレットは，図8-2に示すように内径が正確で一定な円筒に 0.1 mL おきの目盛りが付けてある．また，円筒の下部にはすり合わせのコックが取り付けてあり，微量でも標準液を正確に滴下することができる．

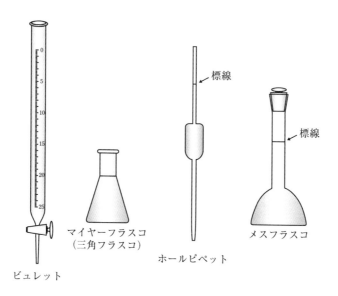

図 8-2　容量分析に使用する器具の例

(3) 滴定操作

はじめに，ビュレットに 0 点（目盛りの 0 mL の位置）よりも多く標準液を注入したのち，コックや先端部の空気を抜きながら標準液を滴下して，正確に液面を 0 mL の位置に合わせる．この操作を 0 点合わせという．次に，試料溶液をマイヤーフラスコに入れ，ここへ標準液を滴下してゆく．この操作が滴定である．マイヤーフラスコには目盛りの付いているものもあるが，その目盛りは正確ではないので，体積の測定には利用できない．試料濃度が高すぎてビュレットの容量以内で滴定が終了しない場合には，試料を適宜希釈する必要がある．試料の正確な希釈には，ホールピペットとメスフラスコを使用する．これらには，ビュレットのような細かい目盛りは付いておらず，1 本の標線だけが付けられている（図 8-2 参照）．ホールピペットは標線まで吸い上げた溶液を出しきれば一定容量の溶液を採取できる器具である．一方，メスフラスコは，標線まで溶液を入れれば一定容量になるように印が付けられている．試料を希釈したい場合には，これら 2 つの器具を組み合わせて用いることで溶液を正確に希釈することができる．例えば，試料を正確に 10 倍希釈したい場合には，試料を 10 mL のホールピペットで標線まで吸い上げ，100 mL のメスフラスコの中に吸い上げた試料を出しきる．残りの容量は精製水または適切な溶媒を用いて希釈する．メスフラスコ上部にはすり合わせのガラスでつくった活栓が付いているので，標線まで精製水または適切な溶媒を正確に注いだのち，活栓をきっちり閉めてよく振り混ぜれば正確に 10 倍希釈した試料が得られる．

　容量分析では，滴定操作を慎重に行うことはもちろん，ここで紹介したビュレットにおける 0 点合わせや試料の秤量および試料の希釈を正確に行うことが分析結果の信頼性を大きく左右するので，将来，実際に分析を正確に行うためには，特にこれらのことに気をつけて操作を行い，滴定の技術を習得しておく必要がある．

8-2-3 日本薬局方に基づく容量分析の手順

(1) 容量分析に用いる標準液

滴定操作は，先に述べた通りであるが，1回の滴定で容量分析が完了するのではなく，一連の操作の中には，試料の滴定以外にも非常に大切な工程がある．先に述べたように標準液は，試料とスムーズに反応する物質の溶液を選択する．このことは同時に反応性の高い物質の溶液であることを意味するので，時間の経過により標準液に含まれる物質の量が変化する可能性が高くなる．酸塩基滴定における標準液としては，酸性の標準液には強酸の塩酸 HCl や硫酸 H_2SO_4，塩基性の標準液には強塩基の水酸化ナトリウム NaOH や水酸化カリウム KOH がよく用いられる．塩酸 HCl はもともと気体である塩化水素 HCl を水に溶かした溶液であるほか，硫酸 H_2SO_4 は吸水性の高い液体であり，水酸化ナトリウム NaOH および水酸化カリウム KOH などは固体であるが空気中の水分を吸収しやすい潮解性という性質をもっているので，標準液に用いる酸や塩基の一定量を量りとって，正確な濃度で調製することは非常に困難である．そこで，まず標準液を，おおよそ正確に調製したのち，標準液の正確な濃度を調べるために標定という操作を行う．

(2) 容量分析の一連の流れ

標定とは，標準液と反応する標準状態で安定な物質（標準試薬）の質量を正確に秤量し，これを標準液で滴定した結果から，標準液の正確な濃度を計算することである．すなわち，滴定による定量は，まず標準液を調製し，標定により正確な濃度を調べたのち試料の分析を行う，という流れになる．滴定により，試料に含まれる目的成分の定量分析を行うために，日本薬局方（医薬品に関する規格書）では以下のような手順が定められている．

① 標準液を調製する
② 標準試薬を用いて標準液の標定を行う
③ 試料の滴定

標定について補足する．標定とは，標準液の正確な濃度を調べることであるが，求めた濃度を多くの桁数まで表記するのではなく，ファクター（f）とよばれる係数を求めることである．例えば，0.1 mol/L の塩酸 HCl の標準液を調製して標定を行った時，標定により求められた標準液の正確な濃度が 0.1010 mol/L であったとすると，この標準液は，「0.1010 mol/L 塩酸」と表記するのではなく，日本薬局方においては，「0.1 mol/L 塩酸（$f = 1.010$）」と表記する．つまり，標準液の目標濃度をそのまま表示し，調製の際に生じた若干のずれをファクター（f）という係数を用いて換算する．言い換えれば，ファクター（f）とは，0.1 mol/L × f が正確な標準液の濃度を表すような f の値のことである．

8-3 酸塩基滴定

薬品の量を調べる化学的定量法として容量分析が広く用いられているが，ここでは，酸塩基反応の量的関係を学習し，酸塩基反応を利用した容量分析，すなわち，酸塩基滴定における滴定の

終点確認の方法および定量計算について学ぶ．

8-3-1 中和反応の量的関係

酸と塩基にはそれぞれ価数があり，同じ価数の酸と塩基の反応においては 1：1 で中和反応が進む．しかし，異なる価数の酸と塩基では，反応する量の比は，それらの価数によって決まる．ここで，一度，価数と反応の量比について確認しておきたい．

(1) 強酸の中和反応

酸には，水溶液中でほぼすべてが電離する強酸と，部分的にしか電離しない弱酸があるが，はじめに，強酸の例として塩酸 HCl，硝酸 HNO_3 および硫酸 H_2SO_4 について考えてみる．化学式からもわかるように塩酸 HCl および硝酸 HNO_3 は 1 価の酸であり水溶液中では 1 つの酸は 1 つの水素イオン H^+ のはたらきをする．また，硫酸 H_2SO_4 は 2 価の酸であるから，水溶液中では 2 つの水素イオン H^+ のはたらきをする．これらが 1 つの水酸化物イオン OH^- を生じる 1 価の塩基と反応する場合，それぞれ 1：1 および 1：2 の比で反応することになる．また，2 価の塩基と反応する場合，1 つの塩基が与える 2 つの水酸化物イオン OH^- と反応するためには，1 価の酸は 2 つ必要になるので 2：1，2 価の酸では 1：1 の反応ということになる．これをもう少し一般的に考えてみる．酸の価数を $n(a)$，塩基の価数を $n(b)$，$n(a)$ と $n(b)$ の最小公倍数を n とすると，反応式は (8-1) 式のようになる．

$$H_{n(a)}A + B(OH)_{n(b)} \longrightarrow B_{n(a)}A_{n(b)} + nH_2O \tag{8-1}$$

つまり，$n(a)$ 価の酸と $n(b)$ 価の塩基の反応は $n(b)：n(a)$ で進むことになる．当たり前のように思われるが，実際の定量計算においては，酸および塩基の価数と反応の量比の関係をついつい逆にして取り扱いがちなので，ここでしっかりと慣れておきたい．

(2) 弱酸の中和反応

次に，弱酸の価数について考えてみる．第 6 章において，弱酸は水溶液中で一部しか電離しないと述べたが，酸塩基反応においては，その一部の水素イオン H^+ だけが水酸化物イオン OH^- と反応するのではなく，弱酸から生じうるすべての水素イオン H^+ が中和反応に使われる．酢酸 CH_3COOH はよく知られている弱酸であり，通常は水溶液中でごくわずかしか電離していない．電離度 α の定義については先述した通りであるが，ここで弱酸の濃度と電離度 α の関係を少し解説しておく．詳細については分析化学などの専門科目で学習することになるので，ここでは簡単な解説にとどめることにする．弱酸の電離は高濃度の水溶液中では低く抑えられているが，弱酸の濃度が低くなると電離しやすくなる．つまり，弱酸の濃度が低くなるほど電離度 α の値が大きくなり 1 に近づくということを知っておく必要がある．酢酸 CH_3COOH と水酸化ナトリウム NaOH の中和反応を化学反応式で表すと (8-2) 式のようになる．

$$\text{CH}_3\text{COOH} + \text{NaOH} \longrightarrow \text{CH}_3\text{COONa} + \text{H}_2\text{O} \qquad (8\text{-}2)$$
$$(\text{CH}_3\text{COO}^- + \text{Na}^+)$$

つまり，中和反応が進むにつれ分子型の酢酸 CH_3COOH の濃度は低くなっていく．そして，反応終了間際には酢酸 CH_3COOH はごく低い濃度になり，ほぼすべてが電離して水素イオン H^+ を生じるので，酢酸 CH_3COOH が生じうるすべての水素イオン H^+ が反応に使われることになる．すなわち，弱酸の酸塩基反応においても強酸と同様，$n(a)$ 価の酸と $n(b)$ 価の塩基の反応における量比は $n(b):n(a)$ となる．弱塩基についても同様のことがいえる．例えば，アンモニア NH_3 の場合には，水 H_2O に溶けると，一部は水 H_2O から水素イオン H^+ を1つ受け取ってアンモニウムイオン NH_4^+ と水酸化物イオン OH^- を生じるが，残りはアンモニア NH_3 のままで存在する．ここへ酸が加えられるとアンモニア NH_3 と水 H_2O から生じた水酸化物イオン OH^- が水素イオン H^+ と反応して消費されるにつれ分子型のアンモニア NH_3 の濃度が低下していき，アンモニア NH_3 の電離度 α が大きくなる．その結果，最終的にはすべてのアンモニア NH_3 が反応して，酸塩基反応が完了する．

8-3-2 滴定曲線と指示薬

ここでは，滴定操作を行っていく過程で，滴定が進むにつれて試料溶液の pH がどのように変化するのかを考えてみる．

(1) 強酸を強塩基で滴定するときの pH 変化

はじめに，強酸を試料とし，強塩基の標準液で滴定を行う場合の pH 変化のグラフを図 8-3 に示す．試料そのものは強酸であるから，滴定前には非常に低い pH であるが，塩基性の標準液を滴下していくと徐々に pH が上がってゆき，標準液の滴下量が，中和反応が終了する点に近づくと急激な pH の変化を示したのち再びゆるやかに pH が上昇する．この急激な pH 変化を pH jump とよび，pH jump がみられる標準液滴下量が滴定の終点であり，当量点とよばれる．

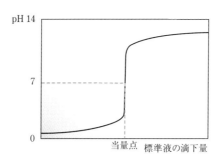

図 8-3 強酸と強塩基の滴定曲線

(2) 弱酸を強塩基で滴定するときの pH 変化

次に，弱酸を強塩基で滴定する場合の pH 変化のグラフを図 8-4 に示す．比較のため，強酸を試料とした場合の曲線を点線で示している．弱酸は強酸と同じ濃度で水 H_2O に溶かした場合には，電離度 α が小さく水素イオン H^+ 濃度が低いため，滴定開始前の pH は強酸よりも高くなる．塩基性の標準液を加えてゆくと，ゆるやかに pH は上昇し，当量点付近でやはり pH jump がみられる．弱酸を強塩基で中和する反応では，滴定前の pH が強酸よりも高いことのほか，pH jump が小さくなることや，当量点での pH が中性ではなく少し塩基性側になることが特徴である．

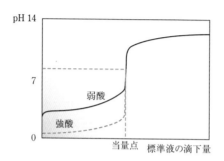

図 8-4 弱酸と強塩基の滴定曲線

(3) 滴定曲線

図 8-3 と図 8-4 で示したような標準液の滴下量にともなう pH 変化を示したグラフを滴定曲線とよび，滴定曲線から試料や標準液の性質など滴定における様々なことが読みとれる．先に述べた，pH jump の大きさや当量点での pH の違いも滴定曲線が示す特徴といえる．ここで示した 2 種類の組み合わせのほか，強酸と弱塩基で滴定を行った場合にも pH jump は小さくなり，この場合は当量点が酸性側になる．また，弱酸と弱塩基の組み合わせではさらに pH jump が小さくなり，当量点はほぼ中性の pH 7 付近の値をとる．

(4) 終点の確認

滴定の終点である当量点をどのようにして知ることができるのだろうか．もちろん，滴定曲線により pH 変化を調べて当量点を知ることができるが，実際の分析において pH を測定しながら滴定を行うためには特別な装置が必要になるので，汎用性が高い方法としては pH の変化を色の変化で知ることができる指示薬を利用する方法が一般的である．指示薬には，様々な化合物が用いられるが，それぞれの化合物において特有の pH 領域を境に色の変化をみせる．よく用いられるものとしては，酸性側では無色であるが pH 9～10 を境に塩基性側で赤色を示すフェノールフタレイン PP や，pH 7 付近を境に酸性側では黄色，塩基性側では青色を示し，中性領域では緑色を示すブロモチモールブルー BTB などがある．

(5) 指示薬の選択

フェノールフタレイン PP においては pH 9～10，ブロモチモールブルー BTB においては pH 7 付近にあたる変色の境界となる pH の領域を変色域という．試料と標準液の各々の組み合わせにおける，滴定の当量点での pH 付近に変色域をもつ指示薬を選択するのが一般的である．表 8-1 に代表的な酸塩基指示薬の指示薬名と略称およびそれぞれのおよその変色域と色の変化の一覧を示す．これらの中から適切な指示薬を選択する場合，第 1 には先に述べたように滴定の終点すなわち当量点での pH において鋭敏に変色すること，すなわち，その pH 付近に変色域をもつ指示薬を選択するべきであるが，その他，色調変化の鮮明さや，反応系における副生成物による妨害なども考慮する必要がある．例えば，強酸と強塩基の組み合わせでは当量点での pH は中性であるが pH jump が大きいため，中性付近を変色域にもつブロモチモールブルー BTB のほか，酸性側に変色域をもつメチルオレンジ MO やメチルレッド MR，塩基性側に変色域をもつフェノールフタレイン PP も色調の変化がみえやすいためよく用いられる．しかし，pH jump が小さい組み合わせでは選択の幅が小さくなってしまう．強酸と弱塩基の組み合わせでは当量点における pH が酸性側であるから，ブロモフェノールブルー BPB やメチルオレンジ MO を選択するべきといえる．一方，弱酸と強塩基の組み合わせでは当量点での pH が塩基性側であるので，フェノールフタレイン PP やチモールフタレイン TP が適当である．

表 8-1 代表的な酸塩基指示薬

指示薬名	略 称	変色域（pH）
チモールブルー	TB	赤 ←→ 黄　　　　　黄 ←→ 青 (0-4, 8-10)
ブロモフェノールブルー	BPB	黄 ←→ 青紫 (3-5)
メチルオレンジ	MO	赤 ←→ 黄 (3-5)
ブロモクレゾールグリーン	BCG	黄 ←→ 青 (4-6)
メチルレッド	MR	赤 ←→ 黄 (4-6)
ブロモチモールブルー	BTB	黄 ↔ 緑 ↔ 青 (6-8)
フェノールレッド	PR	黄 ←→ 赤 (7-9)
フェノールフタレイン	PP	無色 ↔ 赤 (9-10)
チモールフタレイン	TP	無色 ←→ 青 (10-12)

8-4 酸化還元滴定

酸塩基滴定において，中和反応の量的関係を考えるには，反応に使われる酸および塩基の価数を考慮する必要があった．ここでは，酸化還元反応を利用した容量分析，すなわち，酸化還元滴定について考えるが，この場合には，価数ではなく当量数を考慮して酸化還元反応の量的関係を考えることになる．第 7 章で学習した酸化剤および還元剤の当量数について復習し，酸化還元反応の量的関係について考える．

8-4-1　酸化剤と還元剤

　酸化還元滴定とは，酸化剤と還元剤の反応であり，酸化と還元の2つの反応が同時に起こっている．また，相手を酸化して自分は還元されるものを酸化剤，相手を還元して自分は酸化されるものを還元剤という．酸化剤と還元剤についてここで少しおさらいする．水素 H_2 の燃焼において酸化剤としてはたらく酸素 O_2 について考えてみる．酸素原子Oの酸化数に着目すると，(8-3) 式のように，酸化数0の酸素原子Oを2つ含む酸素分子 O_2 1つから酸化数 -2 の酸素原子Oを1つ含む水 H_2O が2つ生じている．つまり，酸素分子 O_2 全体では酸化数が -4（-2×2）変化したことになる．

$$2H_2 + O_2\ (\text{Oの酸化数}\ 0) \longrightarrow 2H_2O\ (\text{Oの酸化数}\ -2) \tag{8-3}$$

　また，同反応において還元剤としてはたらく水素 H_2 について考えると (8-4) 式のように，酸化数0の水素原子Hを2つ含む水素分子 H_2 2つから酸化数 $+1$ の水素原子Hを2つ含む水 H_2O が2つ生じている．つまり，水素分子 H_2 全体では酸化数が $+2$ 変化したことになる．

$$2H_2\ (\text{Hの酸化数}\ 0) + O_2 \longrightarrow 2H_2O\ (\text{Hの酸化数}\ +1) \tag{8-4}$$

　(8-3) 式および (8-4) 式をみると，酸化数が減少する（自分が還元される）酸素 O_2 は酸化剤としてはたらいており，酸化数が増加する（自分が酸化される）水素 H_2 は還元剤としてはたらいていることがわかる．

8-4-2　酸化還元反応の量的関係

　酸化還元滴定の量的関係を考えるうえで，酸化数を用いて酸化剤あるいは還元剤 1 mol あたり何 mol の電子移動があるかを知ることができ，酸化剤あるいは還元剤 1 mol が何当量であるかを求める方法については第7章において学習した．ここでは，当量について復習し，酸化還元滴定での当量計算の基本についてしっかりと理解してもらいたい．

　当量の定義は，「酸素 O_2 の 7.999 g（酸素原子Oの 1/2 mol に相当する）と化合する他の任意の元素の質量をX g とする時，Xをその元素の当量という．酸化剤および還元剤における当量は，還元作用にあずかる水素 H_2 1当量を含む還元剤の量およびこれに相当する酸化剤の量をいう」ということになるが，(少しややこしいので以下に解説すると，)「酸素原子O 1/2 mol と反応する水素 H_2 の質量を1当量とする」と考えればよい．つまり，その量は，水素 H_2 1 g すなわち 1 mol の水素原子Hにあたる．酸化還元反応において，反応に関与する水素原子Hの mol 数は，移動する電子の mol 数および酸化数の変化と等しくなる．したがって，当量を酸塩基反応でいう価数と同等に取り扱えば容易に反応の量的関係をとらえることができる．例えば，先に示した例の，酸素 O_2 と水素 H_2 の反応により水 H_2O が生成する反応では (8-3) 式と (8-4) 式に示したように 1 mol の酸素 O_2 と 2 mol の水素 H_2 が反応して 2 mol の水 H_2O が生成するが，当量から量的関係をつかむだけなら，1 mol 4 当量の酸化剤と 1 mol 2 当量の還元剤の反応であるから，生成物が何 mol のどのような物質であるかがわからなくても (8-5) 式のように酸化剤と還元剤の

著作権 Q&A

Q 私は電子書籍派だし、紙の教科書を読み込んでデータ化しちゃダメなの?

A 個人でスキャンしたりして、自分のために使うことはOKじゃい。

Q 友達に教科書データをあげたり、友達からデータをもらったりしても問題ないよね?

A それはダメなんじゃい!読み込んだデータを自分のために使うのはOK!でも、友達(第三者)にあげることや、もらうことは、著作権法に違反する犯罪じゃい!

Q 著作権法に違反するとどうなるの?

A 10年以下の懲役もしくは1,000万円以下の罰金じゃい!

Q えええええっ!
教科書は高いし、何とかなんないかなぁ〜

A 著者やイラストレーター、編集者が何年も苦労を積み重ねてつくられているのが教科書なんじゃい。著作権を守らずに使うことは、作り手の苦労や想いを無視して、無断で使用する行為にあたるんじゃい。

最後に・・・

私たち出版社はみなさんの教科書を一冊一冊丁寧につくっています。普段は「著作権」なんてあまり意識しないかもしれませんが、これをきっかけに本の取扱いについて意識してもらえると大変ありがたいです。

京都廣川書店　編集者一同

量比が 1：2 と単純に考えればいいわけである．

$$1\text{ 酸化剤} + 2\text{ 還元剤} \longrightarrow \text{生成物} \tag{8-5}$$

この反応はそれほど難しくないが，例えば，過マンガン酸カリウム $KMnO_4$ 液とシュウ酸ナトリウム $Na_2C_2O_4$ の反応では（8-6）式のような複雑な化学反応式を与えて数種の化合物が反応に関与する．しかし，量的関係をつかむだけなら反応式を完成できなくても，1 mol 5 当量の酸化剤と 1 mol 2 当量の還元剤の反応であるから，（8-7）式のように 2：5 の反応であることがわかる．

$$2\,MnO_4^- + 5\,C_2O_4^{2-} \xrightarrow{H^+} 2\,Mn^{2+} + 8\,H_2O + 10\,CO_2 \uparrow \tag{8-6}$$

$$2\text{ 酸化剤} + 5\text{ 還元剤} \longrightarrow \text{生成物} \tag{8-7}$$

また，詳細は後述するが，実際の計算においては（8-8）式が成立するので，滴定で得た標準液の消費量と標準液の濃度，ならびに天秤で量りとった試料の質量と分子量などからそれぞれの物質量（mol）を（8-8）式に代入すれば当量計算ができる．

$$\text{酸化剤の物質量（mol）} \times \text{当量} = \text{還元剤の物質量（mol）} \times \text{当量} \tag{8-8}$$

8-5 定量計算

ここまでは，滴定の基本操作ならびに酸塩基反応，酸化還元反応の量的関係など定量に必要な知識の基礎について述べてきたが，ここでは，それらの反応を用いた滴定により得られた結果から目的物質の量を求める計算方法について学習する．

8-5-1 有効数字

実験科学者は数学者とは異なり，計算で出てきた端数をもつ数値を，円周率のようにどこまでも追い続けるのではなく，適切なところで切り捨てたり切り上げたりする．その切り捨てや切り上げを行って得られる数値を有効数字といい，実験の精度から決定される．例えば，化学天秤を用いて 0.9800 g 量りとったとする．これを正確に 3 等分した時の 1 つの重さが何 g かを示す時に，どこまで表示するかが有効数字である．0.9800（g）÷3 であるから，計算機で計算すると 0.326666666… と，どこまでも続く数値が表示される．

ここで，化学天秤の精度について考えてみると，一般的な化学天秤は 0.0001 g（0.1 mg）の単位まで量ることができるが，最小桁数で表示される数値はすでに誤差を含む可能性がある数値である．つまり，化学天秤で量った 0.9800 g は，0.9799 g および 0.9801 g と比べて 0.9800 g に近い重さである，ということを意味しており，実際には 0.97995 g や 0.98004 g であっても 0.1 mg までの精度の化学天秤では 0.9800 g と表示される．0.97995 g の 1/3 は 0.32665，0.98004 g の 1/3 は 0.32668 となる．つまり，0.326666666…g といくら詳しく数値を表示しても最大 0.00002 g 程度の誤差を含んでいることになる．化学天秤で量った 0.9800 g は，小数点以下 1 位から 4 位まで

の4桁の数値であるから，計算結果も5桁目を四捨五入して0.3267 gと表示するのが適切であるということになる．

一方，化学天秤を使って1.1000 g量りとった試料から，0.01 gの単位まで量れる一般のはかりを使って0.50 gを取り出した残りは，何gと表示するのが適切だろうか．1.1000 gから0.50 gを差し引いて0.6000 gでいいのだろうか．もうわかってると思うが，これではやはり誤差を含む可能性が非常に高くなってしまう．$1.09995 \leq 1.1000 < 1.10005$ から $0.495 \leq 0.50 < 0.505$ を引くわけであるから，小数点以下3位は表示すべきではない．したがって，この場合の有効数字は小数点以下3位を四捨五入して2位までの0.60 gとするのが妥当であるということになる．

計算結果の有効数字について，その意義を説明したが，実際の計算においては次の点に気をつけて取り扱えばよい．

① 実験結果では，読みとった数値はすべて意味のある数値である．1.0000 gは1 gとは違うので，末尾が0であっても最小桁数（ここでは小数点以下4位）まですべて記録する．
② 加減計算では，どの位（滴定では多くの場合，小数点以下2位）まで信頼できるかを考える．
③ 乗除計算では，何桁信頼できるかを考える．
④ 計算結果は，加減計算では最小位が大きい位の値，乗除計算では有効桁数の少ない値に合わせて有効数字とする．
⑤ 実験により得た値を用いた計算途中において，数値を除した際に割り切れなかったり，かけることにより桁数の多い中間結果を得た場合は，有効数字の桁数を考慮して，最終的な有効桁数より1桁多い数値を用いて計算を続ければよい．また，最近では実験結果の解析にはコンピューターの表計算ソフトを用いて行う場合も少なくないため，数値をすべて残したまま計算を行い，最終的な計算結果に有効数字を反映させてもよい．

8-5-2　定量計算の例1　—水酸化ナトリウムNaOH液の濃度を調べる—

分析の目的を，水酸化ナトリウムNaOH液の濃度を調べることにして，以下に，この実験例にしたがって，定量計算のやり方を解説する．

(1) 標定は重要な滴定の準備段階

強塩基である水酸化ナトリウムNaOHを定量するためには，強酸の標準液が適当であると考えられる．したがって，ここでは0.1 mol/L塩酸HClを標準液として用いることにした．濃塩酸conc.HClは35.0～38.0w/v%の塩化水素HClの水溶液であるから，濃塩酸conc.HClを精製水でおよそ110倍希釈して0.1 mol/L塩酸HClを調製する．このままでは，標準液の濃度が正確ではないから，分析にはまだ使用できない．そこで，固体の塩基を標準試薬とし，これを精密に秤量する．そして，その標準試薬を調製した0.1 mol/L塩酸HClで滴定した結果から標準液の正確な濃度を求める．標準試薬には標準液と速やかに反応するものを選ぶが，水酸化ナトリウムNaOHは潮解性があるので，その重さには水H_2Oを含む可能性が高いため適さない．そこで，炭酸ナトリウムNa_2CO_3を標準試薬に用いることにした．塩酸HClと炭酸ナトリウムNa_2CO_3の反応式を(8-9)式に示す．

$$2\,HCl + Na_2CO_3 \longrightarrow 2\,NaCl + H_2O + CO_2 \uparrow \tag{8-9}$$

炭酸ナトリウム Na_2CO_3 は2価の塩基であるから，塩酸 HCl と炭酸ナトリウム Na_2CO_3 の反応は2：1で進行し，塩化ナトリウム NaCl のほか，二酸化炭素 CO_2 が発生する．そのため，滴定終点は弱酸性であることが予想される．そこで，指示薬には弱酸性領域に変色域をもつメチルレッド MR を用い，得られた結果からファクター（f）を計算する．この時の実験値を，炭酸ナトリウム Na_2CO_3 の秤量値が 0.1055 g，滴定値（0.1 mol/L 塩酸 HCl の消費量）が 19.98 mL であったとすると，ファクター（f）はいくらになるだろうか．最も間違いが少ないと思われる計算式の立て方を1つ紹介する．まずは，反応に関わる両者（ここでは塩酸 HCl と炭酸ナトリウム Na_2CO_3）を物質量（mol）で表すことを考える．そうすると，炭酸ナトリウム Na_2CO_3 は，式量が 105.99，秤量値が 0.1055 g であるから，その物質量（mol）は，0.1055 ÷ 105.99 mol となる．一方，塩酸 HCl は $0.1 \times f$ mol/L の溶液を 19.98 mL 消費したわけであるから，$0.1 \times f \times 19.98/1000$ mol となる．炭酸ナトリウム Na_2CO_3 は2価の塩基，塩酸 HCl は1価の酸であるから，(8-10) 式が成立することになる．これを f について解くと，$f = 0.996373295\cdots$ という計算結果が得られる．

$$\underbrace{0.1055\,(g) \div 105.99}_{Na_2CO_3 \text{の物質量（mol）}} \times 2 = \underbrace{0.1\,(mol/L) \times f \times 19.98\,(mL)/1000}_{HCl \text{の物質量（mol）}} (\times 1) \tag{8-10}$$

（Na_2CO_3 の価数／mL から L への変換／HCl の価数）

日本薬局方におけるファクター（f）については，約束ごととして以下のような事項がある．
① ファクター（f）は，小数点以下3位まで表示する．
② 通例，ファクター（f）が 0.970〜1.030 の範囲にあるように標準液を調製する．
③ ファクター（f）は，有効数字に考慮しない．
④ 標定は，直接法または間接法により行う（ここでの実験例のように固体の質量を量って標定を行う方法を直接法または一次標準法という．また，直接に標準試薬を用いず，ファクター（f）既知の別の標準液を用いて標定を行う方法を間接法または二次標準法という）．

したがって，ファクター（f）は小数点以下3位まで表示するとあるので，今回求めた 0.1 mol/L 塩酸 HCl のファクター（f）は 0.996 となる．

(2) 標定ができたら試料の分析へ

標準液のファクター（f）を求めて，ここからようやく未知試料の分析となる．今回の未知試料である水酸化ナトリウム NaOH 液の濃度が比較的高濃度であることがわかったため，ホールピペットとメスフラスコで正確に試料を 10 倍希釈し，そのうち 10 mL をホールピペットで採取し滴定用試料として用いた．

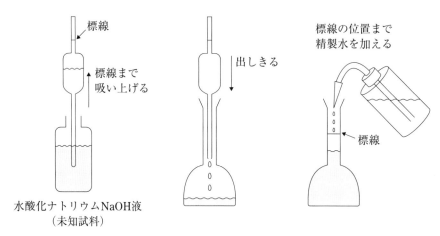

図 8-5　試料の希釈

　指示薬としてフェノールフタレイン PP を用いて 0.1 mol/L 塩酸 HCl（f = 0.996）で滴定した結果，滴定終点が 10.55 mL であったとすると，未知試料の水酸化ナトリウム NaOH 液の濃度は何 mol/L になるだろうか．解き方は何通りかあるが，なかでも最も初歩的な方法を1つ紹介する．
　塩酸 HCl と水酸化ナトリウム NaOH の反応は，先に示したように 1:1 の反応であるから，滴定で消費した標準液に含まれる塩酸 HCl の物質量（mol）を求めれば，滴定に使用した 10 倍希釈の未知試料 10 mL 中に含まれていた水酸化ナトリウム NaOH の物質量（mol）と等しくなる．そこで，次のような計算により塩酸 HCl の物質量（mol）を計算する．

$$\text{塩酸 HCl の物質量（mol）} = \underbrace{0.1 \text{ (mol/L)}}_{\text{正確な濃度（mol/L）}} \times 0.996 \times \underbrace{10.55 \text{ (mL)}/1000}_{\text{標準液の体積（L）}} \quad \text{（mL から L への変換）} \tag{8-11}$$

　(8-11) 式から，塩酸 HCl の物質量（mol）は，0.00105078 mol であることがわかる．したがって，10 倍希釈した未知試料 10 mL 中に含まれていた水酸化ナトリウム NaOH も 0.00105078 mol ということになる．しかし，ここで問われているのは水酸化ナトリウム NaOH の濃度であるから，モル濃度を得るためには，1000 mL 中に含まれている水酸化ナトリウム NaOH の物質量（mol）に換算しなくてはならない．そこで，次のような計算をする．

$$\text{10 倍希釈した未知試料濃度（mol/L）} = 0.00105078 \text{（mol/10 mL）} \times \frac{1000}{10} \tag{8-12}$$

（モル濃度は 1 L（1000 mL）中のモル数／滴定時の試料体積）

　(8-12) 式より，10 倍希釈した未知試料の濃度は，0.105078 mol/L であることがわかる．ここまでで，ほぼ答えが出たのも同然であるが，あくまで問われているのは未知試料の濃度であるか

ら，希釈前の濃度を答える必要がある．したがって，ここで得られた 0.105078 mol/L の 10 倍の 1.05078 mol/L として，計算が完了となる．あとは，有効数字を考えなければならない．今回の滴定で誤差を含みうる数字を考えてみる．試料の 10 倍希釈は，ホールピペットとメスフラスコを使用しているので，きっちりと 10 倍希釈されている．10 倍希釈した試料を 10 mL 量りとったのもホールピペットなので，これも正確に 10 mL 採取できている．そうすると，誤差を含みうる数字は，ビュレットの目盛りから読みとった 10.55 mL という滴定値だけである．今回の定量計算には，乗除計算のみで加減計算は使っていないので，測定値の桁数から有効数字を決定する．測定値である 10.55 mL の有効桁数は 4 桁であるから，未知試料の濃度としては，1.05078 mol/L の 5 桁目を四捨五入して 1.051 mol/L となる．一方，モル計算に慣れてくれば，このような数段階におよぶ計算をしなくても，未知試料の水酸化ナトリウム NaOH 濃度を C (mol/L) とおいて，次のような式を立てれば目的の試料濃度を算出することができる．

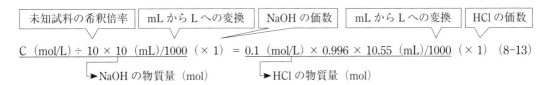

(8-13) 式を C (mol/L) について解けば，C = 1.051 (mol/L) となり，(8-11) および (8-12) 式を用いて計算した場合と同じ値が得られる．ここでは，1 価の強酸と 1 価の強塩基の酸塩基反応を用いた滴定の実験結果を例にして計算方法を解説したが，多価の塩基や多価の酸を用いる実験値からモル計算を行う必要がある場合もでてくるので，今のうちに「モル」という概念，すなわち重さや体積ではなく物質粒子数の一致ということを根拠にする計算に慣れておくことが大切だろう．

このように，最も馴染みの深い反応といえる酸塩基反応においても，これを利用した化学的定量を行う場合には，様々なことに注意が必要である．逆に，物質の反応における量的関係を理解していれば同じ考え方で，幅広い物質の定量に滴定を応用できるともいえる．酸塩基反応のほか，酸化還元反応，キレート形成反応も滴定に利用され，様々なものの定量に適用されている．

8-5-3 定量計算の例 2 ―イブプロフェンの純度を調べる―

ここからは，より実践的な定量分析として，以下の実験例に従って，イブプロフェン（解熱鎮痛薬）の純度を調べる方法と定量計算のやり方を解説する．

イブプロフェンは，図 8-6 に示すようにカルボキシ基 -COOH をもつため，水溶液は酸性を示す．したがって，塩基性の溶液である水酸化ナトリウム NaOH 液で滴定することにより，イブプロフェンの正確な量を知ることができる（図 8-7）．そこで強塩基である 0.1 mol/L 水酸化ナトリウム NaOH 液で直接滴定を行うことにした．また，標定はアミド硫酸 $HOSO_2NH_2$ を標準試薬に用いて，滴定値から 0.1 mol/L 水酸化ナトリウム NaOH 液のファクター (f) を求める．

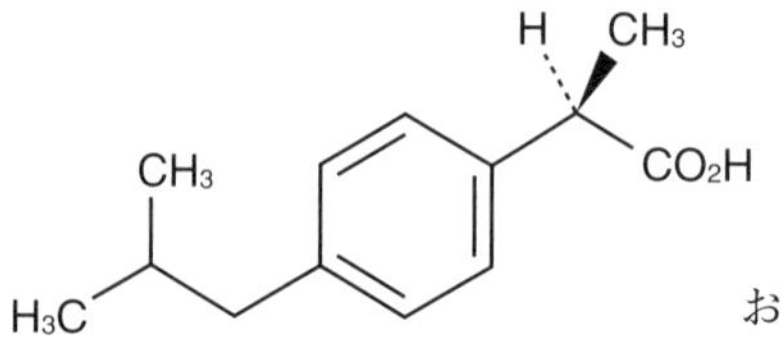

および鏡像異性体

$(C_{13}H_{18}O_2 : 206.28)$

図8-6　イブプロフェンの構造式

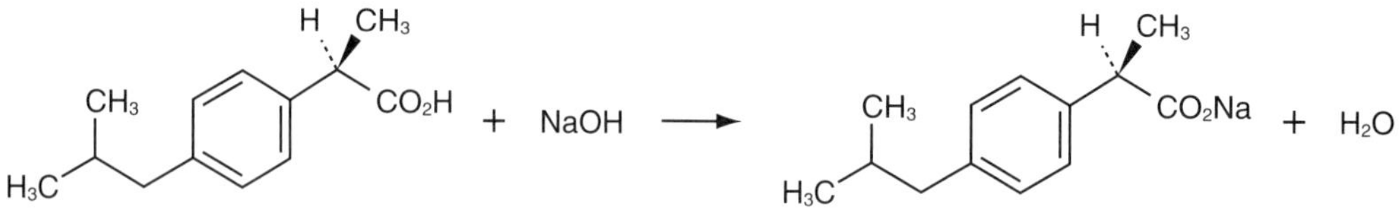

図8-7　水酸化ナトリウムによるイブプロフェンの中和

(1) 直接滴定の操作

　定量の目的物（イブプロフェン）と反応する標準液（水酸化ナトリウム NaOH 液）で滴定する．また，試料（イブプロフェン）を加えずに同様の操作を行う．これを空試験という．実際には，試料が入っていないので，ほとんど水酸化ナトリウム NaOH 液は消費されず，滴定は極めて少量で終了することが予想されるが，医薬品の定量分析においては，試料の水溶性が低く有機溶媒を使用することもあり，厳密にいえば必ずしも反応が予想通り進行するとは限らない．また，実験操作が煩雑になれば操作中にわずかに誤差を生じる可能性がある．そのような場合には誤差を相殺するために空試験を行うことが望ましい．イブプロフェンの定量において，イブプロフェンは水 H_2O にはほとんど溶けないため，エタノール C_2H_5OH に溶かしたイブプロフェンに 0.1 mol/L 水酸化ナトリウム NaOH 液を加えて中和反応を行う．

(2) 標準液の調製と標定

　はじめに，水酸化ナトリウム NaOH 4.5 g を水 H_2O 950 mL に溶かす．純度の高い水酸化ナトリウム NaOH であってもその表面には空気中の二酸化炭素 CO_2 と反応して炭酸ナトリウム Na_2CO_3 が生成してしまっている場合がよくある．そのため，これに水酸化バリウム八水和物 $Ba(OH)_2 \cdot 8H_2O$ の飽和溶液を新たに沈殿が生じなくなるまで滴加し，密栓して24時間放置後，析出した炭酸バリウム $BaCO_3$ の沈殿を取り除くことで 0.1 mol/L 水酸化ナトリウム NaOH 液を調製する．アミド硫酸 $HOSO_2NH_2$ 約 0.15 g を精密に量り標準試薬とし，指示薬としてブロモチモールブルー試液2滴を加えたのち，調製した水酸化ナトリウム NaOH 液で滴定し，ファクター（f）を計算する．日本薬局方では，水酸化ナトリウム NaOH 液のように非常に反応性の高い物質の

標準液の調製や定量においては不純物の混入を防ぐために細かな規定が設けられている．この時の実験値として，アミド硫酸 $HOSO_2NH_2$ の秤量値が 0.1505 g，滴定値（0.1 mol/L 水酸化ナトリウム NaOH 液の消費量）が 15.12 mL であったとする．アミド硫酸 $HOSO_2NH_2$ は，分子量が 97.09，秤量値が 0.1505 g であるから，そのモル数は，0.1505 ÷ 97.09 mol となる．一方，水酸化ナトリウム NaOH は，$0.1 \times f$ mol/L の溶液を 15.12 mL 消費したわけであるから，$0.1 \times f \times 15.12/1000$ mol となる．アミド硫酸 $HOSO_2NH_2$ は 1 価の酸，水酸化ナトリウム NaOH は 1 価の塩基であるから，(8-14) 式が成立することになる．これを f について解くと，$f = 1.0252038\cdots$ という計算結果が得られる．

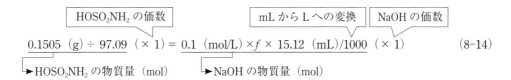

日本薬局方におけるファクター（f）については，約束ごととして小数点以下 3 位まで表示するとあるので，今回求めた 0.1 mol/L 水酸化ナトリウム NaOH 液のファクター（f）は 1.025 となる．

(3) 日本薬局方における直接滴定の定量計算

日本薬局方における滴定の計算方法は独特であるので，実験値の例をあげる前に少し解説しておくことにする．滴定の計算を行う際，標準液 1 mL につき，目的物の何 mg が反応するかをあらかじめ算出しておく．例えば，今回の反応の場合，図 8-6 に示すように，イブプロフェンにはカルボキシ基 -COOH が 1 つあり，1 価の強塩基である水酸化ナトリウム NaOH により中和されるので，イブプロフェンと水酸化ナトリウム NaOH は 1：1 で反応する．したがって，0.1 mol/L 水酸化ナトリウム NaOH 液 1 mL は 0.1 mmol のイブプロフェンと反応することから，0.1 mmol にイブプロフェンの分子量 206.28 をかけて (8-15) 式が得られる．このような式により与えられる目的物の mg 数を対応量という．

$$0.1 \text{ mol/L 水酸化ナトリウム NaOH 液 } 1 \text{ mL} = 20.63 \text{ mg イブプロフェン} \tag{8-15}$$

しかし，(8-15) 式は，そのままの状態では，左辺の単位が mL，右辺の単位が mg と異なっていることに違和感を覚える人も少なくないと思う．この対応量を表す式について少し補足すると，この式は滴定に使用した標準液 1 mL と反応する試料の質量（mg）を表しているので，実際に計算する際には (8-16) 式のように変換して試料量を計算することになる．

イブプロフェンの量（mg）＝
中和に使用した 0.1 mol/L 水酸化ナトリウム NaOH 液の量（mL）× 20.63（mg/mL） (8-16)

また，空試験では，実験者の手技によるわずかな誤差や理論上予測できない実験値の誤差を知ることができるので，実際のイブプロフェンの滴定値から空試験により得られた滴定値を差し引

いた値により（8-17）式を用いて，試料中のイブプロフェンの存在量を求めることができる．

イブプロフェンの量（mg）=
（試料を含む場合の滴定値 − 空試験の滴定値）（mL）× 20.63（mg/mL）　　　　（8-17）

ただし，実際の実験においては滴定値に 0.1 mol/L 水酸化ナトリウム NaOH 液のファクター（f）を乗じる必要があるので，計算式は（8-18）式のようになる．

イブプロフェンの量（mg）=
（試料を含む場合の滴定値 − 空試験の滴定値）（mL）× f × 20.63（mg/mL）　　　（8-18）

(4) イブプロフェンの純度確認

イブプロフェン（試料）を精密に量りとったところ，0.4890 g であった．この試料を 95% のエタノール C_2H_5OH 50 mL に溶解して 0.1 mol/L 水酸化ナトリウム NaOH 液（f = 1.025）で滴定したところ，滴定の終点は 24.80 mL であった．一方，同様の操作により空試験を行ったところ，0.1 mol/L 水酸化ナトリウム NaOH 液を 1.80 mL 加えたところで滴定の終点をむかえた場合のイブプロフェン（試料）の純度を求める．

先に述べたように，空試験の滴定値を差し引いて定量計算を行う．（8-18）式に滴定終点の 24.80 mL と空試験の終点の 1.80 mL，および f = 1.025 を代入すると（8-19）式に示すように，イブプロフェンの量は 486.35225 mg ≒ 486.35 mg = 0.48635 g となる．

$$
\begin{aligned}
イブプロフェンの量（mg） &= (24.80 - 1.80)（mL）× 1.025 × 20.63（mg/mL） \\
&= 486.3525（mg）
\end{aligned}
\tag{8-19}
$$

試料に用いたイブプロフェンの質量は 0.4890 g であるから，この試料の純度は（8-20）式に示すように 99.4580777…（%）となる．

$$（0.48635/0.4890）× 100 = 99.4580777…（\%） \tag{8-20}$$

今回の実験の有効数字に関与する実験値は，滴定値の 24.80 mL，1.80 mL および量りとった試料の重さの 0.4890 g である．滴定値は 24.80 mL から 1.80 mL を減じているので，小数点以下第 2 位までを有効数字としてこの計算をすると 23.00 mL となる．あとは乗除計算ばかりなので桁数で有効数字を決定すると 23.00 mL は 4 桁，0.4890 g についても 4 桁が有効である．したがって，計算結果の有効数字は 4 桁となり，用いたイブプロフェン（試料）の純度は 99.46% となる．

8-5-4　定量計算の例 3 ―アスピリンの純度を調べる―

次に，中和反応の際に副反応が起こるため直接滴定が困難な場合の例として，アスピリン（解熱鎮痛薬）の純度を調べる方法について解説する．

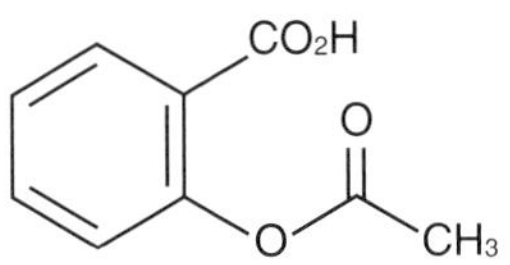

第8章　容量分析　　*115*

(C$_9$H$_8$O$_4$：180.16)

図 8-8　アスピリンの構造式

　アスピリン（アセチルサリチル酸）は，図 8-8 に示すように分子内にカルボキシ基-COOH をもつため，強塩基である水酸化ナトリウム NaOH 液を用いて酸塩基滴定により定量することができると考えられる．しかし，アスピリンはエステル結合 -COO- をもつため，強塩基を加えると図 8-9 に示すようにカルボキシ基-COOH の中和反応だけでなくエステル結合 -COO- がゆっくりと加水分解することによって，サリチル酸と酢酸 CH$_3$COOH を生じる．したがって，強塩基の標準液で直接滴定を行って正確に定量することは非常に難しい．

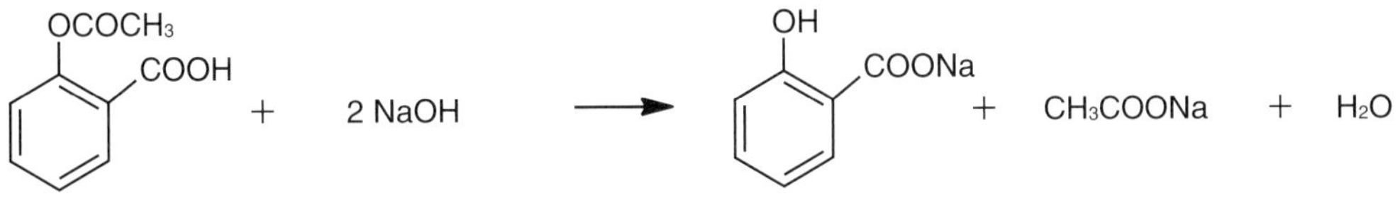

図 8-9　アスピリンの加水分解

　このような比較的速度の遅い副反応を伴う試料の場合には，目的物をすべて反応させるために必要な量を超える標準液を加え，あらかじめ反応を終了させたのち，反応後に残った過剰分を別の標準液で滴定して目的物の定量を行う方法がある．このような方法を逆滴定という．この方法を利用して，0.5 mol/L 水酸化ナトリウム NaOH 液を加えて反応を行い，過剰の水酸化ナトリウム NaOH を強酸である 0.25 mol/L 硫酸 H$_2$SO$_4$ で逆滴定を行うことにした．また，標定は炭酸ナトリウム Na$_2$CO$_3$ を標準試薬に用いて滴定値から 0.25 mol/L 硫酸 H$_2$SO$_4$ のファクター（f）を求める．

(1) 逆滴定の操作

　試料に定量の目的物（アスピリン）との反応に必要な量を超える量の標準液（水酸化ナトリウム NaOH 液）を加えて反応を終了させる．反応が終了した反応液に残った標準液の溶質（NaOH）を，これ（NaOH）と反応する標準液（0.25 mol/L 硫酸 H$_2$SO$_4$）で滴定する．また，同様の操作により空試験を行う．実際には，試料が入っていないので，ここでは，水酸化ナトリウム NaOH は消費されず，加えた水酸化ナトリウム NaOH を 0.25 mol/L 硫酸 H$_2$SO$_4$ で滴定しているだけであるが，実験操作が煩雑であったり，反応に加熱を伴う場合などは滴定値に誤差を生じる可能性が大きくなるため，誤差を相殺することも空試験を行う理由の 1 つである．日本薬局方においては，これが逆滴定の一連の操作である．

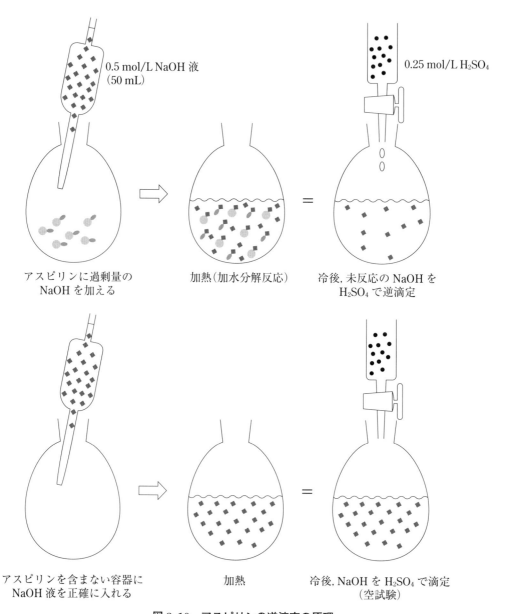

図 8-10 アスピリンの逆滴定の原理

◆：アスピリン　◆：サリチル酸ナトリウム　◆：酢酸ナトリウム
◆：(0.5 mol/L) NaOH 液　●：(0.25 mol/L) H$_2$SO$_4$

(2) 標準液の調製と標定

はじめに，20.00 g の水酸化ナトリウム NaOH を 950 mL の精製水に溶かし，新たな沈殿を生じなくなるまで水酸化バリウム八水和物 Ba(OH)$_2$・8H$_2$O を加え，24 時間後，沈殿を除去して 0.5 mol/L 水酸化ナトリウム NaOH 標準液を調製する．今回の逆滴定では 0.5 mol/L 水酸化ナトリウム NaOH 液のファクター (f) は計算に使用しないので，標定は省略する．

次に，1 L の精製水に 15 mL の濃硫酸 conc.H_2SO_4 をかき混ぜながら徐々に加え，放冷することにより 0.25 mol/L 硫酸 H_2SO_4 を調製する．あとは，塩酸 HCl 標準液の標定の場合と同様の操作により炭酸ナトリウム Na_2CO_3 を標準試薬として 0.25 mol/L 硫酸 H_2SO_4 の標定を行う．この時の実験値として，炭酸ナトリウム Na_2CO_3 の秤量値が 0.4050 g，滴定値（0.25 mol/L 硫酸 H_2SO_4 の消費量）が 15.28 mL であったとする．炭酸ナトリウム Na_2CO_3 は，式量が 105.99，秤量値が 0.4050 g であるから，その物質量（mol）は，0.4050÷105.99 mol となる．一方，硫酸 H_2SO_4 は 0.25 × f mol/L の溶液を 15.28 mL 消費したわけであるから，0.25 × f × 15.28/1000 mol となる．炭酸ナトリウム Na_2CO_3 は 2 価の塩基，硫酸 H_2SO_4 は 2 価の酸であるから，(8-21) 式が成立することになる．これを f について解くと，f = 1.0002919… という計算結果が得られる．

$$0.4050 \text{ (g)} \div 105.99 \times 2 = 0.25 \text{ (mol/L)} \times f \times 15.28 \text{ (mL)}/1000 \times 2 \quad (8\text{-}21)$$

（Na_2CO_3 の価数／mL から L への変換／H_2SO_4 の価数／Na_2CO_3 の物質量（mol）／H_2SO_4 の物質量（mol））

日本薬局方においてファクター（f）は，小数点以下 3 位まで表示するので，今回求めた 0.25 mol/L 硫酸 H_2SO_4 のファクター（f）は，小数点以下 4 位を四捨五入して 1.000 となる．

(3) 日本薬局方における逆滴定の定量計算

逆滴定の計算方法は直接滴定より少しややこしいので，実験値の例をあげる前に少し解説しておく．直接滴定と同様に，標準液 1 mL につき，目的物の何 mg が反応するか（対応量）をあらかじめ算出しておく．今回の反応の場合，図 8-9 に示したように，カルボキシ基 –COOH の中和に加えて加水分解により生じる酢酸 CH_3COOH の中和にも水酸化ナトリウム NaOH が使用されるので，アスピリン 1 mol に対して水酸化ナトリウム NaOH 2 mol が消費される．したがって，0.5 mol/L 水酸化ナトリウム NaOH 液 1 mL は 0.25 mmol のアスピリンと反応することから，0.25 mmol にアスピリンの分子量 180.16 をかけて (8-22) 式が得られる．

$$0.5 \text{ mol/L 水酸化ナトリウム NaOH 標準液 } 1 \text{ mL} = 45.04 \text{ mg アスピリン} \quad (8\text{-}22)$$

ここで，0.5 mol/L 水酸化ナトリウム NaOH 標準液 1 mL は 0.25 mol/L 硫酸 H_2SO_4 標準液 1 mL と反応する．したがって，これら 3 者の量的関係は (8-23) 式のように与えられる．

$$\begin{aligned}0.25 \text{ mol/L 硫酸 } H_2SO_4 \text{ 標準液 } 1 \text{ mL} &= 0.5 \text{ mol/L 水酸化ナトリウム NaOH 標準液 } 1 \text{ mL} \\ &= 45.04 \text{ mg アスピリン} \end{aligned} \quad (8\text{-}23)$$

すなわち，空試験では，加えられた水酸化ナトリウム NaOH 液の量に従ってほぼ等量の 0.25 mol/L 硫酸 H_2SO_4 が消費される．一方，アスピリンが存在すれば水酸化ナトリウム NaOH と反応し，その分，0.25 mol/L 硫酸 H_2SO_4 の消費量が減少する．したがって，空試験に比べて消費量が減少した 0.25 mol/L 硫酸 H_2SO_4 の量から (8-24) 式により，試料中の正確なアスピリン量を求めることができる．

アスピリンの量(mg)＝(空試験の滴定値－試料を含む場合の滴定値)(mL)×45.04(mg/mL) (8-24)

ただし，実際の実験においては滴定値に 0.25 mol/L 硫酸 H_2SO_4 のファクター（f）をかける必要があるので，計算式は（8-25）式のようになる．

アスピリンの量(mg)＝(空試験の滴定値－試料を含む場合の滴定値)(mL)×f×45.04(mg/mL) (8-25)

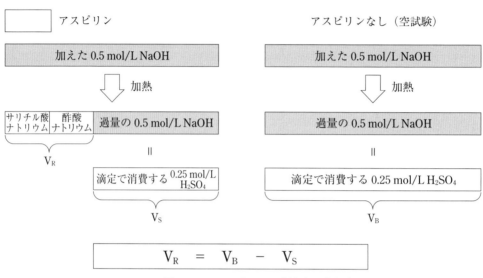

図 8-11　アスピリンの逆滴定の考え方

V_R：アスピリンの加水分解物（サリチル酸と酢酸）を過不足なく中和するのに必要な 0.5 mol/L NaOH 液
V_B：空試験で使用した 0.25 mol/L H_2SO_4 （≒加えた 0.5 mol/L NaOH 液）
V_S：アスピリンを含む場合に滴定で消費した 0.25 mol/L H_2SO_4 ＝過剰の 0.5 mol/L NaOH 液

(4) アスピリンの純度確認

アスピリン（試料）を精密に量りとったところ 1.3580 g であった．この試料にホールピペットを用いて 0.5 mol/L 水酸化ナトリウム NaOH 液 50 mL を正確に加え，10 分間穏やかに加熱して反応が完全に終了するまでエステル結合 -COO- の加水分解を行い，冷後，ただちに反応液に指示薬としてフェノールフタレイン PP を加えて 0.25 mol/L 硫酸 H_2SO_4 で滴定したところ，滴定の終点は 19.85 mL であった．一方，同様の操作により空試験を行ったところ，0.25 mol/L 硫酸 H_2SO_4 を 49.85 mL 加えたところで滴定の終点をむかえた．この場合のアスピリン（試料）の純度を求める．

先に述べたように，空試験に比べて 0.25 mol/L 硫酸標準液 H_2SO_4 の滴下量がどれだけ減少するかによりアスピリンの定量計算を行う．(8-25) 式に滴定終点の 19.85 mL と空試験の終点の 49.85 mL，および f = 1.000 を代入すると (8-26) 式に示すように，アスピリンの量は 1351.2 mg = 1.3512 g となる．

アスピリンの量(mg) = (49.85 − 19.85)(mL) × 1.000 × 45.04(mg/mL) = 1351.2(mg)　(8-26)

精密に量りとったアスピリンの質量は 1.3580 g であるから，この試料の純度は (8-27) 式に示すように 99.49926…％となる．

$$[1.3512(g)/1.3580(g)] \times 100 = 99.49926\cdots (\%) \qquad (8\text{-}27)$$

今回の実験の有効数字に関与する実験値は，滴定値の 49.85 mL，19.85 mL および量りとった試料の重さの 1.3580 g である．滴定値は 49.85 mL から 19.85 mL を引くので，小数点以下 2 位までを有効数字としてこの計算をすると 30.00 mL となる．あとは乗除計算ばかりなので桁数で有効数字を決定すると 30.00 mL は 4 桁，1.3580 g は 5 桁が有効である．したがって，計算結果の有効数字は 4 桁となり，用いたアスピリン（試料）の純度は 99.50％となる．

8-5-5　定量計算の例4　―オキシドール中の過酸化水素 H_2O_2 の濃度を調べる―

酸化還元滴定についても例をあげる．分析の目的を，オキシドール（消毒薬）中の過酸化水素 H_2O_2 の濃度を調べることにして，以下に，この実験例にしたがって，定量計算のやり方を解説する．

過酸化水素 H_2O_2 は，酸化剤および還元剤のどちらとしてでもはたらくことのできる物質であるが，オキシドール（消毒薬）中の過酸化水素 H_2O_2 の濃度を調べる目的では，これを還元剤として作用させ，酸化剤である過マンガン酸カリウム $KMnO_4$ 液を標準液として直接滴定により定量することが一般的である．過マンガン酸カリウム $KMnO_4$ 液は，酸化還元滴定によく利用される標準液であり，その標定には標準試薬としてシュウ酸ナトリウム $Na_2C_2O_4$ が用いられる．シュウ酸ナトリウム $Na_2C_2O_4$ の採取量と標定における滴定値から過マンガン酸カリウム $KMnO_4$ 液のファクター（f）を求める．

(1) 標準液の調製と標定

はじめに，過マンガン酸カリウム $KMnO_4$ の結晶約 3.2 g を 1 L の精製水に溶かして 0.02 mol/L 過マンガン酸カリウム $KMnO_4$ 液を調製する．過マンガン酸カリウム $KMnO_4$ の反応は，酸性条件下では，シュウ酸ナトリウム $Na_2C_2O_4$ との反応を例としてあげた (8-6) 式で示した反応が起こり，7 価のマンガン Mn（過マンガン酸イオン MnO_4^-，酸化数 + 7）が 2 価のマンガン Mn（マンガンイオン Mn^{2+}，酸化数 + 2）に還元されるが，弱酸性〜塩基性溶液中では中間生成物として (8-28) 式に示すような 4 価のマンガン（酸化マンガン(IV) MnO_2，酸化数 + 4）を生成する反応が起こる．したがって，結晶を量りとって精製水に溶かした段階では，完全な形の過マンガン酸カリウム $KMnO_4$ だけでなく，分解物としてのマンガンイオン Mn^{2+} のほか，中間生成物として酸化マンガン(IV) MnO_2 が含まれている可能性がある．この中間生成物の酸化マンガン(IV) MnO_2 は，滴定中に還元反応が進んで Mn^{2+} となることで 1 mol 2 当量の酸化剤としてはたらき，実験に誤差を生じさせる可能性がある．そこで，調製した標準液はすぐに使用するのではなく，酸化マンガン(IV) MnO_2 を最終分解物であるマンガンイオン Mn^{2+} まで還元させる．また，沈殿

物として除去する目的で，1 週間暗所で保存するか煮沸後 2 日間暗所で保存し，沈殿物を除去したのち標定を行い，滴定に使用する．

$$MnO_4^- + 4H^+ + 3e^- \longrightarrow MnO_2 + 2H_2O \tag{8-28}$$

標定において，シュウ酸ナトリウム $Na_2C_2O_4$（134.00）の採取量が 120.0 mg，滴定で消費した 0.02 mol/L 過マンガン酸カリウム $KMnO_4$（158.03）液が 18.00 mL であった場合の，0.02 mol/L 過マンガン酸カリウム $KMnO_4$ 液のファクター（f）を求める．この計算には，(8-8) 式の考え方を使う．ただし，ここでは，標準試薬のシュウ酸ナトリウム $Na_2C_2O_4$ を左辺，標準液の過マンガン酸カリウム $KMnO_4$ を右辺に示したので，(8-8) 式とは，酸化剤，還元剤の左右辺が逆転している．

$$\underbrace{0.1200\ (g) \div 134.00}_{Na_2C_2O_4\text{の物質量（mol）}} \times \underbrace{2}_{Na_2C_2O_4\text{の当量数}} = \underbrace{0.02\ (mol/L) \times f \times 18.00\ (mL)/1000}_{KMnO_4\text{の物質量（mol）}} \times \underbrace{5}_{KMnO_4\text{の当量数}} \tag{8-29}$$

（中央上部ラベル：mL から L への変換）

左辺のシュウ酸ナトリウム $Na_2C_2O_4$ については，採取量が 120.0 mg であるから，0.1200 g を式量の 134.00 で割ることにより，その物質量（mol）を求めることができる．また，右辺の過マンガン酸カリウム $KMnO_4$ については，0.02 mol/L × f で標準液の正確な濃度を表すので，これに体積の 18.00/1000 L をかけることにより，その物質量（mol）を求めることができる．そして，酸塩基反応における価数にあたる当量数を酸化剤および還元剤のそれぞれの物質量（mol）にかけることにより，(8-29) 式に示すような等式が成立する．この式をファクター（f）について解くと，$f = 0.995024875\cdots$ となる．ファクター（f）は，小数点以下 3 位まで表示するので，0.02 mol/L 過マンガン酸カリウム $KMnO_4$ 液のファクター（f）は，0.995 ということになる．

(2) オキシドール中の過酸化水素の定量

標準液のファクター（f）を求めて，ようやく未知試料であるオキシドール中の過酸化水素 H_2O_2 濃度の測定に入ることができる．ここで，医薬品として用いられるオキシドールには通常 2.5～3.5 w/v% の過酸化水素 H_2O_2 が含まれているが，試料 10 mL を 0.02 mol/L 過マンガン酸カリウム $KMnO_4$ 液（$f = 0.995$）を用いて滴定する場合には，試料（オキシドール）中の過酸化水素 H_2O_2 濃度が高すぎて，ビュレットの容量である 25 mL 以内に滴定が終了しないと考えられる．そこで，ホールピペットとメスフラスコを用いて試料を正確に 10 倍希釈した溶液を滴定用試料とした．正確に 10 倍希釈した試料をホールピペットで正確に 10 mL 採取し，0.02 mol/L 過マンガン酸カリウム $KMnO_4$ 液（$f = 0.995$）で滴定した終点が，19.55 mL であった場合，オキシドールには何 w/v% の過酸化水素 H_2O_2 が含まれているのだろうか．

$$2MnO_4^- + 5H_2O_2 + 6H^+ \longrightarrow 2Mn^{2+} + 5O_2 + 8H_2O \tag{8-30}$$

過マンガン酸カリウム $KMnO_4$ と過酸化水素 H_2O_2 の反応は，(8-30) 式に示すように，2：5 で

あるから，過マンガン酸カリウム $KMnO_4$ のモル数の 5/2 が過酸化水素 H_2O_2 の物質量（mol）ということになる．まずは，10 倍希釈した試料 10 mL 中に含まれている過酸化水素 H_2O_2 の物質量（mol）を求める．

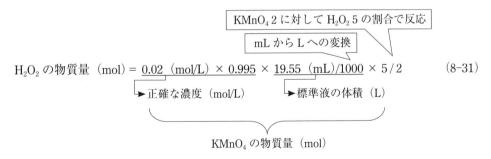

$$H_2O_2 \text{ の物質量（mol）} = \underline{0.02}\text{（mol/L）} \times 0.995 \times \underline{19.55}\text{（mL）}/1000 \times 5/2 \quad (8\text{-}31)$$

（8-31）式から，過マンガン酸カリウム $KMnO_4$ の物質量（mol）は，0.000389045 mol，過酸化水素 H_2O_2 の物質量（mol）は，過マンガン酸カリウム $KMnO_4$ の物質量（mol）の 5/2 であるから 0.000972612 mol ということになる．ここで，もう一度求めたい数値を確認しておく．求めたいのはオキシドール中の過酸化水素 H_2O_2 の質量対容量パーセント（w/v％）であるので，物質量（mol）に分子量（H_2O_2 = 34.01）をかけて質量に変換する必要がある．

$$H_2O_2 \text{ の質量（g）} = 0.000972612 \text{ mol} \times 34.01 = 0.033078534 \text{（g）} \quad (8\text{-}32)$$

（8-32）式より，10 倍希釈した未知試料 10 mL 中に含まれる過酸化水素 H_2O_2 の質量がわかるが，最終的に求めたいのは未知試料の原液中の質量対容量パーセント（w/v％），すなわち，100 mL に何 g 含まれているかである．

$$\text{オキシドール（未知試料）の } H_2O_2 \text{ 濃度（w/v％）} = 0.033078534 \text{（g）} \times 10 \times \frac{100 \text{（mL）}}{10 \text{（mL）}} \quad (8\text{-}33)$$

（8-33）式より，オキシドール（未知試料）中の過酸化水素 H_2O_2 濃度は，3.307853412 w/v％ となる．最後に有効数字を考える．試料の 10 倍希釈は，ホールピペットとメスフラスコを使用しているので，きっちりと 10 倍希釈されている．10 倍希釈した試料を 10 mL 量りとったのもホールピペットなので，これも正確に 10 mL 採取できている．また，ファクター（f）は 0.995 であるが，これは有効数字に考慮しないので，誤差を含みうる数値は，ビュレットの目盛りから読みとった 19.55 mL という滴定値である．今回の定量計算には，乗除計算のみで加減計算は使っていないので，測定値の桁数から有効数字を決定する．測定値である 19.55 mL の有効桁数は 4 桁なので，未知試料の濃度としては，3.307853412 w/v％ の 5 桁目を四捨五入して 3.308 w/v％ となり，日本薬局方の規定（2.5〜3.5 w/v％）に適するということになる．また，ここで，紹介した一連の計算は，オキシドール中の過酸化水素 H_2O_2 濃度を C w/v％ とおいて，（8-34）式から求

めることもできる.

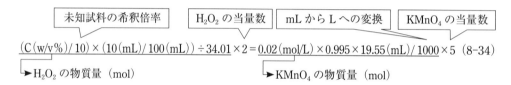

(8-34) 式を C について解けば，C = 3.308（w/v%）と上述の計算と同じ結果が得られる.

一方，イブプロフェンやアスピリンと同様に対応量を用いて過酸化水素 H_2O_2 の質量を求めることもできる．0.02 mol/L 過マンガン酸カリウム $KMnO_4$ 1 mL，すなわち，0.02 mmol の過マンガン酸カリウム $KMnO_4$ に対して 0.05 mmol の過酸化水素 H_2O_2 が反応するので，0.02×5÷2×34.01 = 1.7005 mg となるが，日本薬局方では対応量は 4 桁で記載されるので (8-35) 式のようになり，過酸化水素 H_2O_2 の質量を求める式に変換すると (8-36) 式が得られる.

0.02 mol/L 過マンガン酸カリウム $KMnO_4$ 液 1 mL ＝ 1.701 mg 過酸化水素 H_2O_2　　(8-35)

過酸化水素 H_2O_2 の量 (mg) ＝
0.02 mol/L 過マンガン酸カリウム $KMnO_4$ 液の量 (mL) 1 mL ×f× 1.701 (mg/mL)　(8-36)

(8-36) 式に滴定値の 19.55 mL および f = 0.995 を代入すると過酸化水素 H_2O_2 の量は 33.08827… mg ≒ 33.088 mg = 0.033088 g となる．以下同様にして 3.309 w/v% となり，日本薬局方の規定に適するということになる（注：日本薬局方では対応量は 4 桁で記載されるため，有効桁数が 4 桁である場合，他の方法での計算値と最小位の数値が異なる場合もありうる）.

今回の例は還元剤を酸化剤の標準液で滴定する分析系であったが，逆に酸化剤を還元剤の標準液で滴定する分析系においても，まったく同様の考え方で定量計算を行うことができる．ここでは，ややこしい化学反応式を細かく理解するのではなく，試料と標準液が酸化剤なのか還元剤なのかと，それらはそれぞれ 1 mol 何当量であるかが大切で，あとは (8-34) 式に例を示したが，酸化剤と還元剤の物質量 (mol) に当量数をかけた等式を正確につくることが最も大切である.

本章においては，容量分析に使用するいくつかの器具類とその使用方法のような基本事項から，日本薬局方における数値の取り扱いや計算方法を解説した．これから分析化学をはじめとする専門科目においてモル計算を行っていくにあたり，今回紹介したいくつかの例題で計算を行ったように，酸塩基滴定においては試料と標準液のそれぞれの価数，酸化還元滴定ではそれぞれの当量数を把握することが大切である．もちろん，専門科目になれば，反応が数段階にわたり，さらに複雑な計算が必要になってくるが，基本は，ここで学習したモル計算なので，まずは，モルという考え方と，価数および当量数をしっかりと把握できる感覚にあわせて，数種類紹介した濃度の単位を使い分けられることが必要になるだろう．はじめは，少々難解なように思われるが，いくつか例題を解いていくうちにモル計算の感覚が身についてくるので，あきらめずにしっかりと練習することが大切である.

章末問題

1. 次の文章 (1)〜(5) 中の空欄 □ を適した語句でうめよ.
   (1) 原子量や分子量に [1] をつけた質量の中に含まれる原子数あるいは分子数を [2] 数といい, [3] 個で, この量を1モル (mol) という単位で表す.
   (2) モル濃度は「[4] 中に含まれる物質量 (mol)」を表し, 単位は [5] である.
   (3) 質量対容量パーセントは「[6] 中に含まれる質量 (g)」を表し, 単位は [7] である.
   (4) 0.1 mL おきの目盛りが付けてある一般的なビュレットを用いて滴定を行う場合, 標準液の滴加量は [8] mL の位まで読みとる.
   (5) 試料の正確な希釈を行うには, [9] まで液を吸い上げて全量を出し切った時に正確な一定量を採取できる器具である [10] と, [9] まで液を入れた時に正確な体積となる器具である [11] を使用するのがよい.

2. 次の酸塩基滴定における文章のうち正しいものを2つ選べ.
   1. 0.1 mol/L 塩酸 HCl の pH 値は, 0.1 mol/L 酢酸 CH_3COOH 溶液の pH 値よりも小さい.
   2. 0.1 mol/L 塩酸 HCl 10 mL を中和するのに必要な水酸化ナトリウム NaOH の量は, 0.1 mol/L 酢酸 CH_3COOH 溶液 10 mL を中和するのに必要な水酸化ナトリウム NaOH の量より多い.
   3. 0.1 mol/L アンモニア NH_3 溶液を 0.1 mol/L 塩酸 HCl で滴定する時の pHjump は, 0.1 mol/L 水酸化ナトリウム NaOH 溶液を 0.1 mol/L 塩酸 HCl で滴定する時よりも大きい.
   4. 0.1 mol/L アンモニア NH_3 溶液を 0.1 mol/L 塩酸 HCl で滴定する時の指示薬としてフェノールフタレイン PP が適している.
   5. 0.1 mol/L 塩酸 HCl を標定する時, 標準物質には炭酸ナトリウム Na_2CO_3 が適している.

3. 次の酸化還元反応における文章のうち正しいものを2つ選べ.
   1. 水 H_2O に含まれる酸素 O の酸化数は -2 である.
   2. 過マンガン酸カリウム $KMnO_4$ に含まれるマンガン Mn の酸化数は $+5$ である.
   3. シュウ酸ナトリウム $Na_2C_2O_4$ は 1 mol 1 当量の酸化剤である.
   4. 過酸化水素 H_2O_2 は, 硫酸 H_2SO_4 酸性下, 過マンガン酸カリウム $KMnO_4$ と反応する時, 1 mol 2 当量の還元剤としてはたらく.
   5. 0.02 mol/L 過マンガン酸カリウム $KMnO_4$ 液を調製する際, 結晶を溶解後 1 週間冷所保存するのは, 過マンガン酸イオン MnO_4^- を酸化マンガン (Ⅳ) MnO_2 に還元するためである.

4. 0.02 mol/L 過マンガン酸カリウム $KMnO_4$ 液の調製および標定ならびに 0.02 mol/L 過マンガン酸カリウム $KMnO_4$ 液を用いるオキシドール中の過酸化水素 H_2O_2 の濃度の測定に関する以下

の記述について（1）～（5）の各問に答えよ．

「調製：過マンガン酸カリウム（KMnO₄：158.03）3.2 g を水に溶かして1000 mL とする．15分間煮沸したのち，密栓して48時間以上放置し，ガラスフィルター（G3 または G4）によりろ過する．ろ液は褐色びんに入れる．

標定：（　a　）（標準試薬，分子量：134.00）を 150～200℃ で 1～1.5 時間乾燥し，デシケーター（シリカゲル）中で放冷する．その約 0.3 g を精密に量り，水 30 mL に溶かし，薄めた硫酸（1→20）250 mL を加え，液温を 30～35℃ とし，調製した過マンガン酸カリウム液をビュレットに入れ，穏やかにかき混ぜながら，その 40 mL を速やかに加えて液の赤色が消えるまで放置する．次に 55～60℃ に加温して，さらに 30 秒間持続する（　b　）を呈するまで滴定を続け，ファクターを計算する．終点前の 0.5～1 mL は加えた過マンガン酸カリウム液の色が消えてから次の 1 滴を加える．溶液はしゃ光して保存する．長時間経過した溶液は再び標定し直して用いる．」

(1) 標準試薬（a）は何か答えよ．
(2) 終点で液が呈する色（b）は何色か答えよ．
(3) 下線部＿＿＿の操作は何のために行うか簡潔に説明せよ．
(4) この滴定で，標準試薬（a）は 0.2948 g，0.02 mol/L 過マンガン酸カリウム KMnO₄ 液の消費量は 43.78 mL であった．0.02 mol/L 過マンガン酸カリウム KMnO₄ 液のファクターはいくらか答えよ．
(5) オキシドール中の過酸化水素 H_2O_2 の定量法における以下の記述に従って滴定操作を行ったところ，0.02 mol/L 過マンガン酸カリウム KMnO₄ 液（$f = 1.005$）を 12.00 mL 消費した．オキシドールは何 w/v％ の過酸化水素 H_2O_2 を含有するか答えよ．ただし，H_2O_2 = 34.01 とする．
「本品 1.0 mL を正確に量り，水 10 mL および希硫酸 10 mL を入れたフラスコに加え，0.02 mol/L 過マンガン酸カリウム液で滴定する．
　　　　　0.02 mol/L 過マンガン酸カリウム液 1 mL＝1.701 mg H_2O_2」

第9章

無機化合物と錯体

9-1 なぜ薬学部で無機化合物と錯体を学ぶのか（事例）

無機化合物は，100種類を超える元素が対象となり，医療に利用される無機化合物も数多く存在する．無機医薬品の1つに吸入麻酔に利用される笑気ガスがあり，この本体は2つの窒素Nと1つの酸素Oからなる一酸化二窒素 N_2O である．

また，金属錯体の医薬品の1つに抗悪性腫瘍薬のシスプラチンがある（図9-1）．シスプラチンは白金 Pt に2つの塩素 Cl と2つのアンモニア NH_3 が結合した錯体で，同一鎖内のDNAの構成塩基に結合してDNA鎖に架橋を形成し，DNAの複製や修復を阻害することで効果を発揮する．

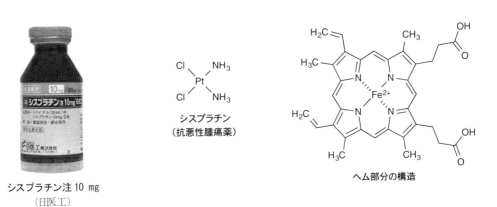

シスプラチン注 10 mg
（日医工）

シスプラチン
（抗悪性腫瘍薬）

ヘム部分の構造

図 9-1 金属錯体の例

さらに，生体中で生命の維持に不可欠な酸素 O_2 の運搬を担っているヘモグロビンはヘムとよばれる鉄 Fe の錯体を4つ含むタンパク質である．ヘムは，ポルフィリンとよばれる環状分子の4つの窒素Nが鉄(Ⅱ)イオン Fe^{2+} に配位した構造をとり（図9-1），鉄(Ⅱ)イオン Fe^{2+} が酸素 O_2 と結合することで，ヘモグロビンは酸素 O_2 を運搬する．

無機化合物や錯体に関する知識は，生体内での吸収や代謝，金属イオンのはたらきなどを理解するのに役に立つので，本章ではその基礎を学ぶ．

9-2 s-ブロック元素とその化合物

1族元素（水素H，アルカリ金属），2族元素およびヘリウムHeがs-ブロック元素である（第

3章3-5-1参照).

9-2-1 水素

(1) 水素の性質

水素 H の電子配置は $1s^1$ であり,電子1個を失うことにより1価の陽イオンの水素イオン H^+（プロトンともいう）を形成するので1族のアルカリ金属に似ている.また,1個の電子を獲得して1価の陰イオンのヒドリド H^- を形成することもあり,17族のハロゲンとも似ている.しかし,水素 H のイオン化エネルギー（1312 kJ/mol）はアルカリ金属よりはるかに大きく,電子親和力（−74.5 kJ/mol）はハロゲンよりはるかに小さい.水素 H の化学的性質は他の元素とかなり異なっており,独立して扱われる.

(2) 水素の同位体

水素 H の同位体として,通常の水素 ^1H（軽水素）,安定同位体の重水素 ^2H（または D）,放射性同位体の三重水素 ^3H（または T）が知られている.なお,三重水素 ^3H は β 線を放出してヘリウム ^2He に変化する（半減期12.3年）.同位体の電子配置は同じなので,反応速度や平衡定数を除いて化学的性質にほとんど差はないが,質量の変化が大きいため,物理的性質にかなりの差が見られる（表9-1）.質量の差に基づく性質の差を同位体効果という.

表9-1 水素 H および重水素 D の単体および化合物の性質

	融点 (℃)	沸点 (℃)	密度 (g/mL at 25℃)	結合エネルギー (kJ/mol)
H_2	−259.1	−252.9	—	436.0
D_2	−254.4	−259.4	—	443.3
H_2O	0	100	0.997	463.5
D_2O	3.82	101.4	1.107	470.9

9-2-2 アルカリ金属

(1) アルカリ金属の性質

水素 H を除く1族元素をアルカリ金属といい,最外殻の電子配置は ns^1 である.電子1個を失うことで1つ前の周期の希ガスと同じ電子配置の安定な1価の陽イオンを形成する.各原子の原子半径はそれぞれの同周期の中で最も大きく,また,特徴的な炎色反応を示す.アルカリ金属の単体は,いずれも銀白色で軟らかく,融点は一般に低い（セシウム Cs は夏場では室温で液体である）（表9-2）.

表9-2 アルカリ金属の単体の性質

	イオン化エネルギー (kJ/mol)	融点 (℃)	沸点 (℃)	炎色反応
Li	520	180.5	1350	深紅
Na	496	97.8	883	黄
K	419	63.7	774	淡紫
Rb	403	38.9	688	暗赤
Cs	376	28.4	678	青紫

アルカリ金属は，水 H_2O と激しく反応して水酸化物と水素 H_2 を生成する（(9-1) 式）．反応性は原子番号が大きいほど高くなる．また，アルコール ROH とも反応してアルコキシドと水素 H_2 を生成する（(9-2) 式）．

$$2M + 2H_2O \rightarrow 2MOH + H_2 \quad (M = アルカリ金属) \tag{9-1}$$

$$2M + 2ROH \rightarrow 2MOR + H_2 \quad (M = アルカリ金属) \tag{9-2}$$

(2) 水素化物

乾燥条件下でアルカリ金属を水素気流中で加熱すると，M^+H^- 型の水素化物を生成する（(9-3) 式）．これらはイオン性水素化物であり，ヒドリド H^- 供与体として塩基や還元剤として利用されている．

$$2M + H_2 \rightarrow 2MH \quad (M = アルカリ金属) \tag{9-3}$$

水素化物は，乾燥空気中では安定であるが，水 H_2O と反応して水酸化物と水素 H_2 を生成する（(9-4) 式）．

$$MH + H_2O \rightarrow MOH + H_2 \quad (M = アルカリ金属) \tag{9-4}$$

(3) 酸化物

アルカリ金属は，空気中で速やかに酸化されて金属光沢を失う．アルカリ金属を空気中で燃焼させると，リチウム Li は酸化物を生成する（(9-5) 式）が，ナトリウム Na は過酸化物を生成し（(9-6) 式），カリウム K より原子番号の大きい元素は超酸化物を生成する（(9-7) 式）．

$$4Li + O_2 \rightarrow 2Li_2O \tag{9-5}$$

$$2Na + O_2 \rightarrow Na_2O_2 \tag{9-6}$$

$$K + O_2 \rightarrow KO_2 \tag{9-7}$$

これらの酸化物は水 H_2O とそれぞれ (9-8) 式～(9-10) 式のように反応する．

$$Li_2O + H_2O \rightarrow 2\,LiOH \tag{9-8}$$

$$Na_2O_2 + 2\,H_2O \rightarrow 2\,NaOH + 2\,H_2O_2 \tag{9-9}$$

$$2\,KO_2 + 2\,H_2O \rightarrow 2\,KOH + H_2O_2 + O_2 \tag{9-10}$$

9-2-3 2族元素

(1) 2族元素の性質

2族元素をアルカリ土類金属といい，最外殻の電子配置は ns^2 である．2族元素は，電子2個を失うことで1つ前の周期の希ガスと同じ電子配置の安定な2価の陽イオンを形成する．同周期の1族元素より核電荷が大きいため，原子半径は小さい．また，ベリリウム Be とマグネシウム Mg 以外の2族元素も特徴的な炎色反応を示す．単体は銀白色で，同周期のアルカリ金属と比べて原子間の結合が強いため融点が高い（表9-3）．

表9-3 2族元素の単体の性質

	イオン化エネルギー (kJ/mol)	融点 (℃)	沸点 (℃)	炎色反応
Be	899	1280	2970	無
Mg	737	649	1090	無
Ca	590	839	1480	橙赤
Sr	550	769	1380	紅
Ba	503	725	1640	黄緑

ベリリウム Be は水 H_2O と反応しない．マグネシウム Mg は，常温の水 H_2O と反応せず，熱水 H_2O と徐々に反応する．また，第4周期以降の2族元素は，アルカリ金属より反応性は低いが常温の水 H_2O と反応して水酸化物と水素 H_2 を生成する（(9-11)式）．反応性は原子番号が大きいほど高くなる．

$$M + 2\,H_2O \rightarrow M(OH)_2 + H_2 \quad (M = Be\ 以外の2族元素) \tag{9-11}$$

(2) 水素化物

ベリリウム Be を除いて，水素 H_2 との直接反応によって水素化物を生成する（(9-12)式）．ベリリウム Be とマグネシウム Mg の水素化物は共有性水素化物に分類され，それ以外の金属の水素化物はイオン性水素化物である．

$$M + H_2 \rightarrow MH_2 \quad (M = Be\ 以外の2族元素) \tag{9-12}$$

水素化物はアルカリ金属の水素化物と同様に水 H_2O と反応して水酸化物と水素 H_2 を生成する（(9-13)式）．

$$MH_2 + 2H_2O \rightarrow M(OH)_2 + 2H_2 \quad (M = Be 以外の2族元素) \tag{9-13}$$

(3) 酸化物

2族元素の酸化物は，空気中で燃焼する（(9-14)式）か，炭酸塩あるいは水酸化物などを熱分解する（(9-15)式）ことで生成する．超酸化物は存在せず，原子番号の大きい元素の酸化物を空気中で加熱すると過酸化物をつくる（(9-16)式，(9-17)式）．また，過酸化物はさらに高温で加熱すると再び酸化物と酸素 O_2 にもどる（(9-16)式，(9-17)式）．

$$2M + O_2 \rightarrow 2MO \quad (M = 2族元素) \tag{9-14}$$
$$MCO_3 \rightarrow MO + CO_2 \quad (M = 2族元素) \tag{9-15}$$
$$2SrO + O_2 \rightleftarrows 2SrO_2 \tag{9-16}$$
$$2BaO + O_2 \rightleftarrows 2BaO_2 \tag{9-17}$$

これらの酸化物は塩基性酸化物で，水 H_2O に溶解して水酸化物を生成する（(9-18)式）．しかし，酸化ベリリウム BeO は両性酸化物で，酸および塩基に溶解する．

$$MO + H_2O \rightarrow M(OH)_2 \quad (M = Be 以外の2族元素) \tag{9-18}$$

9-3 p-ブロック元素とその化合物

ヘリウム He を除いた13族〜18族元素が p-ブロック元素である（第3章3-5-1参照）．このブロックはすべて典型元素で，p 軌道に電子が満たされていく．

9-3-1 13族元素

(1) 13族元素の性質

最外殻に3個の電子をもち，$ns^2 np^1$ の電子配置をとる．酸化状態は +3 が安定であり，原子番号が小さいほど共有結合をつくりやすい．一方で，原子番号の大きいタリウム Tl は，3価の陽イオンとともに1価の陽イオンとなる傾向がある．ホウ素 B の単体は共有結合で形成されており，電気抵抗が大きく非金属的な性質を示し，それ以外の元素の単体は金属的な性質を示す（表9-4）．

表 9-4　13 族元素の単体の性質

	イオン化エネルギー (kJ/mol)	融点 (℃)	沸点 (℃)
B	801	2080	2550
Al	578	660	2470
Ga	579	30	2400
In	558	157	2080
Tl	589	304	1457

(2) 水素化物

ホウ素 B は共有結合性の様々な分子状水素化物を形成する．代表的な水素化物のジボラン B_2H_6 は無色刺激臭の気体で酸素 O_2 および水 H_2O と反応する（(9-19) 式および (9-20) 式）．

$$B_2H_6 + 3\,O_2 \rightarrow B_2O_3 + 3\,H_2O \tag{9-19}$$

$$B_2H_6 + 6\,H_2O \rightarrow 2\,H_3BO_3 + 6\,H_2 \tag{9-20}$$

ジボラン B_2H_6 の構造を図 9-2 に示した．通常，2 原子間の結合は 2 個の電子が共有されて形成されるが，ジボラン B_2H_6 には価電子が 12 個しかなく，8 個の化学結合を満たすために必要な 16 個の価電子が存在しない．ジボラン B_2H_6 の結合のうち，2 つのホウ素 B を架橋している B-H-B 結合は，各ホウ素 B の sp^3 混成軌道 2 つと水素 H の 1s 軌道 1 つの 3 つの軌道が 2 個の電子を共有して結合を形成する．このような結合を三中心二電子結合という．

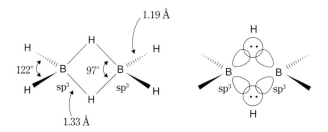

図 9-2　ジボラン B_2H_6 の構造

(3) 酸化物

酸化ホウ素 B_2O_3 は，ホウ酸 $B(OH)_3$ の無水物であり，ホウ酸 $B(OH)_3$ を加熱すると生成する（(9-21) 式）．酸化ホウ素 B_2O_3 は酸性酸化物で，ガラス状のものと結晶性固体の 2 つの形が存在する．

$$2\,B(OH)_3 \rightarrow B_2O_3 + 3\,H_2O \tag{9-21}$$

酸化アルミニウム Al_2O_3 は，実験室的には水酸化物を加熱して得られる（(9-22) 式）．また，粉末状のアルミニウム Al を空気中で加熱しても得られる（(9-23) 式）．

$$2\,Al(OH)_3 \rightarrow Al_2O_3 + 3\,H_2O \tag{9-22}$$

$$4\,Al + 3\,O_2 \rightarrow 2\,Al_2O_3 \tag{9-23}$$

9-3-2　14族元素

(1) 14族元素の性質

最外殻に4個の電子をもち，$ns^2\,np^2$ の電子配置をとる．通常，+4と+2の酸化状態をとる．14族元素の単体のうち，炭素 C とケイ素 Si は非金属に分類され，周期表の下にいくほど金属性が増すためゲルマニウム Ge，スズ Sn，および鉛 Pb は金属に分類されている．

表9-5　14族元素の単体の性質

	イオン化エネルギー (kJ/mol)	融点 (℃)	沸点 (℃)
C	1086	3550[1]	4800[1]
Si	786	1410	2360
Ge	762	937	2830
Sn	709	232	2270
Pb	716	328	1740

[1] ダイヤモンド

炭素 C の単体にはダイヤモンド，グラファイト，フラーレンなどの同素体が知られている．ダイヤモンドの各炭素 C は sp^3 混成軌道で他の炭素 C と共有結合を形成している．グラファイトとフラーレンの炭素 C は二重結合を形成しており，sp^2 混成軌道で各炭素 C と共有結合している．

ケイ素 Si の単体は，天然には存在しないものの，金属のような光沢を示す共有結合の結晶である．高純度のものは電子機器の材料や太陽電池に利用されている．

(2) 水素化物

炭素 C の水素化物は一般に炭化水素とよばれ，アルカン（一般式 C_nH_{2n+2}），アルケン（一般式 C_nH_{2n}），アルキン（一般式 C_nH_{2n-2}），芳香族炭化水素（ベンゼン C_6H_6 など）に分類される．非常に多くの化合物が存在するので，これらの性質については第10章で詳しく解説する．

ケイ素 Si の水素化物はシランとよばれ，一般式 Si_nH_{2n+2} で表される．ケイ素 Si の水素化物は炭素 C の水素化物と異なり，それほど多くは存在しない．シランはアルカンより酸化されやすく，空気中の酸素 O_2 と容易に反応して分解する（(9-24) 式）．

$$\text{SiH}_4 + 2\,\text{O}_2 \rightarrow \text{SiO}_2 + 2\,\text{H}_2\text{O} \tag{9-24}$$

ゲルマニウム Ge の水素化物 GeH_4 は，対応するシランとよく似ているが，シランのように可燃性ではない．加熱すると金属ゲルマニウム Ge と水素 H_2 に分解する．スズ Sn の水素化物 SnH_4 は，室温でゆっくり金属スズ Sn と水素 H_2 に分解し，また，空気に触れると自然発火する．

(3) 酸化物

一酸化炭素 CO は無色無臭の気体で，毒性が強い．これは，血液中のヘモグロビンが酸素 O_2 と結合するよりも一酸化炭素 CO と優先的に強く結合するため，ヘモグロビンの酸素 O_2 を運搬するはたらきが阻害されるからである．一酸化炭素 CO は炭素 C の不完全燃焼で生成する（(9-25) 式）．また，実験室ではギ酸 HCOOH を濃硫酸 H_2SO_4 で脱水して得られる（(9-26) 式）．

$$2\,\text{C} + \text{O}_2 \rightarrow 2\,\text{CO} \tag{9-25}$$

$$\text{HCOOH} \rightarrow \text{CO} + \text{H}_2\text{O} \tag{9-26}$$

一酸化炭素 CO は，空気または酸素 O_2 中で特徴的な淡青色の炎で燃焼する．この反応は非常に発熱的である（(9-27) 式）．また，還元作用が強く，加熱により多くの金属酸化物と反応し，鉛 Pb，銅 Cu，鉄 Fe などの酸化物をそれぞれの金属に還元する（(9-28) 式）．

$$2\,\text{CO} + \text{O}_2 \rightarrow 2\,\text{CO}_2 \quad : \Delta H = -283\,\text{kJ/mol} \tag{9-27}$$

$$\text{PbO} + \text{CO} \rightarrow \text{Pb} + \text{CO}_2 \tag{9-28}$$

二酸化炭素 CO_2 は炭素 C の燃焼によって生成する無色無臭の気体である．実験室では石灰石（主成分 CaCO_3）に塩酸 HCl を反応させて得られる（(9-29) 式）．

$$\text{CaCO}_3 + 2\,\text{HCl} \rightarrow \text{CaCl}_2 + \text{H}_2\text{O} + \text{CO}_2 \tag{9-29}$$

工業的には石灰石の熱分解によって大量に製造されている（(9-30) 式）．

$$\text{CaCO}_3 \rightarrow \text{CaO} + \text{CO}_2 \tag{9-30}$$

二酸化炭素 CO_2 は，炭酸水の製造，消火剤などの発泡用ガス，冷却剤としてのドライアイス（固体の二酸化炭素 CO_2）として広く用いられている．

ケイ素 Si の酸化物である二酸化ケイ素 SiO_2 はシリカともよばれ，石英などの結晶性シリカと，シリカゲルや珪藻土などの非結晶形シリカに大別される．二酸化ケイ素 SiO_2 の結合は 1 つのケイ素 Si に 4 つの酸素 O がそれぞれ正四面体のかたちに結合した共有結合であり，それぞれの酸素 O は別のケイ素 Si と結合して，三次元的に広がっている（図 9-3）．

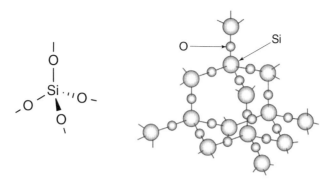

図 9-3 二酸化ケイ素 SiO_2 の構造

9-3-3 15族元素

(1) 15族元素の性質

最外殻に5個の電子をもち，ns^2np^3 の電子配置をとる．すべての価電子を放出あるいは3個の電子を獲得して完全なイオン性化合物となることはなく，より陰性な原子と電子対を共有して+5までの酸化状態をとるか，より陽性な原子と電子対を共有して-3までの酸化状態をとる．15族元素の単体のうち，窒素N以外は固体である．窒素N，リンP，およびヒ素Asは非金属に分類され，周期表の下にいくほど金属性が増すためアンチモンSbとビスマスBiは金属に分類されている（表9-6）．

表9-6 15族元素の単体の性質

	イオン化エネルギー (kJ/mol)	融点 (℃)	沸点 (℃)
N	1402	-210	-196
P	1012	44[1]	281[1]
As	947	814[2]	612[3]
Sb	834	631	1750
Bi	703	271	1560

[1] 白リン　[2] 3.65 MPa　[3] 昇華点

(2) 水素化物

窒素Nの水素化物として，アンモニア NH_3，ヒドラジン H_2NNH_2，アジ化水素 HN_3 の3種類が知られている．その中のアンモニア NH_3 は常温常圧において刺激臭のある無色気体である．水 H_2O に対する溶解性が大きく，その水溶液は弱塩基性を示す（(9-31) 式）．

$$NH_3 + H_2O \rightleftarrows NH_4^+ + OH^- \tag{9-31}$$

リンPの水素化物であるホスフィン PH_3 は常温常圧において不快臭の無色気体で猛毒である．

アンモニア NH_3 と比べて電子供与性がかなり劣るため，水 H_2O にわずかに溶けるにすぎない．ホスフィン PH_3 はアンモニア NH_3 より"非常に弱い塩基"であり，水溶液中で水 H_2O からプロトン H^+ を受け取って水酸化物イオン OH^- を放出する作用は極めて弱いが，酸性の強いハロゲン化水素と反応してホスホニウム塩 PH_4^+ になる（(9-32) 式）．

$$PH_3 + HI \rightleftarrows PH_4^+ I^- \tag{9-32}$$

ヒ素 As の水素化物であるアルシン AsH_3 およびアンチモン Sb の水素化物であるスチビン SbH_3 は共有結合性化合物であるが，加熱により容易に分解してその元素の単体と水素 H_2 を生成する（(9-33) 式および (9-34) 式）．スチビン SbH_3 はアルシン AsH_3 よりも不安定で室温でも徐々に分解する．

$$2\,AsH_3 \rightarrow 2\,As + 3\,H_2 \tag{9-33}$$

$$2\,SbH_3 \rightarrow 2\,Sb + 3\,H_2 \tag{9-34}$$

(3) 酸化物

窒素 N は他の元素と異なり多様な酸化物を形成する．酸化状態 +1 の一酸化二窒素 N_2O は，亜酸化窒素ともいい，麻酔作用を有する無色の気体である．分子は N-N-O 結合をもつ2つの構造が共鳴によって安定化した直線分子である（図9-4）．

図 9-4　一酸化二窒素 N_2O の構造

一酸化二窒素 N_2O は水 H_2O にわずかに溶け，その溶液は中性である．比較的反応性が低く，容易に酸化や還元されることはないが，加熱すると窒素 N_2 と酸素 O_2 に分解する．この分解反応は発熱的である（(9-35) 式）．

$$N_2O \rightarrow N_2 + \frac{1}{2}O_2 \quad : \Delta H = -90.4\,\mathrm{kJ/mol} \tag{9-35}$$

酸化状態 +2 の一酸化窒素 NO は，無色の気体で水 H_2O に溶けにくく空気よりやや重い．生体内でのシグナル伝達物質として，血管拡張や記憶の形成などに関与している．一酸化窒素 NO は，電子数の総和が15個の奇数電子分子であるため不対電子を有しており，フリーラジカルである．酸素 O_2 と自発的に反応して二酸化窒素 NO_2 になる（(9-36) 式）．

$$2\,NO + O_2 \rightarrow 2\,NO_2 \tag{9-36}$$

酸化状態 +4 の二酸化窒素 NO_2 は赤褐色の気体で，二量化すると無色の四酸化二窒素 N_2O_4 となる（(9-37) 式）．この反応は平衡反応で，通常は平衡混合物として存在する．

$$2\,NO_2(気) \rightleftarrows N_2O_4(気) \quad : \Delta H = -57.2\,kJ/mol \tag{9-37}$$

二酸化窒素 NO_2 は奇数電子分子であるため不対電子をもつが，四酸化二窒素 N_2O_4 は二量化によって不対電子が解消されているので不対電子をもたない．

酸化状態 +3 の三酸化二窒素 N_2O_3 は亜硝酸 HNO_2 の無水物で，非常に不安定な化合物である．低温でも分解して（9-38）式のように解離する．

$$2\,N_2O_3 \rightleftarrows 2\,NO + N_2O_4 \tag{9-38}$$

酸化状態 +5 の五酸化二窒素 N_2O_5 は常温で無色の吸湿性結晶である．硝酸 HNO_3 の無水物で，硝酸 HNO_3 を十酸化四リン P_4O_{10} で脱水して得られる（(9-39) 式）．結晶は直線構造のニトロニウムイオン NO_2^+ と平面構造の硝酸イオン NO_3^- がイオン結合したイオン結晶として存在する．

$$12\,HNO_3 + P_4O_{10} \rightleftarrows 6\,N_2O_5 + 4\,H_3PO_4 \tag{9-39}$$

リン P の酸化物として酸化状態 +3 の六酸化四リン P_4O_6 と酸化状態 +5 の十酸化四リン P_4O_{10} が知られている．六酸化四リン P_4O_6 は常温で徐々に酸素 O_2 と反応して十酸化四リン P_4O_{10} を生成する．また，水 H_2O と反応して亜リン酸 H_3PO_3 となる（(9-40) 式）．

$$P_4O_6 + 6\,H_2O \rightarrow 4\,H_3PO_3 \tag{9-40}$$

十酸化四リン P_4O_{10} は組成式 P_2O_5 から五酸化二リンともよばれる．水 H_2O と激しく反応してリン酸 H_3PO_4 となる（(9-41) 式）．水 H_2O との高い反応性を利用して脱水剤や乾燥剤として用いられる．

$$P_4O_{10} + 6\,H_2O \rightarrow 4\,H_3PO_4 \tag{9-41}$$

(4) オキソ酸 [1]

窒素 N のオキソ酸として，亜硝酸 HNO_2 や硝酸 HNO_3 などが知られている．亜硝酸 HNO_2 は気体で溶液中にのみ存在し，その水溶液は弱酸性を示す．非常に不安定で，分解によって硝酸 HNO_3 と一酸化窒素 NO が生成する（(9-42) 式）ため，亜硝酸塩または亜硝酸エステルのかたちで使用されることが多い．

$$3\,HNO_2 \rightarrow HNO_3 + 2\,NO + H_2O \tag{9-42}$$

亜硝酸塩は強い殺菌作用をもつとともに発色剤としての効果を発揮することから，ハムやその他の肉製品の保存用食品添加物として使われている．しかし，二級アミン類と反応すると発がん性のニトロソアミンを生成する．

---

[1] 中心原子にオキソ基 =O とヒドロキシ基 -OH が結合した一般式 $XO_m(OH)_n$ で表される化合物で，ヒドロキシ基 -OH の水素 H が解離してプロトン H^+ を与える．

硝酸 HNO_3 は揮発性の無色の液体で，その水溶液は強い酸性を示し，酸化作用が強い．熱や光によって分解して二酸化窒素 NO_2 を生成する（(9-43) 式）ため，褐色の瓶で保存される．

$$4\,HNO_3 \rightarrow 4\,NO_2 + 2\,H_2O + O_2 \tag{9-43}$$

リン P は多くのオキソ酸を形成する．代表的なものとしてリンの酸化状態が ＋5 のリン酸 H_3PO_4，＋3 のホスホン酸 H_3PO_3，＋1 のホスフィン酸 H_3PO_2 などが知られている（図 9-5）．

リン酸 H_3PO_4 は常圧で融点 42℃ の白色固体で，潮解性があり水によく溶ける．三塩基性酸であり，ナトリウム塩にはリン酸二水素ナトリウム NaH_2PO_4，リン酸水素二ナトリウム Na_2HPO_4，およびリン酸三ナトリウム Na_3PO_4 がある．また，リン酸 H_3PO_4 のナトリウム塩やカリウム塩は緩衝液の成分として用いられ，カルシウム塩は骨や歯の主成分である．

ホスホン酸 H_3PO_3 は融点 70℃ の潮解性のある無色の結晶である．P-H 結合をもっており，還元性を示す．ホスフィン酸 H_3PO_2 も P-H 結合をもっており，金属イオンなどを還元する．

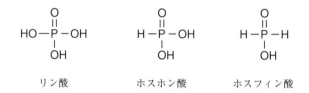

図 9-5　リンのオキソ酸の構造

9-3-4　16 族元素

(1) 16 族元素の性質

最外殻に 6 個の電子をもち，$ns^2\,np^4$ の電子配置をとる．2 個の電子を受け取ることができるため，通常は －2 の酸化状態をとる．16 族元素の単体のうち，酸素 O 以外は固体でポロニウム Po が金属に分類され，セレン Se やテルル Te もある程度の金属性を帯びている（表 9-7）．

表 9-7　16 族元素の単体の性質

	イオン化エネルギー (kJ/mol)	融 点 (℃)	沸 点 (℃)
O	1314	$-218^{1)}$	$-183^{1)}$
S	1000	$115^{2)}$	445
Se	941	221	685
Te	869	450	988
Po	812	254	962

[1] 酸素　[2] 単斜硫黄（β 硫黄）

(2) 水素化物

16 族元素は共有結合性の水素化物 H_2X を形成する．酸素 O の水素化物を除いて，他の元素の水素化物は不快臭をもつ有毒な気体である．また，酸素 O の水素化物の水 H_2O は分子間に水素

結合がはたらくため，他の元素の水素化物と比較しても異常に高い融点と沸点を示す（第4章4-7-3参照）．

硫黄 S の水素化物である硫化水素 H_2S は不快臭の強い無色の気体で，非常に有毒である．空気中で青色の炎を上げて燃焼して二酸化硫黄 SO_2 となる（(9-44) 式）が，酸素 O_2 の量が不十分な場合には硫黄 S が生成する（(9-45) 式）．

$$2 H_2S + 3 O_2 \rightarrow 2 SO_2 + 2 H_2O \tag{9-44}$$

$$2 H_2S + O_2 \rightarrow 2 S + 2 H_2O \tag{9-45}$$

硫化水素 H_2S は水 H_2O に少し溶け，その水溶液は弱い酸性を示す（(9-46) 式，(9-47) 式）．

$$H_2S + H_2O \rightarrow HS^- + H_3O^+ \tag{9-46}$$

$$HS^- + H_2O \rightarrow S^{2-} + H_3O^+ \tag{9-47}$$

また，多くの金属と反応し金属の硫化物を形成する．金属硫化物の大部分は水 H_2O に難溶であり，金属イオンを含む溶液に硫化水素 H_2S を通じると多くのものが沈殿する．例として (9-48) 式に Pb^{2+} イオンの反応を示す．

$$Pb^{2+} + H_2S \rightarrow PbS + 2 H^+ \tag{9-48}$$

セレン Se の水素化物であるセレン化水素 H_2Se およびテルル Te の水素化物であるテルル化水素 H_2Te は，どちらも硫化水素 H_2S と性質が似ている．水溶液中では，電離してプロトン H^+ を生成するので酸性を示す．

酸素 O の水素化物には水 H_2O 以外に過酸化水素 H_2O_2 があり，2.5～3.5 w/v% H_2O_2 水溶液は，外用消毒剤として利用される．純粋な過酸化水素 H_2O_2 は無色の粘稠性液体である．過酸化水素 H_2O_2 は不安定で酸素 O_2 を放出しやすく，大気圧下で加熱すると沸点に達する前に分解する．この分解反応は非常に発熱的であり，急激に加熱すると爆発的に分解する（(9-49) 式）．

$$H_2O_2 \rightarrow H_2O + \frac{1}{2} O_2 \quad : \Delta H = -98.3 \text{ kJ/mol} \tag{9-49}$$

(3) 酸化物

硫黄 S，セレン Se，テルル Te は二酸化物と三酸化物の両方を形成する．二酸化硫黄 SO_2 は無色で特有の刺激臭を有する気体で，水 H_2O に溶けやすい（(9-50) 式）．

$$SO_2 + H_2O \leftrightarrows HSO_3^- + H^+ \quad (H_2SO_3) \tag{9-50}$$

二酸化硫黄 SO_2 の中心の硫黄原子 S は sp^2 混成軌道をとり，分子は折れ線構造である（図9-6）．

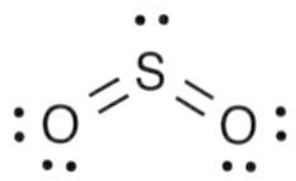

図 9-6　二酸化硫黄 SO_2 の構造

二酸化硫黄 SO_2 はおもに還元剤として作用する（(9-51) 式）が，還元力の強いものに対しては酸化剤として作用する（(9-52) 式）．

$$I_2 + SO_2 + 2H_2O \rightarrow 2HI + H_2SO_4 \quad （還元剤としての作用） \tag{9-51}$$

$$2H_2S + SO_2 \rightarrow 2H_2O + 3S \quad （酸化剤としての作用） \tag{9-52}$$

三酸化硫黄 SO_3 は無色の昇華しやすい固体で，水 H_2O と激しく反応して硫酸 H_2SO_4 を生成する（(9-53) 式）．

$$SO_3 + H_2O \rightarrow H_2SO_4 \tag{9-53}$$

三酸化硫黄 SO_3 は気体状態において平面三角形構造で，中心の硫黄原子 S は sp^2 混成軌道をとる（図 9-7）．

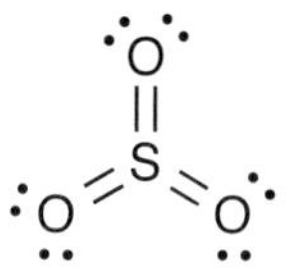

図 9-7　三酸化硫黄 SO_3 の構造

二酸化セレン SeO_2 は揮発性の無色固体で，セレン Se の燃焼や硝酸 HNO_3 による酸化で得られる．水 H_2O に非常に溶けやすく，水 H_2O と反応して亜セレン酸 H_2SeO_3 を生じる．三酸化セレン SeO_3 は潮解性の白色固体で，水 H_2O と反応してセレン酸 H_2SeO_4 を生じる．

二酸化テルル TeO_2 は不揮発性の白色固体で，テルル Te を空気中で燃焼すると得られる．水 H_2O にはほとんど溶けないが，濃硫酸 H_2SO_4 や塩基性水溶液には溶解する．三酸化テルル TeO_3 は固体で，テルル酸 $Te(OH)_6$ を加熱して脱水すると得られる．

(4) オキソ酸

硫黄 S には様々なオキソ酸が知られている．代表的なものとして亜硫酸 H_2SO_3，硫酸 H_2SO_4，およびチオ硫酸 $H_2S_2O_3$ がある（図 9-8）．

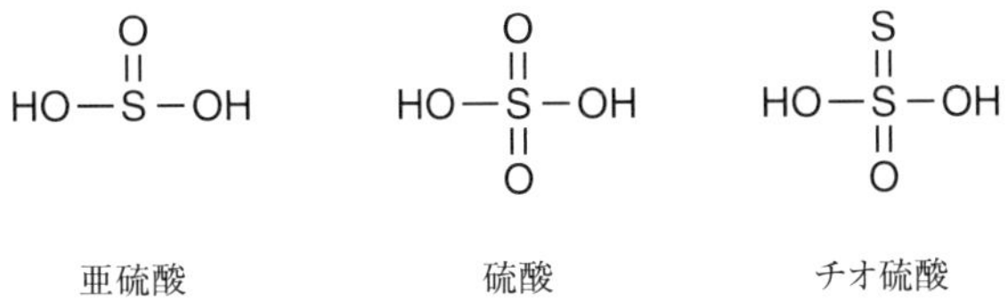

```
         O                O                S
         ‖                ‖                ‖
  HO—S—OH          HO—S—OH          HO—S—OH
                          ‖                ‖
                          O                O

     亜硫酸              硫酸            チオ硫酸
```

図 9-8　硫黄 S のオキソ酸の構造

亜硫酸 H_2SO_3 は，二酸化硫黄 SO_2 を水 H_2O に溶かした溶液が酸としての性質をもつことから亜硫酸 H_2SO_3 の溶液とされてきたが，実際にはこのかたちで存在せず，水中では二酸化硫黄 SO_2 を水 H_2O が取り囲み，次の平衡状態をとっていると考えられている（(9-54) 式，(9-55) 式）．

$$SO_2 \ + \ x\,H_2O \ \rightleftarrows \ SO_2 \cdot xH_2O \tag{9-54}$$

$$SO_2 \cdot xH_2O \ \rightleftarrows \ HSO_3^- \ + \ H_3O^+ \ + \ (x-2)H_2O \tag{9-55}$$

亜硫酸水素塩（HSO_3^- を含む）と亜硫酸塩（SO_3^{2-} を含む）は存在し，結晶中の亜硫酸イオン SO_3^{2-} は三角錐構造である．また，二酸化硫黄 SO_2 の水溶液や亜硫酸塩の水溶液は還元性をもち，還元剤として利用される．

硫酸 H_2SO_4 は無色で粘稠性の重い液体（密度 $1.84\ \mathrm{g/cm^3}$）である．濃硫酸 H_2SO_4 は水 H_2O に対する親和性が大きく，強い脱水作用をもっており，濃硫酸 H_2SO_4 と反応しない気体の乾燥に用いられる．また，有機化合物から水素 H と酸素 O を 2：1 の比率で奪い，炭化させる作用をもつ（(9-56) 式）．

$$C_nH_{2n}O_n \ + \ H_2SO_4 \ \rightarrow \ nC \ + \ H_2SO_4 \cdot nH_2O \tag{9-56}$$

チオ硫酸 $H_2S_2O_3$ の遊離酸は常温で不安定である．チオ硫酸塩は亜硫酸塩水溶液と硫黄 S とを煮沸させると容易に生成する．チオ硫酸ナトリウム $Na_2S_2O_3$ は還元作用を有し，容量分析においてヨウ素 I_2 の定量に利用される（(9-57) 式）．

$$I_2 \ + \ 2\,Na_2S_2O_3 \ \rightarrow \ 2\,NaI \ + \ Na_2S_4O_6 \tag{9-57}$$

また，チオ硫酸ナトリウム $Na_2S_2O_3$ はシアン化合物やヒ素化合物の解毒剤にも利用されている．

9-3-5　17 族元素

(1) 17 族元素の性質

最外殻に 7 個の電子をもち，$ns^2\,np^5$ の電子配置をとる．1 個の電子を受け取ることができるため，通常は -1 の酸化状態をとる．フッ素 F の原子価は 1 のみであるが，他の原子は最外殻の d 軌道を利用できるので，3，5，7 の原子価をとることができる．17 族元素の単体はいずれも二原子分子で，フッ素 F_2 と塩素 Cl_2 が気体，臭素 Br_2 が液体，ヨウ素 I_2 とアスタチン At_2 が固体である（表 9-8）．

表 9-8 17族元素の単体の性質

	イオン化エネルギー (kJ/mol)	融点 (℃)	沸点 (℃)
F	1681	-220	-188
Cl	1251	-102	-34
Br	1140	-7	56
I	1008	114	184
At	890 ± 40	302	337

(2) 水素化物

17族元素は共有結合性の水素化物のハロゲン化水素 HX を形成する.いずれも室温で無色の気体である.ハロゲン化水素 HX は水 H_2O に対する溶解度が高く,その水溶液は酸性を示す((9-58) 式).

$$HX + H_2O \rightleftarrows H_3O^+ + X^- \tag{9-58}$$

塩化水素 HCl,臭化水素 HBr,およびヨウ化水素 HI は強酸に分類され,原子番号の増加とともに酸性度が増加する.一方,フッ化水素 HF は希薄水溶液中で弱酸に分類されるが,高濃度になると,水素-フッ素間の強い水素結合によって FHF^- が安定化されるために酸性度が増加して硫酸 H_2SO_4 に近い強い酸性を示すことが知られている.

$$2HF \rightleftarrows H^+ + FHF^- \tag{9-59}$$

また,フッ化水素 HF の水溶液のフッ化水素酸は侵食性があり,二酸化ケイ素 SiO_2 やケイ酸塩のガラスを侵す.

(3) 酸化物

二フッ化酸素 OF_2 は常温で特異臭のある無色気体である.水 H_2O とは穏やかに反応してフッ化水素 HF を生成する((9-60) 式)が,塩基性物質が存在すると酸素 O_2 の発生が速くなり((9-61) 式),水蒸気とは爆発的に反応する.

$$OF_2 + H_2O \rightarrow O_2 + 2HF \tag{9-60}$$

$$OF_2 + 2OH^- \rightarrow O_2 + H_2O + 2F^- \tag{9-61}$$

一酸化二塩素 Cl_2O は常温で刺激臭のある黄色味を帯びた気体である.水 H_2O との反応で次亜塩素酸 HClO を生成する((9-62) 式).また,強い酸化剤で多くの金属をその酸化物と塩化物の混合物に変化させる.

$$Cl_2O + H_2O \rightarrow 2HClO \tag{9-62}$$

二酸化塩素 ClO_2 は 11℃ で沸騰し，刺激臭のある橙黄色の気体となるが，濃度などによって臭気や色調が異なる．塩素原子 Cl 上に不対電子（ラジカル）をもち，非常に反応性の高い化合物である．また，殺菌作用があり，消臭，消毒などに使われている．

(4) オキソ酸

ハロゲンのオキソ酸として，次亜ハロゲン酸 HXO，亜ハロゲン酸 HXO_2，ハロゲン酸 HXO_3，過ハロゲン酸 HXO_4 の 4 種が知られている（図 9-9）．

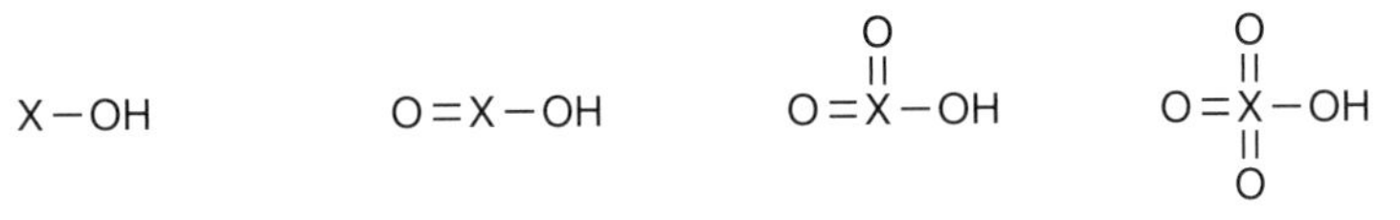

$$X-OH \qquad O=X-OH \qquad \underset{}{\overset{O}{\underset{\|}{O=X-OH}}} \qquad \underset{\underset{\|}{O}}{\overset{\overset{\|}{O}}{O=X-OH}}$$

　　次亜ハロゲン酸　　　　亜ハロゲン酸　　　　ハロゲン酸　　　　過ハロゲン酸

図 9-9　ハロゲンのオキソ酸の構造

次亜ハロゲン酸 HXO のうち，次亜フッ素酸 HFO はフッ素 F のオキソ酸の中で存在が確認されている唯一のもので，無色の極めて不安定な気体である．次亜塩素酸 HClO，次亜臭素酸 HBrO，次亜ヨウ素酸 HIO は極めて弱い酸で，酸性溶液中で強い酸化作用を示す．次亜塩素酸ナトリウム NaClO の水溶液は，漂白剤や殺菌剤として広く用いられている．

亜ハロゲン酸 HXO_2 は次亜ハロゲン酸 HXO より不安定なものが多く，比較的安定な亜塩素酸 $HClO_2$ も不均化[2]によって容易に塩素酸 $HClO_3$ を生成する（(9-63) 式）．また，亜塩素酸 $HClO_2$ は比較的弱い酸である．

$$3\,HClO_2 \rightarrow 2\,HClO_3 + HCl \tag{9-63}$$

ハロゲン酸 HXO_3 の塩素酸 $HClO_3$ と臭素酸 $HBrO_3$ は不安定で水溶液中でのみ存在する．ヨウ素酸 HIO_3 は無色の安定な固体として存在する．ハロゲン酸 HXO_3 はすべてが強酸であり，これらの塩は水溶液中で加水分解されにくい．塩素酸カリウム $KClO_3$ はマッチや花火の酸化剤として用いられ，塩素酸ナトリウム $NaClO_3$ の水溶液は非選択的な除草剤に用いられている．

過ハロゲン酸 HXO_4 の過塩素酸 $HClO_4$ は塩素 Cl のオキソ酸の中で最も安定で無色の液体として存在する．過塩素酸 $HClO_4$ は水溶液中では完全に解離していて，塩素 Cl のオキソ酸の中で最も強い酸性を示す．

塩素 Cl のオキソ酸の性質をまとめて表 9-9 に示す．

---

[2] 同じ分子が互いに反応して 2 種類以上の異なる種類の生成物を与える化学反応．

表 9-9 塩素 Cl のオキソ酸の性質

名称	化学式	塩素原子の酸化状態	酸化数	酸性度	酸化力	安定性
次亜塩素酸	$HClO$	+1	小 ↕ 大	小 ↕ 大	大 ↕ 小	小 ↕ 大
亜塩素酸	$HClO_2$	+3				
塩素酸	$HClO_3$	+5				
過塩素酸	$HClO_4$	+7				

9-3-6 18族元素

18族元素のうちヘリウム He 以外の元素が p-ブロック元素で，最外殻に8個の電子をもち，$ns^2 np^6$ の電子配置をとる．最外殻が電子で満たされているため，18族元素は安定で化学的に不活性である．18族元素の単体は単原子分子からなり，常温常圧で気体である（表9-10）．

表 9-10 18族元素の単体の性質

	イオン化エネルギー (kJ/mol)	融点 (℃)	沸点 (℃)
Ne	2081	-249	-246
Ar	1521	-189	-186
Kr	1351	-157	-152
Xe	1170	-112	-108
Rn	1037	-71	-62

9-4 d-ブロック元素

d-ブロック元素は主遷移元素ともよばれ，3d 軌道が順次電子で満たされていく原子番号21のスカンジウム Sc から原子番号30の亜鉛 Zn まで（亜鉛 Zn を含めないこともある）が第一遷移系列元素，4d 軌道が順次電子で満たされていく原子番号39のイットリウム Y から原子番号48のカドミウム Cd まで（カドミウム Cd を含めないこともある）が第二遷移系列元素，5d 軌道が順次電子で満たされていく原子番号72のハフニウム Hf から原子番号80の水銀 Hg まで（水銀 Hg を含めないこともある）が第三遷移系列元素に分類される（第3章3-5-1参照）．同族の第二および第三遷移系列元素の性質は類似している点が多いが第一遷移系列元素の性質はかなり異なっている．

9-4-1 第一遷移系列元素

4族のチタン Ti は +2，+3，+4 の酸化状態をとる．主として二酸化チタン TiO_2 やチタン鉄鉱 $FeTiO_3$ として地表に広く分布している．単体は銀灰色の金属で，比較的軽く侵食に強いことから，タービンエンジンや航空機などの材料として広く用いられている．

6族のクロム Cr のおもな酸化状態は +2，+3，+6 であり，最も安定なものは +3 である．

そのため，クロム(Ⅱ)イオン Cr^{2+} は還元作用を示し，クロム(Ⅵ)イオン Cr^{6+} は酸化作用を示す．単体は銀白色の光沢を示す金属で，硬くて融点が高い．空気中で表面に緻密な酸化皮膜を形成するため，極めて安定で腐食しにくい．なお，酸化力の強い濃硝酸 HNO_3 や王水[3]には不動態を形成するため溶けないが，塩酸 HCl や硫酸 H_2SO_4 には溶解する．

7族のマンガン Mn のおもな酸化状態は $+2$，$+4$，$+7$ であり，最も安定なものは $+2$ である．酸化状態が $+7$ の過マンガン酸カリウム $KMnO_4$ は黒紫色の針状結晶で，非常に強い酸化作用を示す．また，酸化状態が $+4$ の酸化マンガン(Ⅳ) MnO_2 は黒色の粉末で，酸化作用を示し，マンガン乾電池の正極活性物質として利用されている．

8族の鉄 Fe，9族のコバルト Co，10族のニッケル Ni は性質が似ているため鉄族元素とよばれ，いずれも錯イオン形成能が高い．生体において鉄 Fe は酸素 O_2 の運搬機能を有するヘモグロビンや酸素 O_2 の貯蔵機能を有するミオグロビンの中心金属イオンとして重要な役割を担っている．

11族の銅 Cu の最外殻電子配置 $3d^{10}4s^1$ は d 軌道を完全に満たしているため，$+1 \sim +3$ までの酸化状態をとるが，おもな酸化状態は $+1$ と $+2$ である．単体は赤味を帯びた金属光沢を示し，電気伝導性や熱伝導性が大きい．生体において銅 Cu はスーパーオキシドジスムターゼなどの酵素の活性中心金属として機能している．

表9-11 第一遷移系列元素の単体の性質

	Sc	Ti	V	Cr	Mn	Fe	Co	Ni	Cu
イオン化エネルギー (kJ/mol)	631	656	650	653	717	762	758	737	745
融点(℃)	1400	1677	1917	1903	1244	1539	1495	1455	1086
沸点(℃)	2477	3277	3377	2642	2041	2887	2877	2837	2582

9-4-2　第二および第三遷移系列元素

4族のジルコニウム Zr は $+4$ の酸化状態が安定である．主としてバッデレイ石 ZrO_2 やジルコン $ZrSiO_4$ として存在している．二酸化ジルコニウム ZrO_2 は二酸化チタン TiO_2 よりも塩基性が強く，耐火性で侵食に耐性があることから，るつぼや炉の内張りなどに用いられる．

6族のモリブデン Mo およびタングステン W は $+6$ の酸化状態が最も安定である．これらの三酸化物は空気中で単体あるいは化合物を熱すると生成し，三酸化モリブデン MoO_3 は無色で三酸化タングステン WO_3 は黄色を呈する．タングステン W は金属の中で最も高い融点（3410℃）をもち，電気伝導性も大きいことから，電極のフィラメントとして用いられている．モリブデン Mo は生体の微量必須元素で糖質，脂質，尿酸の代謝の補助，鉄 Fe の利用を高める造血作用，銅 Cu の排泄などに関与している．

8族のルテニウム Ru およびオスミウム Os，9族のロジウム Rh およびイリジウム Ir，10族のパラジウム Pd および白金 Pt は白金族元素とよばれ，いずれも貴金属で，化学的に安定であり

---

[3] 濃塩酸 HCl と濃硝酸 HNO_3 を 3 : 1 の体積比で混合した液体．

金属光沢を失いにくい．ロジウム Rh の錯体であるウィルキンソン錯体 $RhCl(PPh_3)_3$ は有機化合物の水素化および脱水素化反応などの触媒として有用である．また，パラジウム Pd や白金 Pt などの化合物も水素化や脱水素化反応の触媒として用いられ，さらにパラジウム Pd 錯体は炭素-炭素結合形成反応などの触媒として重要である．

9-4-3　12族元素

亜鉛 Zn の最外殻電子配置 $3d^{10}4s^2$ は 3d 軌道と 4s 軌道の両方を満たしており，＋2 の酸化状態が最も安定である．単体は青味を帯びた銀白色の金属であり，両性元素で酸および塩基と反応して水素 H_2 を発生して溶ける（(9-64) 式および (9-65) 式）．

$$Zn + 2HCl \rightarrow ZnCl_2 + H_2 \quad (9\text{-}64)$$

$$Zn + 2NaOH + 2H_2O \rightarrow Na_2[Zn(OH)_4] + H_2 \quad (9\text{-}65)$$

亜鉛 Zn の d 軌道の電子は結合に関与しないため，遷移元素のような特徴はみられないが，有機亜鉛化合物は低い反応性が高い選択性をもたらすことから，有機合成化学で繁用されている．生体では鉄 Fe の次に多い金属元素で，細胞分裂，免疫細胞の活性化，味覚細胞の形成，糖の代謝など様々な役割を担っている．

水銀 Hg およびカドミウム Cd も亜鉛 Zn と同様に d 軌道が満たされており，5s および 6s 軌道の 2 個の電子がイオン化に関与している．カドミウム Cd の単体は銀白色の金属であり，酸と反応して水素 H_2 を発生しながら溶けるが，塩基には溶けない．水銀 Hg の単体は常温常圧で唯一液体の白銀色金属であり，希塩酸 HCl や希硫酸 H_2SO_4 と反応せず，硝酸 HNO_3，濃硫酸 H_2SO_4 および王水に溶ける．

表 9-12　12 族元素の単体の性質

	イオン化エネルギー (kJ/mol)	融点 (℃)	沸点 (℃)
Zn	906	420	908
Cd	876	331	765
Hg	1007	－39	357

9-5　金属錯体

中心となる金属原子または金属イオンのまわりに一定数の非共有電子対をもった分子や陰イオンが配位結合した化合物を金属錯体という（図 9-10）．この時，非共有電子対を与えて配位結合する分子やイオンを配位子という．

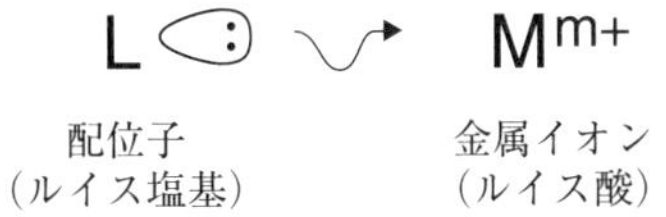
L
M^{m+}
配位子
（ルイス塩基）
金属イオン
（ルイス酸）

図 9-10　金属イオンとの配位結合

9-5-1　配位子と配位原子数

配位子を構成する原子の中で，中心金属と直接結合する原子を配位原子といい，配位原子には，炭素 C，窒素 N，リン P，酸素 O，硫黄 S，ハロゲンなどがある．分子中に 1 個の配位原子をもつ配位子を単座配位子，2 個の配位原子をもつ配位子を二座配位子，3 個の配位原子をもつ配位子を三座配位子といい，二座配位子や三座配位子のように複数の配位原子をもつ配位子を多座配位子という（図 9-11）．

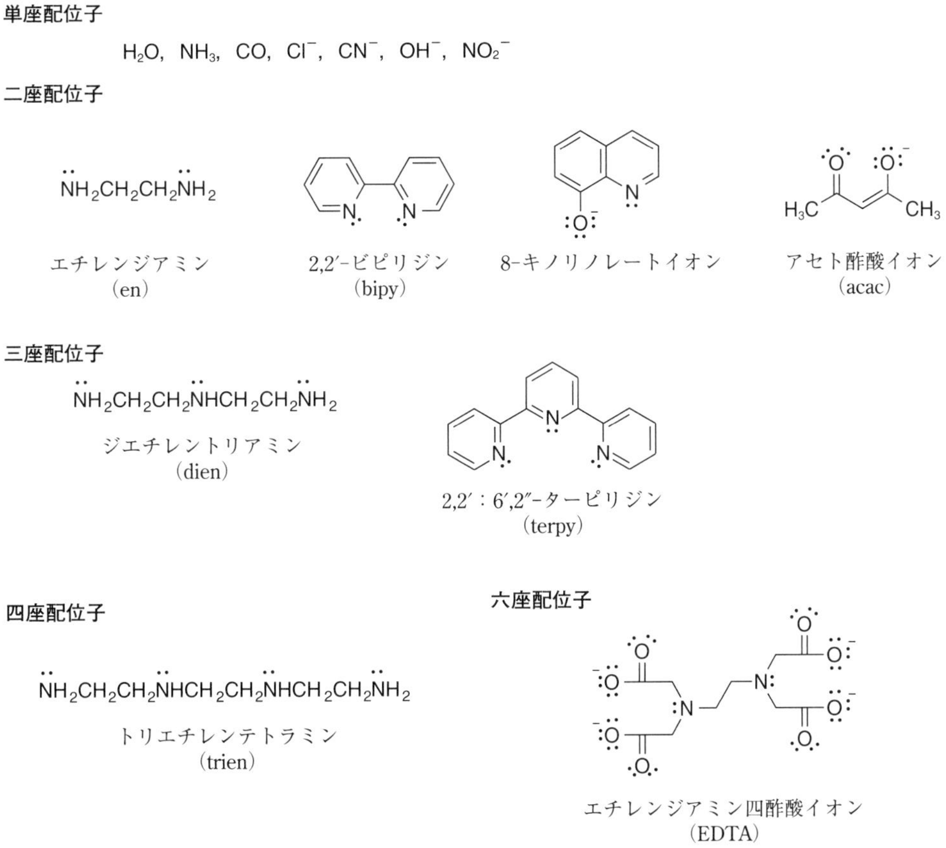
単座配位子
H_2O，NH_3，CO，Cl^-，CN^-，OH^-，NO_2^-
二座配位子
$NH_2CH_2CH_2NH_2$
エチレンジアミン
（en）
2,2′-ビピリジン
（bipy）
8-キノリノレートイオン
アセト酢酸イオン
（acac）
三座配位子
$NH_2CH_2CH_2NHCH_2CH_2NH_2$
ジエチレントリアミン
（dien）
2,2′：6′,2″-ターピリジン
（terpy）
四座配位子
$NH_2CH_2CH_2NHCH_2CH_2NHCH_2CH_2NH_2$
トリエチレンテトラミン
（trien）
六座配位子
エチレンジアミン四酢酸イオン
（EDTA）

図 9-11　配位子の種類

9-5-2 キレート効果

二座以上の配位子が金属イオンを挟むように錯体を形成する時，中心金属と配位子で環が形成される．このような錯体をキレート（キレート化合物）という．一般にキレート環が多いほど安定な錯体を形成する．キレート環の安定性は配位子の種類に関係なく，ひずみの程度に基づいて5員環または6員環が安定である．

9-5-3 結晶場理論

遷移金属イオンの5つのd軌道は，配位子のない自由イオンの状態であれば同じエネルギーで縮退している．しかし，配位結合を形成する際に金属のd軌道の軸方向から配位子が接近すると，金属イオンのd軌道の電子と配位子の非共有電子対との間で反発が生じる．図9-12に示した正八面体錯体の場合，6つの配位子が $+x$，$-x$，$+y$，$-y$，$+z$，$-z$ の軸方向から接近すると，5つのd軌道で軸方向に電子雲が広がっている $d_{x^2-y^2}$ 軌道と d_{z^2} 軌道の2つの軌道は，配位子との反発の影響が大きいためにエネルギーが上昇して不安定化する．一方，d_{xy}，d_{yz}，d_{zx} の3つの軌道は配位子との反発が少なく，エネルギーが低下して安定化する．

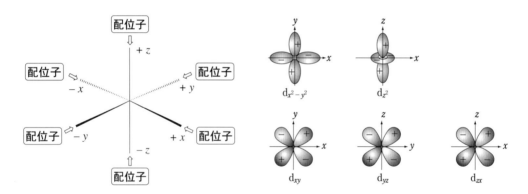

図9-12　正八面体錯体の配位子の接近の様子と5つのd軌道

そのため，図9-13に示すようにd軌道は2つの縮退したd軌道（$d_{x^2-y^2}$，d_{z^2}）と3つの縮退したd軌道（d_{xy}，d_{yz}，d_{zx}）に分裂する．分裂した2組の軌道のエネルギー差 ΔE を結晶場分裂エネルギーといい，この錯体に光を照射すると2組の軌道間で電子の遷移が生じる．この遷移はd-d遷移とよばれ，遷移するために必要な光が可視領域にあるので，様々な色としてみえる．

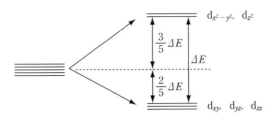

図 9-13　正八面体錯体における d 軌道の結晶場分裂

　d 軌道の結晶場分裂エネルギーがどの位になるかは金属や配位子によって異なるが，配位子が中心金属イオンの d 軌道を分裂させる強さは分光化学系列で表される（図 9-14）．これは，錯体の吸収エネルギーの順番を示していて，d 軌道の結晶場分裂エネルギーの大きさの順を表している．すなわち，配位子場が強いほど，分裂した d 軌道のエネルギー差 ΔE が大きくなる．

$$CO > CN^- > PPh_3 > NO_2^- > bipy > en > NH_3 > NCS^- > H_2O > OH^- > F^- > NO_3^- > Cl^- > S^{2-} > Br^- > I^-$$

図 9-14　分光化学系列（配位子場の強さ）

　錯体は d 軌道への電子の入り方によって，低スピン型と高スピン型の電子配置をとる．図 9-15 にそれぞれの電子配置をとる鉄(Ⅱ)錯体を示した．鉄(Ⅱ)イオン Fe^{2+} は 3d 軌道に電子が 6 個あり，自由イオンの状態では不対電子が 4 個存在する．$[Fe(CN)_6]^{4-}$ のシアン化物イオン配位子 CN^- は，鉄(Ⅱ)イオン Fe^{2+} の d 軌道を大きく分裂させるため，不安定化した 2 つの d 軌道 ($d_{x^2-y^2}$, d_{z^2}) と安定化した 3 つの d 軌道 (d_{xy}, d_{yz}, d_{zx}) のエネルギー差 ΔE が大きくなる．このエネルギー差 ΔE が大きいほど，フントの規則（第 3 章 3-4-4 参照）に従って 5 つの d 軌道に電子が入るよりもフントの規則に従わずに d_{xy}, d_{yz}, d_{zx} の軌道にのみ電子が入る方がエネルギー的に有利となる．そのため，3d 軌道の電子の再配列が生じて $[Fe(CN)_6]^{4-}$ は 3d 軌道に不対電子が存在しない低スピン型となる．一方，$[Fe(H_2O)_6]^{2+}$ のアクア配位子 H_2O は，鉄(Ⅱ)イオン Fe^{2+} の d 軌道を分裂させる力が弱く，不安定化した d 軌道と安定化した d 軌道のエネルギー差 ΔE が小さい．そのため，フントの規則に従った電子配置の方がエネルギー的に有利で，3d 軌道の電子の再配列は起こらずに不対電子が 4 個残ったままの高スピン型となる．

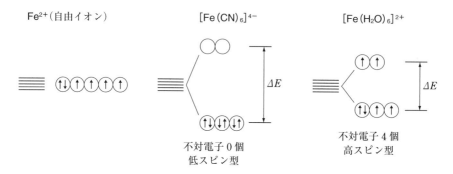

図 9-15　鉄(Ⅱ)錯体の 3d 軌道の電子配置

9-5-4　配位結合による混成軌道

通常の共有結合は，結合にかかわる 2 つの原子が互いに電子を 1 個ずつ出し合って結合電子対となり結合を形成するが，金属錯体の場合には金属と配位子の結合に必要な電子対が配位子からのみ供給されている．このような結合を配位結合というが，いったん結合ができてしまえば，通常の共有結合と変わらないため，原子価結合法の考え方で中心金属の混成軌道を説明する．

前節 9-5-3 で説明した鉄(Ⅱ)錯体の $[Fe(H_2O)_6]^{2+}$ と $[Fe(CN)_6]^{4-}$ はどのような混成軌道をとるのだろうか．鉄 Fe の電子配置は $[Ar] 3d^6 4s^2$ で，鉄(Ⅱ)イオン Fe^{2+} になると電子配置は $[Ar] 3d^6$ となる．$[Fe(H_2O)_6]^{2+}$ のアクア配位子 H_2O は鉄(Ⅱ)イオン Fe^{2+} の d 軌道を分裂させる力が弱いために d 軌道の電子の再配列が起こらず，6 つの配位子の 6 組の非共有電子対は 1 つの 4s 軌道，3 つの 4p 軌道，2 つの 4d 軌道に収容され，sp^3d^2 混成軌道をつくる．このように外側の軌道を用いて配位子が結合した錯体を外軌道錯体といい，不対電子が多く存在することから高スピン錯体ともよばれる．一方，$[Fe(CN)_6]^{4-}$ は鉄(Ⅱ)イオン Fe^{2+} の d 軌道がシアン化物イオン配位子 CN^- の影響によって大きく分裂するために d 軌道の 6 個の電子の再配列が起こり，6 個の電子は 3 つの 3d 軌道に対をつくって収まる．その結果，内側の 3d 軌道 2 つが空軌道となり，6 つの配位子の 6 組の非共有電子対は 2 つの 3d 軌道，1 つの 4s 軌道，3 つの 4p 軌道に収容され，d^2sp^3 混成軌道をつくる．この錯体は，内側の軌道を用いて配位子が結合した内軌道錯体で，不対電子をもたないことから低スピン錯体ともよばれる（図 9-16）．

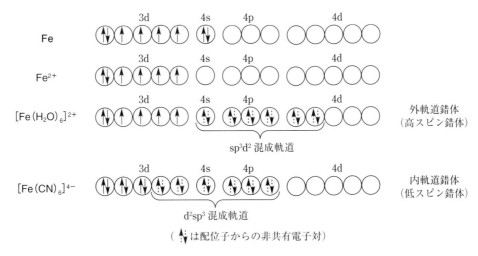

図 9-16 鉄（Ⅱ）錯体の電子配置

ニッケル（Ⅱ）錯体の場合，ニッケル Ni の電子配置は [Ar] $3d^8 4s^2$ で，ニッケル（Ⅱ）イオン Ni^{2+} になると電子配置は [Ar] $3d^8$ となる．$[Ni(NH_3)_6]^{2+}$ のアンミン配位子 NH_3 はニッケル（Ⅱ）イオン Ni^{2+} の d 軌道の電子の再配列を起こさず，6 つの配位子の 6 組の非共有電子対は 1 つの 4s 軌道，3 つの 4p 軌道，2 つの 4d 軌道に収容され，sp^3d^2 混成軌道をつくる．一方，4 配位の $[Ni(CN)_4]^{2-}$ はニッケル（Ⅱ）イオン Ni^{2+} の d 軌道の電子がシアン化物イオン配位子 CN^- の影響によって再配列し，8 個の電子が 4 つの 3d 軌道に対をつくって収まる．その結果，内側の 3d 軌道 1 つが空軌道となり，4 つの配位子の 4 組の非共有電子対は 1 つの 3d 軌道，1 つの 4s 軌道，2 つの 4p 軌道に収容され，dsp^2 混成軌道をつくる（図 9-17）．

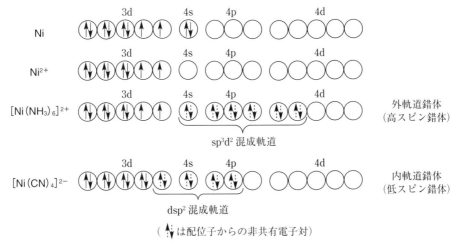

図 9-17 ニッケル（Ⅱ）錯体の電子配置

9-5-5 錯体の立体構造

錯体の構造は，中心金属の種類，酸化状態，および配位子の種類によって変わる．錯体の中心金属に配位結合している数を配位数といい，2配位，4配位，6配位の立体構造は，直線，平面四角形，正四面体，正八面体をとる（図9-18）．

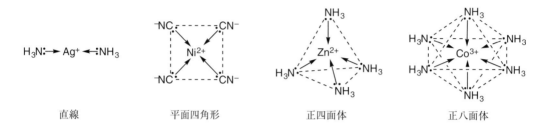

図9-18　錯体の立体構造

4配位の錯体には2種類の立体構造があるが，その違いを中心金属イオンの混成軌道で説明する．[$Zn(NH_3)_4$]$^{2+}$の亜鉛イオンZn^{2+}の3d軌道は10電子で満たされているため，4つの配位子の4組の非共有電子対は外側の軌道に収容される．収容されたs軌道，p_x軌道，p_y軌道，p_z軌道でsp^3混成軌道が形成され，安定な立体構造の正四面体となる．一方，[$Ni(CN)_4$]$^{2-}$の4つの配位子の4組の非共有電子対は前節9-5-4に示したように内側の軌道から収容され，$d_{x^2-y^2}$軌道，s軌道，p_x軌道，p_y軌道でdsp^2混成軌道を形成する．dsp^2混成軌道にはz軸上への広がりがないため，立体構造は平面四角形となる．金属錯体は，中心金属の種類，酸化状態，配位数，配位子の違いによってd軌道の電子配置が変化するので，様々な立体構造と混成軌道の錯体が生成する．表9-13に代表的な錯体の立体構造と混成軌道を示した．

表9-13　錯体の立体構造と混成軌道

配位数	混成軌道	立体構造	代表的な錯体
2	sp	直線	[$Ag(NH_3)_2$]$^+$, [$Au(CN)_2$]$^-$
4	sp^3	正四面体	[$Zn(NH_3)_4$]$^{2+}$, [$FeCl_4$]$^-$
4	dsp^2	平面四角形	[$Ni(CN)_4$]$^{2-}$, [$PtCl_2(NH_3)_2$]
6	sp^3d^2, d^2sp^3	正八面体	[$Ni(NH_3)_6$]$^{2+}$, [$Fe(CN)_6$]$^{4-}$

異なる配位子が結合した金属錯体には，幾何異性体や鏡像異性体などの立体異性体（第10章10-3参照）が存在する．ここでは，4配位の平面四角形錯体と6配位の正八面体錯体の代表的な幾何異性体について説明する．

中心金属をM，2種類の配位子をそれぞれLとXで表した4配位のML_2X_2タイプの平面四角形錯体には同じ配位子どうしが隣り合った位置にある*cis*異性体と反対側の位置にある*trans*異性体が存在する．例えば，図9-19に示した[$PtCl_2(NH_3)_2$]の*cis*異性体はシスプラチンとよばれ，抗がん活性を有するが，*trans*異性体は抗がん活性を示さない．

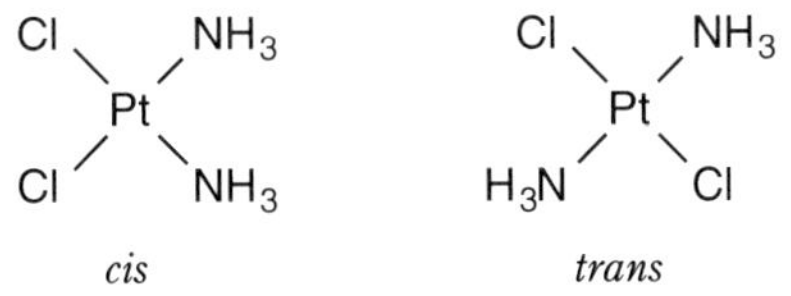

図 9-19 ［$PtCl_2(NH_3)_2$］の幾何異性体

6配位の ML_4X_2 タイプの正八面体錯体にも X 配位子が隣り合った位置にある *cis* 異性体と中心金属を挟んで反対側の位置にある *trans* 異性体が存在する．例えば，［$CoCl_2(NH_3)_4$］の *cis* 異性体は紫色を呈するが，*trans* 異性体は緑色を呈する（図 9-20）．

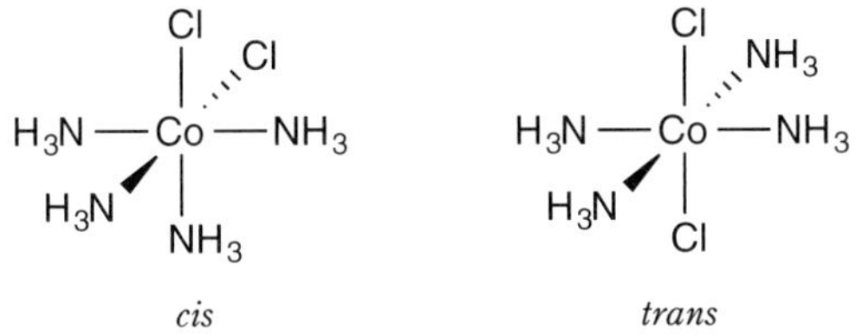

図 9-20 ［$CoCl_2(NH_3)_4$］の幾何異性体

また，6配位の ML_3X_3 タイプの正八面体錯体には，図 9-21 に示すように同じ配位子が八面体の子午線内にあることから meridional（子午線の）を意味する *mer* 体と同じ配位子が八面体の三角面内にあることから facial（面の）を意味する *fac* 体の 2 種類の幾何異性体が存在する．

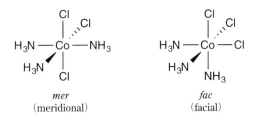

図 9-21 ［$CoCl_3(NH_3)_3$］の幾何異性体

章 末 問 題

1. ジボラン B_2H_6 中には二中心二電子結合の B–H 結合の他にもう 1 つの結合様式をもつ B–H 結合がある．この結合様式の名称を示し，二中心二電子結合との結合距離の違いを説明せよ．

2. 窒素酸化物のうち，窒素 N の酸化状態が +3 および +5 の化合物の分子式および化合物名を示せ．

3. 次の記述にあてはまる窒素酸化物の分子式および化合物名を示せ．
   (1) ニトログリセリンや亜硝酸エステルが血圧降下作用を示す際の活性物質．
   (2) 笑気ガスとして吸入麻酔薬として使用されるもの．

4. リン P のオキソ酸のうち，リン P の酸化状態が +1，+3，および +5 の化合物の化合物名および構造式を示せ．

5. 硫黄 S の酸化物に関する次の文章の空欄 ア および イ を埋めよ．
   二酸化硫黄 SO_2 は還元剤および酸化剤として作用し，還元剤として作用した二酸化硫黄 SO_2 は ア に変化し，酸化剤として作用した二酸化硫黄 SO_2 は イ に変化する．

6. 塩素 Cl の 4 種類のオキソ酸 HClO，$HClO_2$，$HClO_3$，$HClO_4$ について，以下の問に答えよ．
   (1) それぞれの化合物名を示せ．
   (2) 酸性度の大きい順に並べよ．
   (3) 酸化力の大きい順に並べよ．

7. 過塩素酸イオン ClO_4^- と塩素酸イオン ClO_3^- の共鳴構造を示せ．

8. 次の配位子の配座数を示せ．
   (1) NH_3 (2) bipy   (3) dien   (4) EDTA

9. 次の錯体または錯イオンに含まれる中心金属の酸化状態および配位数を示せ．
   (1) $[Cr(NH_3)_6]^{3+}$ (2) $K_3[Co(NO_2)_6]$ (3) $[CuCl_4]^{2-}$ (4) $[CoCl_2(NH_3)_4]^+$
   (5) $K[Co(edta)]$ (6) $K_4[Fe(CN)_6]$ (7) $[Ag(NH_3)_2]^+$ (8) $[Co(en)_3]^{3+}$

10. 次の錯体または錯イオンの中心金属の混成状態および立体構造を示せ．
    (1) $[Ni(CN)_4]^{2-}$ (2) $[AuCl_2]^-$ (3) $[Zn(NH_3)_4]^{2+}$
    (4) $[Co(NH_3)_6]^{3+}$（低スピン錯体）   (5) $[Fe(H_2O)_6]^{3+}$（高スピン錯体）
    (6) $[FeCl_4]^{2-}$（高スピン錯体）   (7) $[PtCl_4]^{2-}$（低スピン錯体）

11. 次の錯体の幾何異性体を示せ．
    (1) $[PtCl_2(NH_3)_2]$ (2) $[CoCl_2(NH_3)_4]$ (3) $[CrCl_3(NH_3)_3]$

第10章

有機化合物の化学的性質

10-1 なぜ薬学部で有機化合物を学ぶのか（事例）

我々のからだや医薬品の多くは有機化合物からできている．したがって有機化学を学ぶことで，医薬品の薬理作用や化学的性質を理解できるようになる．本章では，薬学部で医薬品を学ぶうえで重要な有機化合物について，その分類や名称，構造と化学的性質などの基礎について学ぶ．

10-1-1 有機化合物の定義

19世紀はじめまで，有機物（有機化合物）は生物（有機体）から産出される化合物と定義され，生命とは無関係に得られる無機物（無機化合物）と区別されていた．1828年，ドイツのウェーラーは無機化合物であるシアン酸アンモニウム NH_4OCN から有機化合物である尿素 $(NH_2)_2CO$ が得られることを発見し，無機化合物から有機化合物が人工的に合成できることを明らかにした．現在は一般に，炭素 C を含んでいる化合物を有機化合物といい，それ以外の化合物を無機化合物とよんでいる．ただし，一酸化炭素 CO，二酸化炭素 CO_2，シアン化物（NaCN，KCN など），炭酸塩あるいは炭酸水素塩（K_2CO_3，$NaHCO_3$ など）といった簡単な炭素化合物は炭素 C を含んでいるが，無機化合物として扱われるなど例外もある．

10-1-2 世界初の合成医薬品アスピリン

19世紀初頭，柳の樹皮に含まれるサリシンから誘導されるサリチル酸に痛みを抑えたり熱を下げたりする作用が発見され，解熱鎮痛剤として用いられるようになったが，苦みや胃腸障害といった副作用が問題であった．この副作用を改善し，1898年に誕生したのがアスピリンである（図10-1）．アスピリンは世界ではじめて人工的に化学合成された合成医薬品であり，今日の有機化学を基盤とした創薬研究の発展に繋がっている．

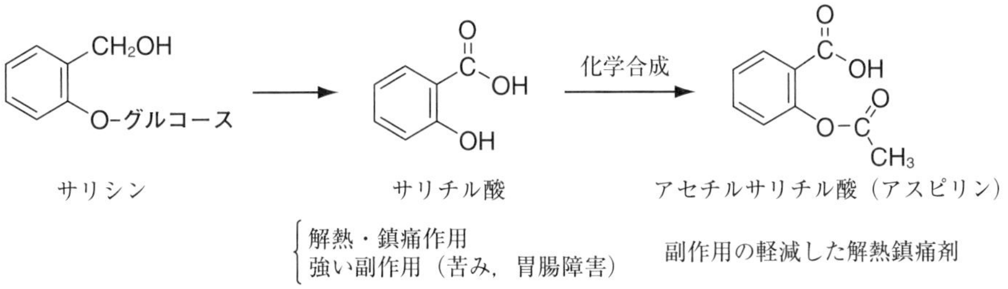

図10-1 世界で最初の合成医薬品アスピリン

サリシン → サリチル酸 （解熱・鎮痛作用／強い副作用（苦み，胃腸障害）） → 化学合成 → アセチルサリチル酸（アスピリン）（副作用の軽減した解熱鎮痛剤）

10-2 有機化合物の名称と分類

10-2-1 炭化水素の名称と分類

炭素 C と水素 H のみからできた最も基本的な有機化合物を炭化水素とよぶ．炭化水素は，鎖状の鎖式炭化水素と環状の環式炭化水素に分類される．また，炭素原子間の結合がすべて単結合のみで構成されるものを飽和炭化水素，炭素–炭素結合に二重結合や三重結合を含んでいるものを不飽和炭化水素とよぶ．なお，これらの炭化水素をまとめて，脂肪族炭化水素とよぶ．一方，ベンゼン環とよばれる環式炭化水素は芳香族炭化水素とよばれる（表 10-1）．

表 10-1　炭化水素の分類と例

	脂肪族炭化水素		芳香族炭化水素
	鎖　式	環　式	
飽和炭化水素	アルカン H_3C-CH_3 エタン $H_3C-CH_2-CH_3$ プロパン	シクロアルカン H_2C-CH_2　　H_2C-CH_2 $\|\ \ \ \ \ \|$　　$H_2C\ \ \ \ CH_2$ H_2C-CH_2　　H_2C-CH_2 シクロブタン　シクロヘキサン	
不飽和炭化水素	アルケン $H_2C=CH_2$ エチレン（エテン） $H_2C=CH-CH_3$ プロピレン（プロペン） アルキン $HC\equiv CH$ アセチレン（エチン） $HC\equiv C-CH_3$ プロピン	シクロアルケン $HC\ \ CH_2$　　H_2C-CH_2 $\|\ \ \ \ \ CH_2$　$H_2C\ \ \ \ CH_2$ $HC\ \ CH_2$　　$HC=CH$ シクロペンテン　シクロヘキセン	ベンゼン

脂肪族炭化水素のうち，飽和炭化水素をアルカン alkane という．また，不飽和炭化水素で二重結合を含むものをアルケン alkene といい，三重結合を含むものをアルキン alkyne という．また，環状の脂肪族炭化水素を脂環式炭化水素といい，そのうち飽和炭化水素をシクロアルカン cycloalkane，二重結合を含むものをシクロアルケン cycloalkene という．"シクロ cyclo" とは環を表す接頭語である．

10-2-2 官能基の名称と分類

基本構造となる化合物の水素 H 1 個を除いた原子団は基とよばれ，飽和炭化水素の場合はアルキル基と総称される（表10-2）．例えば，炭素数 1 のアルカンであるメタン CH_4 から水素 H 1 個を除いたアルキル基は，メチル基 $-CH_3$ とよばれる．その他，代表的なアルキル基の名称と構造を表10-3 にまとめた．

表10-2 アルカンと対応するアルキル基

炭素数	アルカン	アルキル基	
1	CH_3-H (methane, メタン)	CH_3- (methyl, メチル)	
2	CH_3CH_2-H (ethane, エタン)	CH_3CH_2- (ethyl, エチル)	

3	$CH_3CH_2CH_2-H$
	(propane, プロパン)
		$CH_3CH_2CH_2-$
		(propyl, プロピル)
			CH_3CH-
			     $\mid$
			    CH_3
			(isopropyl, イソプロピル)

表10-3 アルキル基の名称

名称	構造	名称	構造	名称	構造
メチル基	CH_3-	イソブチル基	$(CH_3)_2CHCH_2-$	ノニル基	$CH_3(CH_2)_7CH_2-$
エチル基	CH_3CH_2-	tert-ブチル基	$(CH_3)_3C-$	デシル基	$CH_3(CH_2)_8CH_2-$
プロピル基	$CH_3CH_2CH_2-$	ペンチル基	$CH_3(CH_2)_3CH_2-$	ビニル基	$CH_2=CH-$
イソプロピル基	$(CH_3)_2CH-$	ヘキシル基	$CH_3(CH_2)_4CH_2-$	アリル基	$CH_2=CHCH_2-$
ブチル基	$CH_3CH_2CH_2CH_2-$	ヘプチル基	$CH_3(CH_2)_5CH_2-$	フェニル基	⌬

sec-ブチル基	CH_3CH_2CH-
	      $\mid$
	     CH_3
		オクチル基	$CH_3(CH_2)_6CH_2-$	ベンジル基	⌬$-CH_2-$

sec は s，tert は t と省略されるときもある．
sec：(secondary) 第二級，tert：(tertiary) 第三級を意味する．

炭化水素の水素 H を別の原子団（基）に置き換えると，その原子団をもつ化合物はすべてある特定の性質を示す．例えば，炭化水素の $-H$ をヒドロキシ基 $-OH$ で置き換えた構造の化合物はアルコールと称される．メタノール CH_3OH は，メタン CH_4 の水素 H 1 個をヒドロキシ基 $-OH$ で置き換えた化合物である．このように有機化合物の性質を示す原子団を官能基とよぶ（表10-4）．一般に，同一の官能基をもつ有機化合物は類似の性質を示すため，主要な官能基の種類とその性質を理解することは，有機化学を学ぶうえで重要である．

表 10-4 代表的な官能基の種類と化合物の一般名

官能基の種類	化合物の一般名	化合物の例	官能基の種類	化合物の一般名	化合物の例
-OH ヒドロキシ基	アルコール フェノール類	CH$_3$OH メタノール ⌬-OH フェノール	$-\overset{O}{\underset{\parallel}{C}}-X$ (X: Cl, Br)	酸ハロゲン化物	CH$_3$COCl 塩化アセチル ⌬-COBr 臭化ベンゾイル
R-O-R エーテル結合 (R: アルキル基)	エーテル	CH$_3$CH$_2$OCH$_2$CH$_3$ ジエチルエーテル テトラヒドロフラン	$-\overset{O}{\underset{\parallel}{C}}-O-\overset{O}{\underset{\parallel}{C}}-$	酸無水物	CH$_3$CO-O-COCH$_3$ 無水酢酸 ⌬-CO-O-CO-⌬ 無水安息香酸
$-\overset{O}{\underset{\parallel}{C}}-H$ ホルミル基 (アルデヒド基)	アルデヒド	CH$_3$CHO アセトアルデヒド ⌬-CHO ベンズアルデヒド	-C≡N シアノ基	ニトリル	CH$_3$CN アセトニトリル ⌬-CN ベンゾニトリル
$R-\overset{O}{\underset{\parallel}{C}}-R$ ケトン基	ケトン	CH$_3$COCH$_3$ アセトン ⌬-COCH$_3$ アセトフェノン	$-N\overset{R}{\underset{R}{\diagdown}}$ アミノ基 (R: アルキル基, H)	アミン	(CH$_3$)$_2$NH ジメチルアミン ⌬-NH$_2$ アニリン
$-\overset{O}{\underset{\parallel}{C}}-OH$ カルボキシ基	カルボン酸	CH$_3$COOH 酢酸 ⌬-COOH 安息香酸	$-\overset{O^-}{\underset{O}{\overset{\parallel}{N^+}}}$ ニトロ基	ニトロ化合物	CH$_3$NO$_2$ ニトロメタン ⌬-NO$_2$ ニトロベンゼン
$-\overset{O}{\underset{\parallel}{C}}-OR$ エステル結合	エステル	CH$_3$COOCH$_2$CH$_3$ 酢酸エチル ⌬-COOCH$_3$ 安息香酸メチル	$-\overset{O}{\underset{O}{\overset{\parallel}{S}}}-OH$ スルホ基 (スルホン酸基)	スルホン酸	CH$_3$SO$_3$H メタンスルホン酸 ⌬-SO$_3$H ベンゼンスルホン酸
$-\overset{O}{\underset{\parallel}{C}}-N\overset{R}{\underset{R}{\diagdown}}$ アミド結合 (R: アルキル基, H)	アミド	CH$_3$CONH$_2$ アセトアミド ⌬-CONHCH$_3$ N-メチルベンズアミド			

ホルミル基, ケトン基, カルボキシ基, エステル結合, アミド結合などの C=O はカルボニル基ともよばれる.

10-3 異性体

10-3-1 異性体の種類

　分子式が同じで構造が異なる化合物を異性体という. 多くの有機化合物は原子の結合様式によって様々な異性体が存在する. 異性体には構造異性体と立体異性体がある.

10-3-2 構造異性体

構造異性体は，骨格異性体，位置異性体，官能基異性体に大別される（表10-5）．

- 骨格異性体　　：炭素原子Cのつながり方（炭素骨格）の違いによる異性体．
- 位置異性体　　：置換基や不飽和結合の位置の違いによる異性体．
- 官能基異性体：官能基の種類の違いによる異性体．

表10-5　構造異性体の種類と例

分子式	C_4H_{10}	C_4H_8
骨格異性体	$CH_3-CH_2-CH_2-CH_3$ $CH_3-CH-CH_3$ 　　　$|$ 　　　CH_3	$CH_2=CH-CH_2-CH_3$ H_2C-CH_2 　$|$　　$|$ H_2C-CH_2
	炭素骨格が異なる	
分子式	C_4H_8	C_3H_8O
位置異性体	$CH_2=CH-CH_2-CH_3$ $CH_3-CH=CH-CH_3$	$CH_3-CH_2-CH_2-OH$ $CH_3-CH-CH_3$ 　　　$|$ 　　　OH
	二重結合の位置が異なる	官能基の位置が異なる
分子式	C_2H_6O	
官能基異性体	CH_3-CH_2-OH CH_3-O-CH_3	官能基の種類が異なる

10-3-3 立体異性体

原子どうしのつながり方は同じであるが，分子の立体的な構造が異なる（立体的に重ね合わせることができない）化合物を立体異性体とよぶ．立体異性体は，互いに鏡像の関係にある鏡像異性体（エナンチオマー）と鏡像の関係にないジアステレオマーに大別される．炭素間の二重結合の置換様式が異なるシス-トランス異性体（幾何異性体ともよばれる）はジアステレオマーの一種である．

10-3-4 シス-トランス異性体（幾何異性体）

シス-トランス異性体は，炭素間の二重結合が回転できないことによって生じる異性体であり，二重結合に結合する置換基の位置関係によって，シス形（*cis*：ラテン語の"同じ側"を意味）とトランス形（*trans*：ラテン語で"反対側"を意味）として表される．また，環状化合物においては，環平面に対してそれぞれの置換基が同じ側に結合したものをシス形，反対側に結合したものをトランス形とよぶ（図10-2）．

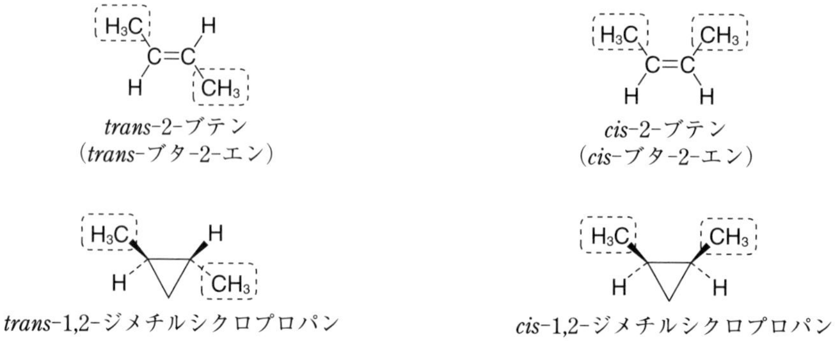

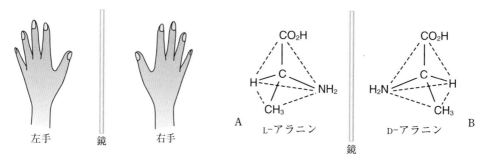

trans-2-ブテン
（*trans*-ブタ-2-エン）

cis-2-ブテン
（*cis*-ブタ-2-エン）

trans-1,2-ジメチルシクロプロパン

cis-1,2-ジメチルシクロプロパン

trans：反対側という意味　━━：環がつくる平面より手前側に位置する置換基を表す
cis 　：同じ側という意味　----：環がつくる平面より奥側に位置する置換基を表す

図10-2　シス-トランス異性体の例

10-3-5　鏡像異性体（エナンチオマー）

炭素原子Cに4種類の異なる原子や原子団が結合した炭素Cを不斉炭素原子という．例えば，アミノ酸であるアラニンは，水素-H，メチル基-CH_3，アミノ基-NH_2およびカルボキシ基-COOHの4種の異なる基が結合している．

不斉炭素原子をもつ分子は，互いに重ね合わせることのできない2種類の立体異性体AとBが存在する．このような分子は，ちょうど人間の右手と左手のように鏡に対する実像と鏡像の関係にあり，このような関係にある分子を互いに鏡像異性体（エナンチオマー）とよぶ（図10-3）．エナンチオマーが存在することをキラリティーとよび，エナンチオマーが存在する分子をキラル分子という．一方，キラリティーがなく，その鏡像と重ね合わせることができる分子をアキラル分子という．

図10-3　鏡像異性体の例

10-3-6　ジアステレオマー

互いに鏡像の関係にない立体異性体をジアステレオマーという．図10-4に示すように，α-グルコースとα-ガラクトースは4位の立体配置が異なっており，両者はジアステレオマーである．

通常，2つ以上の不斉炭素原子をもつ分子はジアステレオマーが存在する．不斉炭素原子をもたないが，アルケンのシス-トランス異性体もジアステレオマーに含まれる．

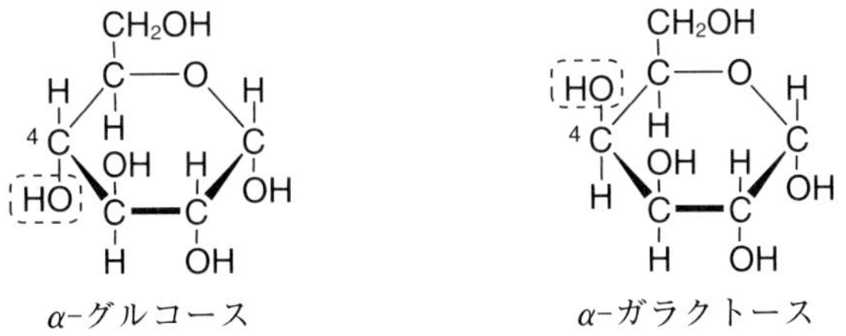

α-グルコース　　　　α-ガラクトース

図 10-4　ジアステレオマーの例

10-4　炭化水素の構造と性質

10-4-1　アルカン，アルケン，アルキンの名称

アルカン alkane，アルケン alkene およびアルキン alkyne の名称は，それぞれの語尾に -ane（飽和炭化水素であることを表す），-ene（二重結合をもつことを表す）および -yne（三重結合をもつことを表す）を付けて表される（表 10-6）．

表 10-6　アルカン，アルケン，アルキンの名称

炭素数	アルカン alkane	アルケン alkene	アルキン alkyne
1	メタン methane （CH_4）		
2	エタン ethane （C_2H_6）	エテン ethene （C_2H_4）	エチン ethyne （C_2H_2）
3	プロパン propane （C_3H_8）	プロペン propene （C_3H_6）	プロピン propyne （C_3H_4）
4	ブタン butane （C_4H_{10}）	ブテン butene （C_4H_8）	ブチン butyne （C_4H_6）
5	ペンタン pentane （C_5H_{12}）	ペンテン pentene （C_5H_{10}）	ペンチン pentyne （C_5H_8）
6	ヘキサン hexane （C_6H_{14}）	ヘキセン hexene （C_6H_{12}）	ヘキシン hexyne （C_6H_{10}）
7	ヘプタン heptane （C_7H_{16}）	ヘプテン heptene （C_7H_{14}）	ヘプチン heptyne （C_7H_{12}）
8	オクタン octane （C_8H_{18}）	オクテン octene （C_8H_{16}）	オクチン octyne （C_8H_{14}）
9	ノナン nonane （C_9H_{20}）	ノネン nonene （C_9H_{18}）	ノニン nonyne （C_9H_{16}）
10	デカン decane （$C_{10}H_{22}$）	デセン decene （$C_{10}H_{20}$）	デシン decyne （$C_{10}H_{18}$）

一般に，炭化水素の液体の密度は水 H_2O に比べて低く，また極性が低いため，水 H_2O にほとんど溶解しない．沸点や融点は，一般的に炭素数が増えるにつれて高くなる．炭素数が4つ以上のアルカンは，枝分かれした構造異性体が存在するが，一般に枝分かれ構造のアルカンは同じ炭素数の直鎖状のアルカンに比べ，沸点や融点が低くなる．これは，枝分かれ構造を有するアルカンのほうが表面積が小さくなるため，分子間にはたらく分散力が小さくなるためである（第4章4-7-2 参照）．

10-4-2 アルカンの構造と性質

炭素-炭素間の結合がすべて単結合のみでできた鎖状の飽和炭化水素をアルカンという．アルカンの分子式は，炭素数を n とすると一般式 C_nH_{2n+2} で表される．

炭素数 $1(n=1)$ のメタン CH_4 は正四面体構造をとっており，中心に炭素 C が位置し，また 4 個の水素 H は四面体の各頂点に位置している．また，$n=2$ のエタン C_2H_6 もメタン CH_4 と同様に C-H 結合と C-C 結合が四面体の頂点の方向に向いており，エタン C_2H_6 の炭素-炭素単結合の長さは約 0.15 nm である．プロパン $C_3H_8(n=3)$ もメタン CH_4 やエタン C_2H_6 と同様，各炭素 C が正四面体構造をとっており，ジグザグの鎖状構造をとる（図 10-5）．一般に，それぞれの炭素間の単結合は回転することができる．

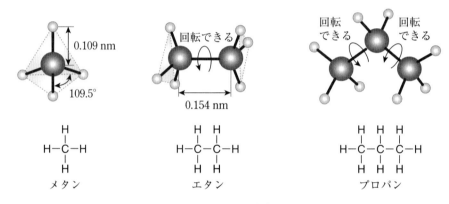

図 10-5 メタン，エタンおよびプロパンの立体構造

10-4-3 シクロアルカンの構造と性質

環式の飽和炭化水素をシクロアルカンという（図 10-6）．環構造を 1 つもつシクロアルカンの分子式は，炭素数を n とすると C_nH_{2n} で表される（n は 3 以上）．炭素数 5 のシクロペンタン

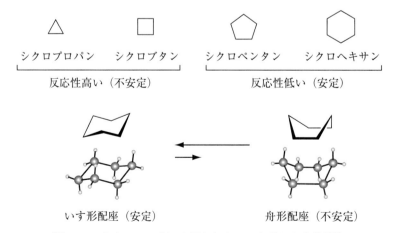

図 10-6 シクロアルカンの例とシクロヘキサンの立体構造

C_5H_{10} ($n=5$) や炭素数 6 のシクロヘキサン C_6H_{12} ($n=6$) は，化学的に安定（反応性が低い）であるが，炭素数 3 のシクロプロパン C_3H_6 ($n=3$) や炭素数 4 のシクロブタン C_4H_8 ($n=4$) は化学的に不安定で反応性が高く，開環反応が起こりやすい．

シクロヘキサン C_6H_{12} はメタン CH_4 と同様，各炭素 C が四面体構造をもつため，平面構造ではなく，立体的ないす形配座をとっている．炭素間の単結合は自由回転できるため，舟形配座をとることもできるが，舟形配座は不安定であるため，通常は安定ないす形配座をとっている．

10-4-4　アルケンの構造と性質

炭素–炭素二重結合をもつ鎖式不飽和炭化水素をアルケンといい，二重結合を 1 個含むアルケンの分子式は炭素数を n とすると一般式 C_nH_{2n} で表される（n は 2 以上）．炭素–炭素二重結合は単結合と異なり，それを軸として回転することはできない．この結果，置換基をもつアルケンはシス形（*cis*）とトランス形（*trans*）の立体異性体として存在するものもある（図 10-2 参照）．最も単純なアルケンであるエチレン C_2H_4 は平面状の分子であり，2 つの炭素 C と 4 つの水素 H は，すべて同一平面上にある．また，プロペン C_3H_6 を構成している 3 つの炭素（C1, C2, C3）と C1 および C2 に結合している 3 つの水素 H は同一平面上に位置している．一方，C3 炭素のメチル基は，正四面体構造をとっている．炭素–炭素二重結合に結合した 3 つの原子がつくる H–C–H や H–C–C の結合角はいずれも約 120° である（図 10-7）．また，炭素–炭素二重結合の長さは，約 0.13 nm であり，炭素–炭素単結合よりも短い．

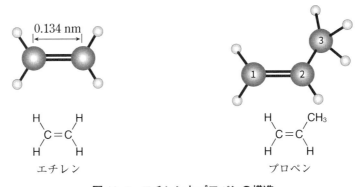

図 10-7　エチレンとプロペンの構造

10-4-5　アルキンの構造と性質

炭素–炭素三重結合をもつ鎖式不飽和炭化水素をアルキンといい，三重結合を 1 個含むアルキンの分子式は炭素数を n とすると一般式 C_nH_{2n-2} で表される（n は 2 以上）．二重結合と同様に三重結合も，それを軸として回転することはできない．炭素–炭素三重結合に結合した 3 つの原子がつくる H–C–C や C–C–C の結合角はいずれも 180° である．したがって，最も単純なアルキンであるアセチレンは直線状の分子である（図 10-8）．また，炭素–炭素三重結合の長さは，炭素–炭素単結合や二重結合よりも短く，約 0.12 nm である．

H−C≡C−H　　　　H_3C−C≡C−H
アセチレン　　　　プロピン

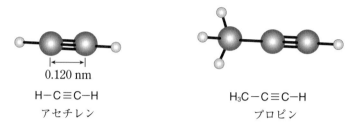

図 10-8　アセチレンとプロピンの構造

10-4-6　脂肪族炭化水素の反応

(1) アルカンの反応

分子中の原子や原子団が他の原子や原子団に置き換わる反応を置換反応という（図 10-9）．なお，水素 H の代わりに新たに置き換わった原子や原子団を置換基という．一般に，アルカンの C-H 単結合は反応性に乏しいが，紫外線などの強いエネルギーを与えると分子中の水素 H を他の置換基に置き換えることができる．

A：H などの原子や原子団

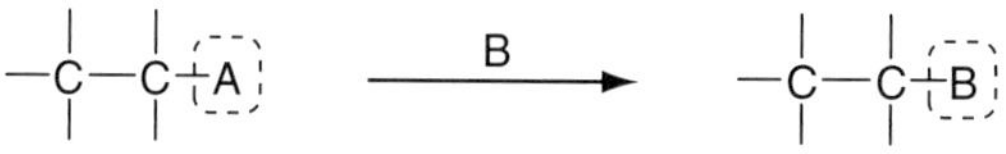

図 10-9　置換反応

例えば，メタン CH_4 と塩素 Cl_2 の混合気体に紫外線などの光を照射すると，メタン CH_4 の水素 H が塩素 Cl に置き換わったクロロメタン CH_3Cl（塩化メチル）が生じる．塩素 Cl_2 が過剰に存在すると，同様の置換反応が次々に起こり，最終的にテトラクロロメタン CCl_4（四塩化炭素）が生成する（図 10-10）．

メタン　　クロロメタン（塩化メチル）　　ジクロロメタン（塩化メチレン）　　トリクロロメタン（クロロホルム）　　テトラクロロメタン（四塩化炭素）

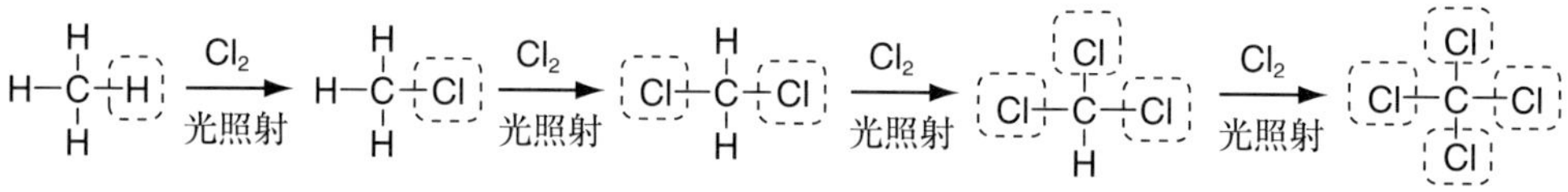

図 10-10　メタンに対する塩素の置換反応

(2) アルケンの反応

一般にアルケンはアルカンに比べて反応性が高く，アルケンの二重結合には様々な原子や原子団が結合しやすい．このように，アルケンなどの不飽和結合に他の原子や原子団が結合する反応を付加反応という（図 10-11）．

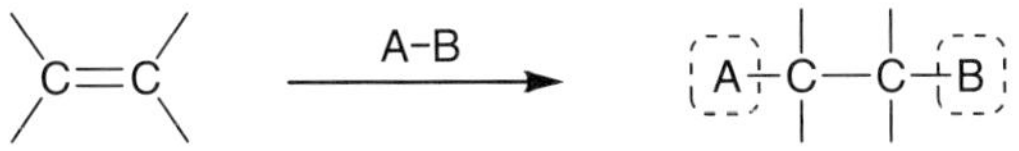

図 10-11　付加反応

　例えば，金属触媒（白金 Pt，ニッケル Ni，パラジウム Pd など）存在下，水素 H_2 を反応させるとアルケンの二重結合に水素 H_2 が付加してアルカンになる．なお，水素 H_2 の付加反応は還元反応にも分類される．臭素 Br_2 はエチレンに付加して，無色のジブロモエタンを生成する．この反応では臭素 Br_2 の赤褐色が反応の進行とともに脱色するので，不飽和結合の検出に用いられる（図 10-12）．また，硫酸 H_2SO_4 などの酸性条件下では，水 H_2O が二重結合に付加する．アルケンへの水 H_2O の付加反応を水和ともよぶ．

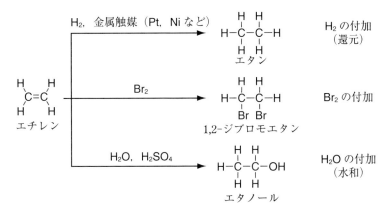

図 10-12　アルケンの付加反応の反応例

(3) アルキンの反応

　アルキンはアルケンと同様，付加反応を起こす．例えば，金属触媒存在下，水素 H_2 の付加反応（還元）によりアルケンが生成し，さらに還元されてアルカンが生成する．また，炭素-炭素三重結合に硫酸水銀（Ⅱ）$HgSO_4$ 存在下，水 H_2O を付加（水和）させるとビニルアルコールが生成する．ビニルアルコール（エノール互変異性体）は不安定であるため，ただちにケト-エノール互変異性によって，安定なアセトアルデヒド（ケト互変異性体）になる（図 10-13）．

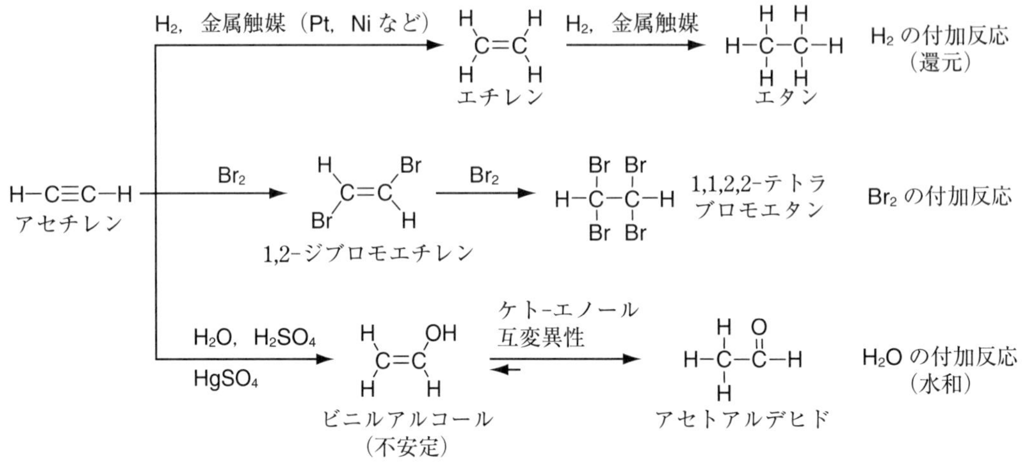

図 10-13　アルキンの付加反応の反応例

10-4-7　芳香族炭化水素の構造と性質

ベンゼン環をもつ環式不飽和炭化水素を芳香族炭化水素という．最も代表的な芳香族炭化水素であるベンゼン C_6H_6 は 6 つの炭素 C と 6 つの水素 H からなり，すべての原子が同一平面上にある．ベンゼン C_6H_6 の構造式は図 10-14 の構造式 A や B で示すように，炭素-炭素間の結合を便宜上単結合と二重結合を交互に書くが，実際にはすべての炭素-炭素結合の長さや性質は同じであり，炭素-炭素単結合（C-C）と炭素-炭素二重結合（C=C）の中間の長さである（約 0.14 nm）．これは，ベンゼンが構造式 A と B の共鳴混成体として存在するためである．したがって，ベンゼンは構造式 C のように表されることもある．

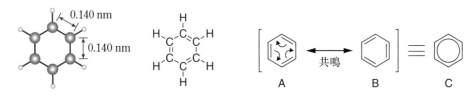

図 10-14　ベンゼンの構造

ベンゼン環上の水素 H が他の原子や原子団に置き換わったベンゼン誘導体では，ある置換基の隣の位置をオルト（o-, ortho-）位，その隣をメタ（m-, meta-）位，さらにその隣をパラ（p-, para-）位とよぶ（図 10-15）．また，炭素 C に番号を付けて置換様式を表すこともあり，例えば，o-キシレン（o-xylene）は 1,2-ジメチルベンゼンともよばれる．なお，ベンゼン環上の置換基が結合している位置をイプソ（ipso-）位という．

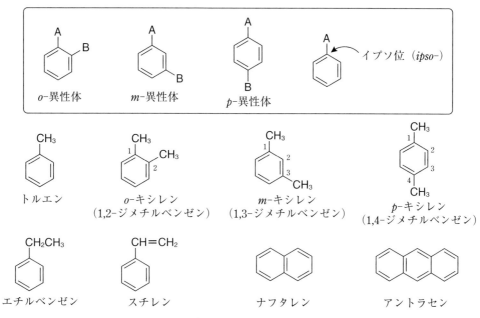

図10-15 オルト，メタ，パラ異性体および代表的な芳香族炭化水素の例

10-4-8 芳香族炭化水素の反応

ベンゼン C_6H_6 は二重結合をもっているが，アルケンの二重結合とは異なり，付加反応はほとんど起こらず，置換反応が起こりやすい．（図10-16）．例えば，鉄触媒（鉄粉や塩化鉄(Ⅲ) $FeCl_3$）存在下，塩素 Cl_2 を反応させると，ベンゼン環上の水素 H が塩素 Cl に置換されたクロロベンゼ

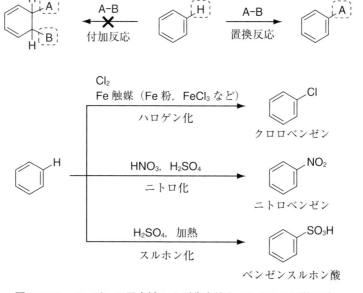

図10-16 ベンゼンの反応性および代表的なベンゼンの置換反応

ン C_6H_5Cl が生成する．この反応を塩素化とよび，他のハロゲンの置換反応を含めてハロゲン化とよぶ．その他のベンゼンの置換反応の例を図 10-16 に示した．濃硫酸 H_2SO_4 と濃硝酸 HNO_3 の混合物（混酸）を反応させると，ベンゼン環上の水素 H がニトロ基 $-NO_2$ に置換されたニトロベンゼン $C_6H_5NO_2$ が生成する（ニトロ化）．また，濃硫酸 H_2SO_4 を加えて加熱すると，ベンゼン環上の水素 H がスルホ基 $-SO_3H$ に置換されたベンゼンスルホン酸が生成する（スルホン化）．

以上のように，ベンゼン C_6H_6 は付加反応よりも置換反応を起こしやすいが，より激しい反応条件では付加反応が進行する．例えば，白金 Pt やニッケル Ni などの金属触媒を用いて，アルケンやアルキンの付加反応よりも高温・高圧下で水素 H_2 と反応させると付加反応（還元）が進行し，シクロヘキサン C_6H_{12} が生成する（図 10-17）．

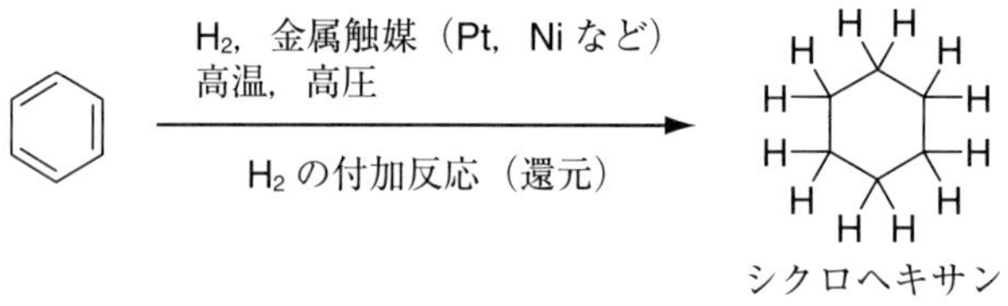

図 10-17　ベンゼンの付加反応

10-5 官能基に基づく分類と性質

10-5-1　ヒドロキシ基

(1) アルコール

脂肪族炭化水素の水素原子 H をヒドロキシ基 -OH に置き換えた化合物 R-OH（R はアルキル基）をアルコールと総称する．アルコールの名称は，炭素数が同じ炭化水素の末尾の -e を，アルコールを表す接尾語である -ol（オール）にかえて表す（表 10-7）．

第10章 有機化合物の化学的性質

表10-7 アルコールの名称

CH₄ メタン methane	CH₃OH メタノール methanol	
CH₃CH₃ エタン ethane	CH₃CH₂OH エタノール ethanol	
CH₃CH₂CH₃ プロパン propane	CH₃CH₂CH₂OH プロパン-1-オール propan-1-ol 1-プロパノール 1-propanol *n*-プロパノール *n*-propanol	CH₃CHOH (CH₃) プロパン-2-オール propan-2-ol 2-プロパノール 2-propanol *iso*-プロパノール *iso*-propanol
CH₃CH₂CH₂CH₃ ブタン butane	CH₃CH₂CH₂CH₂OH ブタン-1-オール butan-1-ol 1-ブタノール 1-butanol *n*-ブタノール *n*-butanol CH₃CH₂CHOH (CH₃) ブタン-2-オール butan-2-ol 2-ブタノール 2-butanol *sec*-ブタノール *sec*-butanol	CH₃CHCH₂OH (CH₃) 2-メチルプロパン-1-オール 2-methylpropan-1-ol 2-メチル-1-プロパノール 2-methyl-1-propanol *iso*-ブタノール *iso*-butanol CH₃COH (CH₃)(CH₃) 2-メチルプロパン-2-オール 2-methylpropan-2-ol 2-メチル-2-プロパノール 2-methyl-2-propanol *tert*-ブタノール *tert*-butanol

n :（normal）枝分かれしていないアルキル基を意味する．
iso : isomer に由来し，(CH₃)₂CH 構造をもったアルキル基の異性体を意味する．
sec :（secondary）第二級，*tert* :（tertiary）第三級を意味する．

アルコールの分類の1つにヒドロキシ基 -OH が結合した炭素原子に結合している炭化水素基の数の違いによるものがあり，それぞれ第一級アルコール，第二級アルコール，第三級アルコールに分類される（図 10-18）．また，ヒドロキシ基 -OH の数によって，一価アルコール，二価アルコール，三価アルコールなどに分類される（図 10-19）．

図 10-18 アルコールの分類

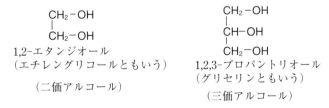

図 10-19 二価アルコール，三価アルコールの例

(2) アルコールの性質

アルコールのヒドロキシ基 -OH は分子間で水素結合を形成できるため，同程度の分子量の炭化水素と比べて融点や沸点が高い．また，同じ炭素数のアルコールの沸点を比較すると，一般に第一級アルコール＞第二級アルコール＞第三級アルコールの順になる．また，炭素数の少ないアルコール（一価アルコールなら炭素数3くらいまで）は，水 H_2O によく溶けるが，炭素数が多くなると水 H_2O に溶けにくくなる．また，一価アルコールより，多価（二価，三価など）アルコールのほうが水 H_2O に溶けやすくなる．

アルコールのヒドロキシ基 -OH は水溶液中では電離しないため，アルコールは中性物質である．

(3) アルコールの反応

第一級，第二級，第三級アルコールはいずれも単体のナトリウム Na と反応して水素 H_2 を発生し，ナトリウムアルコキシド（アルコールのナトリウム塩）を生成する．図 10-20 に例として，エタノール CH_3CH_2OH と Na の反応を示す．

$$2\ CH_3CH_2OH + 2\ Na \longrightarrow 2\ CH_3CH_2ONa + H_2 \uparrow$$
　　　エタノール　　　　　　　　　　　　　　　ナトリウムエトキシド

図 10-20　エタノールとナトリウムによるナトリウムエトキシドの生成

一般に，第一級アルコールが酸化されてアルデヒド RCHO を生成し，さらに酸化されてカルボン酸 RCOOH を生成する．また，第二級アルコールが酸化されてケトン RCOR′ が生成する．しかし，第三級アルコールは酸化されにくい（図 10-21）．

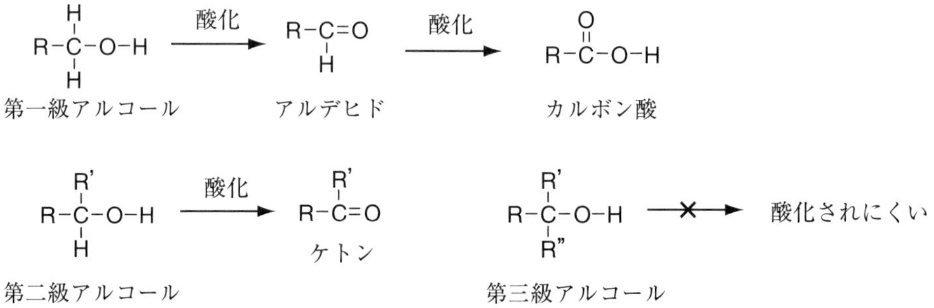

図 10-21　アルコールの酸化

アルコールは，分子間または分子内で脱水反応が起こる．エタノールと濃硫酸 H_2SO_4 の混合物を 130℃ で加熱すれば分子間で脱水反応が起こったジエチルエーテルが，より高温（170℃）で加熱すれば分子内で脱水反応が起こったエチレンがそれぞれおもに生成する（図 10-22）．

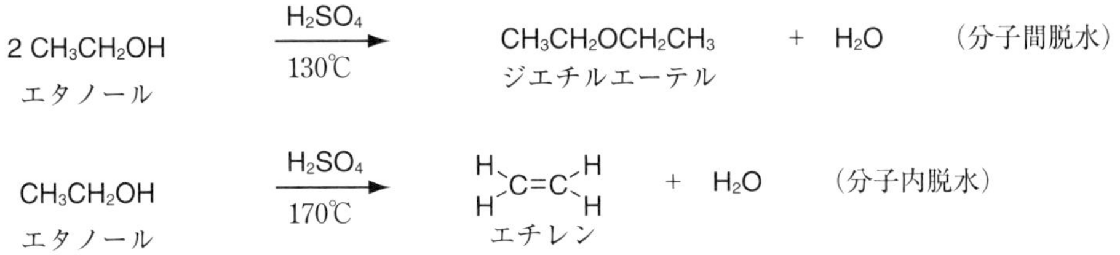

$$2\,CH_3CH_2OH \xrightarrow[130℃]{H_2SO_4} CH_3CH_2OCH_2CH_3 + H_2O \quad \text{(分子間脱水)}$$
エタノール　　　　　　　　　　ジエチルエーテル

$$CH_3CH_2OH \xrightarrow[170℃]{H_2SO_4} H_2C=CH_2 + H_2O \quad \text{(分子内脱水)}$$
エタノール　　　　　　　　　　エチレン

図 10-22　エタノールの脱水反応

（4）フェノール

ベンゼンの1つの水素Hをヒドロキシ基 -OH に置き換えた化合物がフェノールである．また，ベンゼン環に直接ヒドロキシ基 -OH が結合した化合物をフェノール類と総称する（図 10-23）．

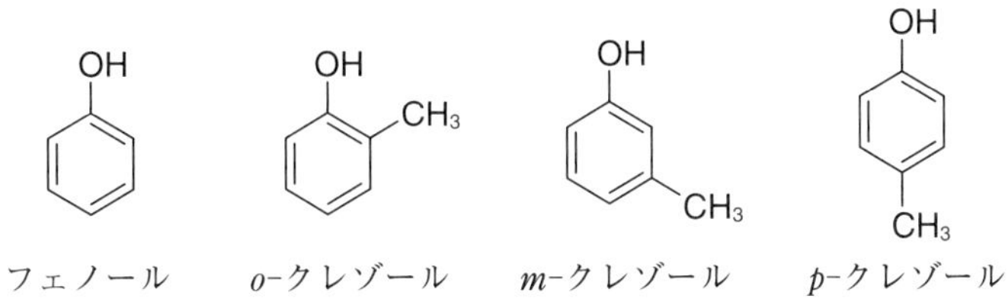

フェノール　　o-クレゾール　　m-クレゾール　　p-クレゾール

図 10-23　フェノール類の構造

（5）フェノールの性質

フェノールは，水 H_2O には溶けにくいがアルコールやジエチルエーテルなどの有機溶媒にはよく溶ける．水溶液中では，わずかに電離して比較的安定なフェノキシドイオンを生成するので弱い酸性を示す（図 10-24 ①）．また，フェノールはアルコールと同様，ナトリウム Na と反応して水素 H_2 を発生し，ナトリウムフェノキシドを生成する．一方，アルコールとは異なり，水酸化ナトリウム NaOH のような強い塩基と中和反応が起こり，ナトリウムフェノキシドを生成する（図 10-24 ②）．フェノールは，炭酸水素ナトリウム $NaHCO_3$ とは中和反応を起こさず，ナトリウムフェノキシドの水溶液に二酸化炭素 CO_2 を通じると，フェノールが遊離する．これは，フェノールが炭酸 H_2CO_3（CO_2 が水と反応することにより生成する）より弱い酸であるためである．

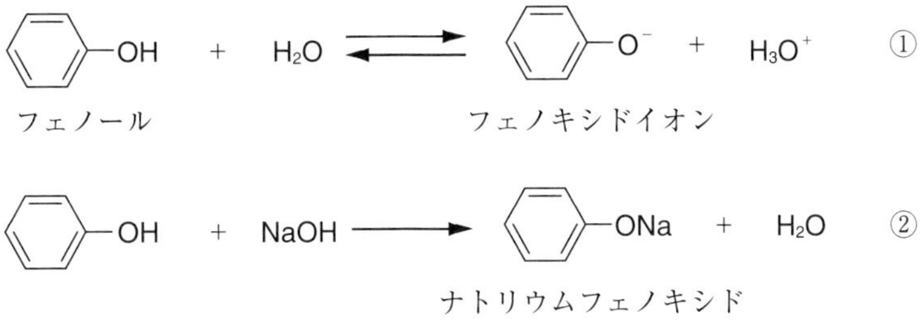

Ph-OH + H_2O ⇌ Ph-O^- + H_3O^+　　①
フェノール　　　　　　　フェノキシドイオン

Ph-OH + NaOH ⟶ Ph-ONa + H_2O　　②
　　　　　　　　　　　　ナトリウムフェノキシド

図 10-24　フェノキシドイオン，ナトリウムフェノキシドの生成

フェノール類は，塩化鉄(Ⅲ) $FeCl_3$ 水溶液（黄褐色）を加えると，青〜紫色に呈色する．この反応は，アルコールでは呈色しないことから，フェノール類の検出に用いられる．

(6) フェノールの反応

フェノールはベンゼン C_6H_6 と同様に置換反応するが，C_6H_6 に比べて反応性が高い．例えば，フェノールと臭素 Br_2 の反応は触媒を加えることなく非常にはやく進行して，白色の 2,4,6-トリブロモフェノールを生じる．また，フェノールのニトロ化反応でも，o-ニトロフェノール（2-ニトロフェノール）や p-ニトロフェノール（4-ニトロフェノール）が生成し，さらにニトロ化が進行した 2,4-ジニトロフェノールを経て 2,4,6-トリニトロフェノール（ピクリン酸）が得られる（図 10-25）．

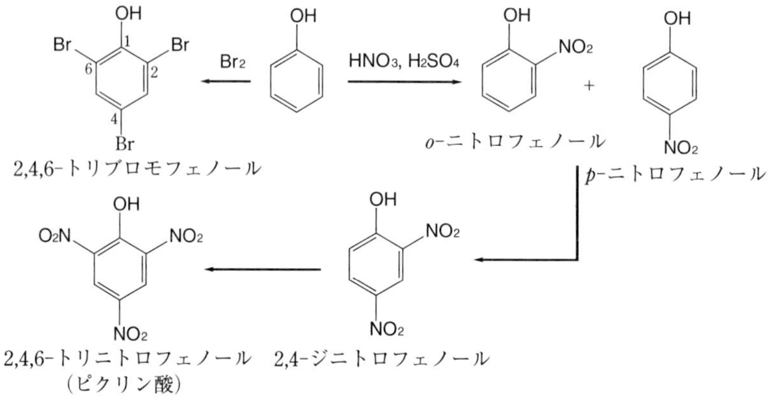

図 10-25 フェノールの置換反応

10-5-2 エーテル

酸素 O に 2 個の炭化水素基が結合した化合物をエーテルといい，この C-O-C の結合をエーテル結合という．ジメチルエーテル CH_3-O-CH_3 はエタノール C_2H_5OH の構造異性体であるが，アルコールのように分子間で水素結合を形成できないため，エタノール C_2H_5OH に比べて沸点が低い（表 10-8）．

表 10-8 アルコールとエーテルの構造と融点・沸点

炭素数	名称	示性式	融点〔℃〕	沸点〔℃〕	炭素数	名称	示性式	融点〔℃〕	沸点〔℃〕
2	エタノール	C_2H_5OH	-115	78	2	ジメチルエーテル	CH_3OCH_3	-142	-25
3	プロパン-1-オール (1-プロパノール)	$CH_3(CH_2)_2OH$	-127	97	3	エチルメチルエーテル	$C_2H_5OCH_3$	-140	7
3	プロパン-2-オール (2-プロパノール)	$(CH_3)_2CHOH$	-90	82					
4	ブタン-1-オール (1-ブタノール)	$CH_3(CH_2)_3OH$	-90	117	4	ジエチルエーテル	$C_2H_5OC_2H_5$	-116	35
4	ブタン-2-オール (2-ブタノール)	$C_2H_5CH(CH_3)OH$	-115	99					
4	2-メチルプロパン-1-オール (2-メチル-1-プロパノール)	$(CH_3)_2CHCH_2OH$	-108	108					
4	2-メチルプロパン-2-オール (2-メチル-2-プロパノール)	$(CH_3)_3COH$	26	83					

10-5-3 カルボニル基(アルデヒドとケトン)

(1) アルデヒド

炭素と酸素が二重結合で結合した原子団をカルボニル基 >C=O といい,カルボニル基 >C=O をもつ化合物をカルボニル化合物と総称する.カルボニル基 >C=O とカルボニル炭素に結合する原子は,いずれも同一平面上に存在する.また,カルボニル基 >C=O の炭素 C に水素 H が結合した基をアルデヒド基(ホルミル基)-CHO といい,この基をもつ化合物をアルデヒドと総称する(図 10-26).

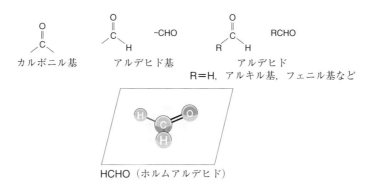

図 10-26 アルデヒド基およびアルデヒドの構造

アルデヒド RCHO の名称は,炭素数が同じ炭化水素の末尾の -e を,アルデヒドを表す接尾語

である -al（アール）にかえて表す．また，環式炭化水素に直接アルデヒド基 -CHO が結合している化合物は，環式炭化水素に相当する名称の後ろに carbaldehyde（カルバルデヒド）をつけて表す（表10-9）．

表10-9 アルデヒドの名称

脂肪族炭化水素	脂肪族アルデヒド	脂肪族炭化水素	脂肪族アルデヒド
CH_4 メタン methane	HCHO メタナール methanal *ホルムアルデヒド formaldehyde	$CH_2=CHCH_3$ プロペン propene	$CH_2=CHCHO$ プロペナール propenal *アクリルアルデヒド acrylic aldehyde *アクロレイン acrolein
CH_3CH_3 エタン ethane	CH_3CHO エタナール ethanal *アセトアルデヒド acetaldehyde	芳香族炭化水素	芳香族アルデヒド
		ベンゼン benzene	ベンゼンカルバルデヒド benzenecarbaldehyde *ベンズアルデヒド benzaldehyde
$CH_3CH_2CH_3$ プロパン propane	CH_3CH_2CHO プロパナール propanal *プロピオンアルデヒド propionaldehyde		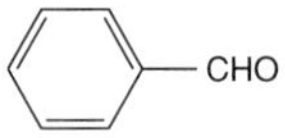

＊印は慣用名

(2) アルデヒドの反応

アルデヒド RCHO は，第一級アルコール RCH_2OH を酸化して得られる．また，アルデヒド RCHO は酸化されてカルボン酸 RCOOH になりやすく，還元されると第一級アルコール RCH_2OH になる（図10-27）．

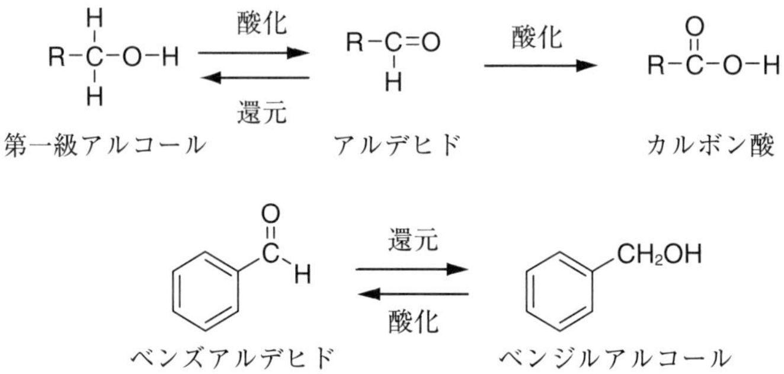

図10-27 アルデヒドの酸化および還元

アルデヒド RCHO が酸化を受けやすい性質は，他の物質を還元する性質（還元性）をもつことになる．この性質を利用したアルデヒド RCHO の検出法がある．例えば，アルデヒド RCHO をアンモニア性硝酸銀に加えて穏やかに加熱すると，銀（I）イオン Ag^+ が還元されて銀 Ag を析出する銀鏡反応①，アルデヒド RCHO を硫酸銅（II）$CuSO_4$ と酒石酸カリウムナトリウムを含むフェーリング液とともに加熱すると，銅（II）イオン Cu^{2+} が還元された赤色の酸化銅（I）Cu_2O が

沈殿する反応②がある.

①銀鏡反応：RCHO + 2[Ag(NH$_3$)$_2$]$^+$ + 3OH$^-$ → 2Ag + RCOO$^-$ + 4NH$_3$ + 2H$_2$O
②フェーリング液の還元：RCHO + 2Cu^{2+} + 5OH$^-$ → RCOO$^-$ + Cu$_2$O + 3H$_2$O

　グルコース（ブドウ糖）は，身近な糖類の1つであるが，水溶液中ではおもに3種の構造が平衡を保っている．その中の1つの鎖状構造にアルデヒド基 -CHO があるため還元性を示す（図10-28）.

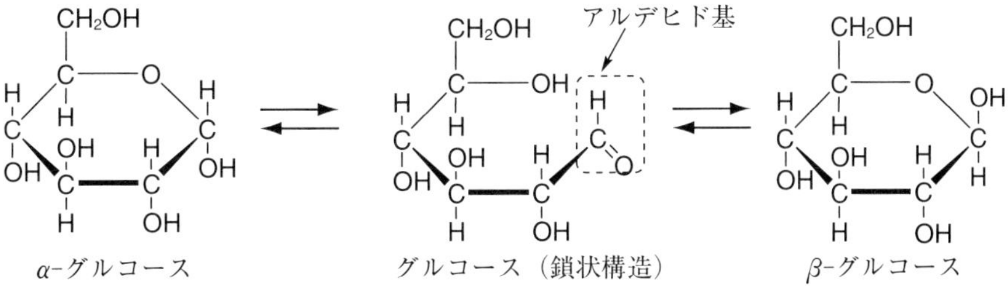

図10-28　グルコースの構造と水溶液中における平衡

(3) ケトン

　カルボニル基 >C=O の炭素に炭化水素基が2個結合した化合物をケトンと総称し，一般式 R-CO-R' で表される（図10-29）.

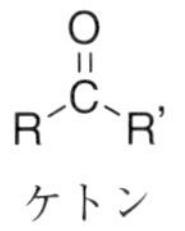

R, R'はアルキル基, フェニル基などを表す.
R, R'は同じでもよい.

図10-29　ケトンの構造

　ケトン RCOR' の名称は炭素数が同じ炭化水素の末尾の -e を，ケトンを表す接尾語である -one（オン）にかえて表す．また，カルボニル基 >C=O の両側の炭化水素基の後に ketone（ケトン）を付ける方法もある（表10-10）.

表10-10 ケトンの名称

脂肪族炭化水素	脂肪族ケトン	脂肪族炭化水素	芳香族ケトン
$CH_3CH_2CH_3$ プロパン propane	CH_3COCH_3 プロパノン propanone ジメチルケトン dimethyl ketone ＊アセトン acetone	CH_3CH_3 エタン ethane	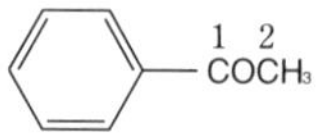 1 2 ◯-COCH₃ 1-フェニルエタノン 1-phenylethanone メチルフェニルケトン methyl phenyl ketone ＊アセトフェノン acetophenone
$CH_3CH_2CH_2CH_3$ ブタン butane	$CH_3CH_2COCH_3$ ブタン-2-オン butan-2-one エチルメチルケトン ethyl methyl ketone		
$CH_3CH_2CH_2CH_2CH_3$ ペンタン pentane	1 2 3 4 5 $CH_3COCH_2CH_2CH_3$ ペンタン-2-オン pentan-2-one メチルプロピルケトン methyl propyl ketone 1 3 $CH_3CH_2COCH_2CH_3$ ペンタン-3-オン pentan-3-one ジエチルケトン diethyl ketone	$CH_3CH=CH_2$ プロペン propene	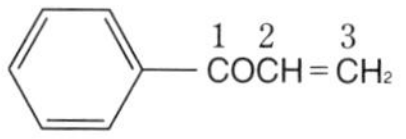 1 2 3 ◯-COCH=CH₂ 1-フェニルプロパ-2-エン-1-オン 1-phenylprop-2-en-1-one フェニルビニルケトン phenyl vinyl ketone ＊アクリロフェノン acrylophenone

＊印は慣用名

(4) ケトンの反応

ケトン RCOR'は，第二級アルコール RCH(OH)R'を酸化して得られる．ケトン RCOR'を還元すると第二級アルコール RCH(OH)R'になる（図10-30）．

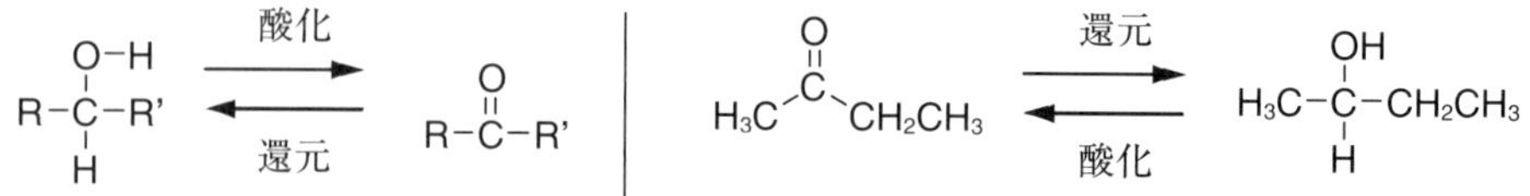

図10-30 ケトンの酸化および還元

ケトン RCOR'は，酸化されにくく還元性を示さない．一方，CH_3CO- の部分構造をもつケトンやアルデヒドにヨウ素 I_2 と水酸化ナトリウム NaOH 水溶液を反応させると，特有の臭気をもつヨードホルム CHI_3 の黄色沈殿が生じる（反応式①）．この反応をヨードホルム反応といい，酸化により CH_3CO- になる $CH_3CH(OH)-$ の部分構造をもつアルコールでも起こる（反応式②）．

① $R-COCH_3 + 3I_2 + 4NaOH \rightarrow CHI_3 + R-COONa + 3NaI + 3H_2O$

② $R-CH(OH)CH_3 + 4I_2 + 6NaOH \rightarrow CHI_3 + R-COONa + 5NaI + 5H_2O$

10-5-4 カルボキシ基（カルボン酸とカルボン酸誘導体）

(1) カルボン酸

カルボニル基 >C=O にヒドロキシ基 -OH が結合した基をカルボキシ基 -COOH といい，この基をもつ化合物をカルボン酸と総称する．カルボン酸 RCOOH の名称は，炭素数が同じ炭化水素の末尾の -e を，カルボン酸を表す接尾語である -oic acid（オイックアシッド）にかえて表す．また，環式炭化水素に直接カルボキシ基 -COOH が結合している化合物は，環式炭化水素に相当する名称の後ろに carboxylic acid（カルボキシリックアシッド）をつけて表す（表 10-11）．
分子中のカルボキシ基 -COOH の数により一価カルボン酸（モノカルボン酸），二価カルボン酸

表 10-11　カルボン酸の名称

脂肪族炭化水素	1 価脂肪族 飽和カルボン酸	脂肪族炭化水素	2 価脂肪族 飽和カルボン酸
CH_4 メタン methane	HCO_2H メタン酸　＊ギ酸 methanoic acid　formic acid	CH_3CH_3 エタン ethane	HO_2CCO_2H エタン二酸　＊シュウ酸 ethanedioic acid　oxalic acid
CH_3CH_3 エタン ethane	CH_3CO_2H エタン酸　＊酢酸 ethanoic acid　acetic acid	$CH_3(CH_2)_2CH_3$ ブタン butane	$HO_2CCH(OH)CH(OH)CO_2H$ 2,3-ジヒドロキシブタン二酸　＊酒石酸 2,3-dihydroxybutanedioic acid　tartaric acid
$CH_3CH_2CH_3$ プロパン propane	$CH_3CH_2CO_2H$ プロパン酸　＊プロピオン酸 propanoic acid　propionic acid	$CH_3(CH_2)_4CH_3$ ヘキサン hexane	$HO_2C(CH_2)_4CO_2H$ ヘキサン二酸　＊アジピン酸 hexanedioic acid　adipic acid
	3　2　1 $CH_3CH(OH)CO_2H$ 2-ヒドロキシプロパン酸　＊乳酸 2-hydroxypropanoic acid　lactic acid	脂肪族炭化水素	2 価脂肪族 不飽和カルボン酸
$CH_3(CH_2)_2CH_3$ ブタン butane	$CH_3CH_2CH_2CO_2H$ ブタン酸　＊酪酸 butanoic acid　butyric acid	$CH_3CH=CHCH_3$ 2-ブテン 2-butene	$\underset{HO_2C}{H}\!\!>\!\!C\!=\!C\!\!<\!\!\underset{CO_2H}{H}$ cis-ブテン二酸　＊マレイン酸 cis-butendioic acid　maleic acid
$CH_3(CH_2)_3CH_3$ ペンタン pentane	$CH_3CH_2CH_2CH_2CO_2H$ ペンタン酸　＊吉草酸 pentanoic acid　varelic acid		$\underset{HO_2C}{H}\!\!>\!\!C\!=\!C\!\!<\!\!\underset{H}{CO_2H}$ trans-ブテン二酸　＊フマル酸 trans-butendioic acid　fumaric acid
脂肪族炭化水素	1 価脂肪族 不飽和カルボン酸		
$CH_2=CHCH_3$ プロペン propene	$CH_2=CHCO_2H$ プロペン酸　＊アクリル酸 propenoic acid　acrylic acid		
芳香族炭化水素	1 価芳香族 カルボン酸	脂肪族炭化水素	3 価脂肪族 不飽和カルボン酸
ベンゼン benzene	ベンゼンカルボン酸 benzenecarboxylic acid ＊安息香酸 benzoic acid	$CH_3CH_2CH_3$ プロパン propane	$\underset{OH}{\overset{CO_2H}{HO_2CCH_2\overset{1\,2\,\mid\,3}{C}CH_2CO_2H}}$ 2-ヒドロキシプロパン-1,2,3-トリカルボン酸 2-hydroxypropane-1,2,3-tricarboxylic acid ＊クエン酸 citric acid

＊印は慣用名

（ジカルボン酸），三価カルボン酸（トリカルボン酸）などに分類される．鎖式の一価カルボン酸は，脂肪酸とよばれる．

(2) カルボン酸の性質

一般に炭素数の少ないカルボン酸 RCOOH は水に溶けやすいが，炭素数が多くなるとミセルを形成する．カルボン酸のカルボキシ基 -COOH はアルコールのヒドロキシ基 -OH と同様に分子間で水素結合を形成するが，カルボン酸 RCOOH のほうが分子間の相互作用が強いため，沸点や融点は同程度の分子量をもつアルコールより高い（図 10-31）．

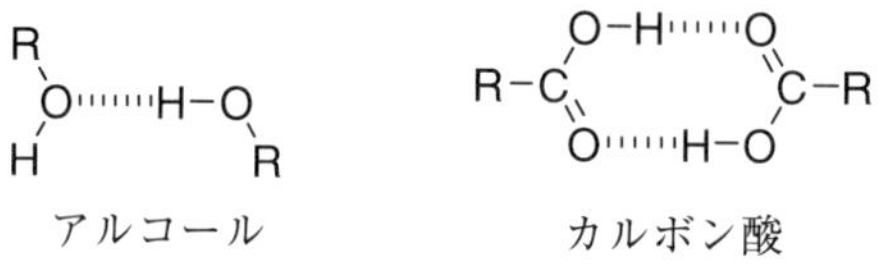

図 10-31 アルコールとカルボン酸の水素結合

(3) カルボン酸の反応

カルボン酸 RCOOH は，第一級アルコール RCH_2OH を酸化してアルデヒド RCHO を経て得られる．また，トルエンのようにベンゼン環に炭化水素基が1つ結合している化合物は，酸化されて安息香酸になる（図 10-32）．

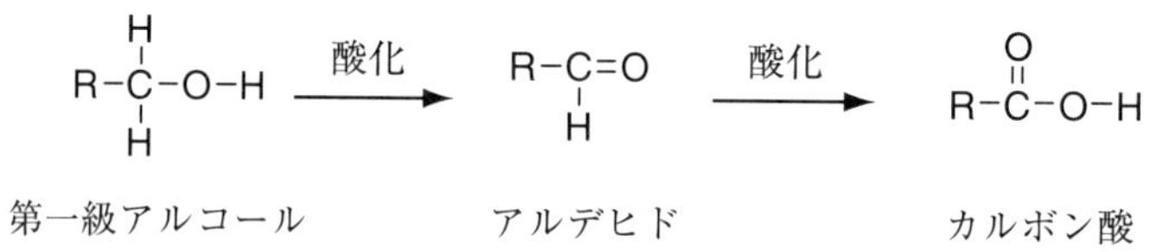

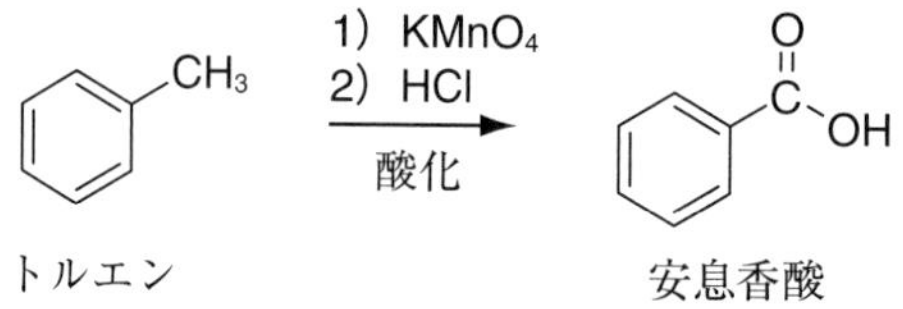

図 10-32 アルコールおよびベンゼン環側鎖の酸化によるカルボン酸の生成

カルボン酸 RCOOH は水溶液中でわずかに電離して安定なカルボン酸イオンを生成するので弱い酸性を示す（図 10-33 ①）．また，強い塩基性を示す水酸化ナトリウム NaOH や比較的弱い塩基性を示す炭酸水素ナトリウム $NaHCO_3$ と中和反応が起こり，塩を生成する（図 10-33 ②③）．③の反応は，カルボン酸 RCOOH が炭酸 H_2CO_3 より強い酸であるために起こる．

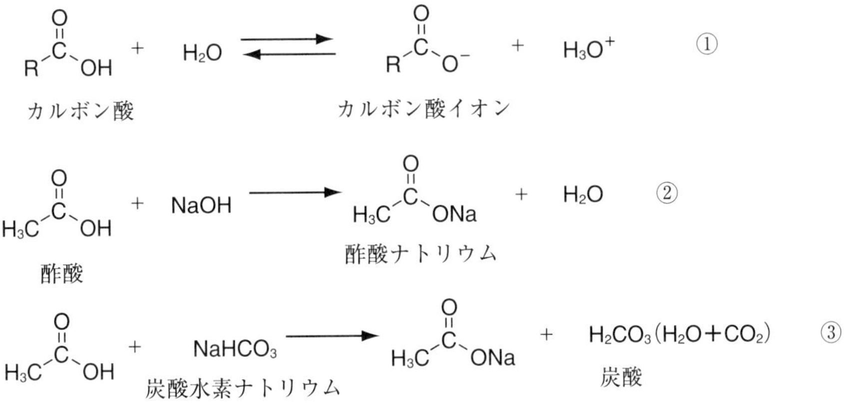

第10章 有機化合物の化学的性質

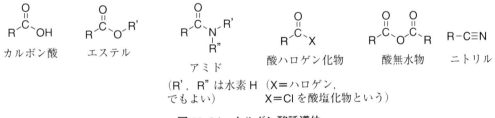

図 10-33　カルボン酸の水溶液中での電離と中和反応

(4) カルボン酸誘導体

カルボン酸 RCOOH には多くの誘導体がある．カルボン酸 RCOOH とアルコール R'OH から水 H_2O がとれて縮合した構造をもつ化合物をエステル RCOOR' という．また，同様にカルボン酸 RCOOH と N-H 基をもつアミン R'R"NH から水 H_2O がとれて縮合した構造をもつ化合物をアミド RCONR'R" という．他にもカルボン酸 RCOOH の OH がハロゲンに置き換わった酸ハロゲン化物 RCOX（ハロゲンが塩素の場合は酸塩化物という）や，カルボン酸 RCOOH 2分子から水 H_2O がとれた構造の酸無水物 $(RCO)_2O$ がある．また，C≡N 結合をもつニトリル RCN もカルボン酸誘導体に分類される（図 10-34）．

カルボン酸　エステル　アミド　酸ハロゲン化物　酸無水物　ニトリル
（R'，R" は水素 H でもよい）（X=ハロゲン，X=Cl を酸塩化物という）

図 10-34　カルボン酸誘導体

(5) エステル

エステル RCOOR' の名称は，アルコキシ基 -OR' の -R' に相当するアルキル基の名称の後に，カルボン酸 RCOOH の接尾語である -ic acid を -ate にかえて表す．日本語では，カルボン酸名の後にアルキル基名を表す（図 10-35）．

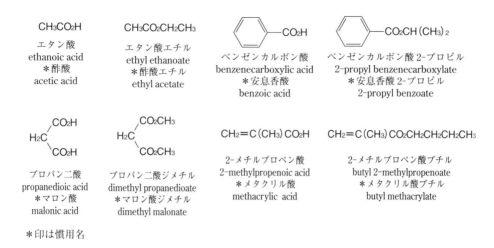

図 10-35 エステルの名称

　カルボン酸 RCOOH とアルコール R'OH の混合物に濃硫酸 H_2SO_4 を加えて温めると脱水縮合が起こり，エステル RCOOR' が生成する．例として，酢酸エチル $CH_3COOC_2H_5$ の生成と，その酸性での加水分解を図 10-36 ①に示す．エステル化の反応は可逆反応であり，酢酸エチルに希硫酸 H_2SO_4 を加えて加熱すると酢酸 CH_3COOH とエタール C_2H_5OH に分解する．この反応を加水分解という．

　エステル RCOOR' に塩基（NaOH，KOH など）の水溶液を加えて加熱すると，加水分解してアルコール R'OH とカルボン酸の塩になる．このような塩基によるエステル RCOOR' の加水分解反応をけん化という（図 10-36 ②）．けん化は，酸による加水分解とは異なり不可逆反応である．

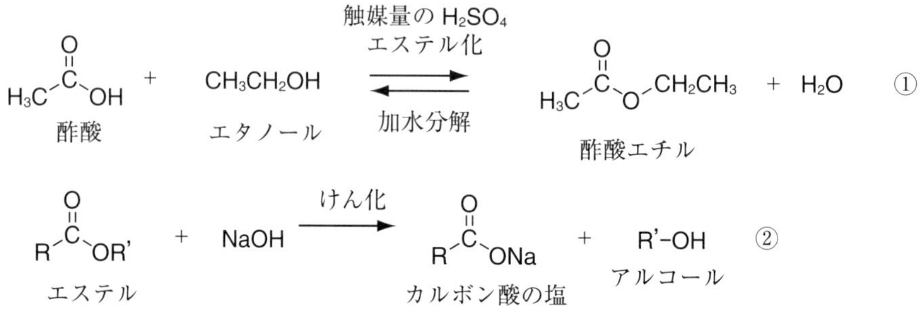

図 10-36 カルボン酸のエステル化とエステルの加水分解

　生体内成分である脂質には，高級脂肪酸と三価アルコールのグリセリンとのエステルがあり，油脂あるいはトリアシルグリセロールともよばれる．油脂も同様に水酸化ナトリウム NaOH との反応でけん化されて高級脂肪酸のナトリウム塩とグリセリンになる（図 10-37）．

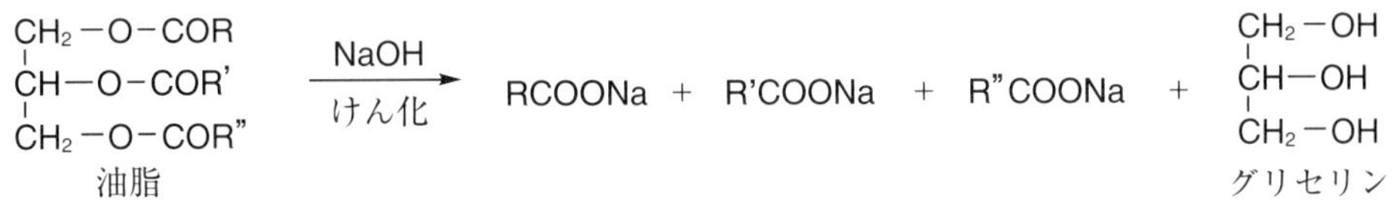

$$\begin{array}{c}CH_2-O-COR\\CH-O-COR'\\CH_2-O-COR''\end{array} \xrightarrow[\text{けん化}]{NaOH} RCOONa + R'COONa + R''COONa + \begin{array}{c}CH_2-OH\\CH-OH\\CH_2-OH\end{array}$$

油脂 　　　　　　　　　　　　　　　　　　　　　　　　　　　グリセリン

図 10-37　エステル（油脂）のけん化

(6) アミド

アミド RCONR'R" の名称は，カルボン酸の接尾語である -oic acid または -ic acid を -amide（アミド）に，または -carboxylic acid を -carboxamide（カルボキサミド）にかえて表す．また，窒素 N に炭化水素基 R' や R" が結合している時には，置換基の前に *N*- を書いて窒素 N に置換基が付いていることを示す（図 10-38）．

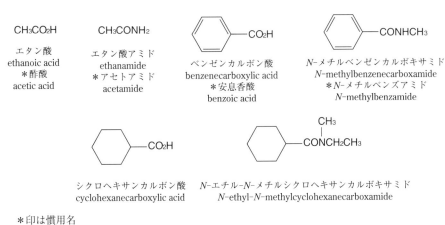

図 10-38　アミドの名称

アミド RCONR'R" の反応の例として，アセトアニリドについて次項 10-5-5 に示す．

(7) 酸ハロゲン化物，酸無水物

酸ハロゲン化物のうち，酸塩化物 RCOCl の名称は，カルボン酸の接尾語である -ic acid または -carboxic acid を -yl chloride または -carbonyl chloride にかえて表す．また，酸無水物 (RCO)$_2$O の名称は，カルボン酸を表す acid を，無水物を意味する anhydride にかえて表す．日本語では，それぞれカルボン酸名の語尾を -yl（イル）にかえ，前に塩化を付けて酸塩化物を表し（図 10-39），カルボン酸名の前に無水を付けて酸無水物を表す（図 10-40）．

酸ハロゲン化物や酸無水物は，エステルやアミドに比べて反応性が高い．これらの反応の例として，酸無水物である無水酢酸について 10-5-5 および 10-6 に示す．

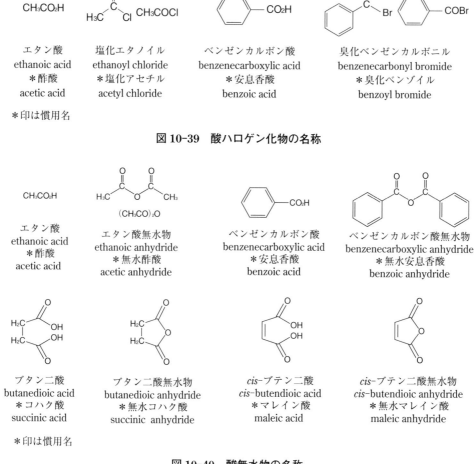

エタン酸	塩化エタノイル	ベンゼンカルボン酸	臭化ベンゼンカルボニル
ethanoic acid	ethanoyl chloride	benzenecarboxylic acid	benzenecarbonyl bromide
＊酢酸	＊塩化アセチル	＊安息香酸	＊臭化ベンゾイル
acetic acid	acetyl chloride	benzoic acid	benzoyl bromide

＊印は慣用名

図 10-39　酸ハロゲン化物の名称

エタン酸	エタン酸無水物	ベンゼンカルボン酸	ベンゼンカルボン酸無水物
ethanoic acid	ethanoic anhydride	benzenecarboxylic acid	benzenecarboxylic anhydride
＊酢酸	＊無水酢酸	＊安息香酸	＊無水安息香酸
acetic acid	acetic anhydride	benzoic acid	benzoic anhydride

ブタン二酸	ブタン二酸無水物	*cis*-ブテン二酸	*cis*-ブテン二酸無水物
butanedioic acid	butanedioic anhydride	*cis*-butendioic acid	*cis*-butendioic anhydride
＊コハク酸	＊無水コハク酸	＊マレイン酸	＊無水マレイン酸
succinic acid	succinic anhydride	maleic acid	maleic anhydride

＊印は慣用名

図 10-40　酸無水物の名称

10-5-5　アミノ基（アミン）

窒素Nに炭化水素基と水素Hを合わせて3個結合した化合物をアミンといい，窒素Nに結合した炭化水素基の数により第一級アミン，第二級アミン，第三級アミンに分類される．また，窒素Nが正電荷をもち，4つの炭化水素基が結合した化合物を第四級アンモニウム塩とよぶ（図 10-41）．

第一級アミン　第二級アミン　第三級アミン　第四級アンモニウム塩

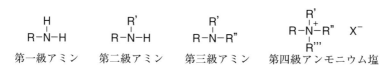

図 10-41　アミンの種類と第四級アンモニウム塩

アミンはニトロ化合物の還元などによって得られる．例として，アニリンの生成について記す（図 10-42）．

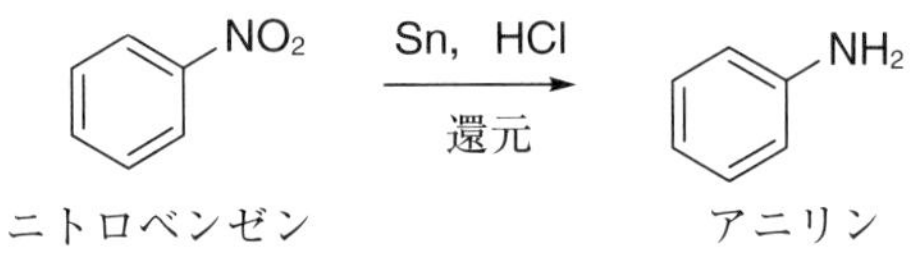

図 10-42　アミンの合成

アミンは弱塩基であり，水溶液は弱い塩基性を示し，また酸と中和して塩を生成する．例としてアニリンと塩酸の反応によるアニリン塩酸塩の生成を示す（図 10-43）.

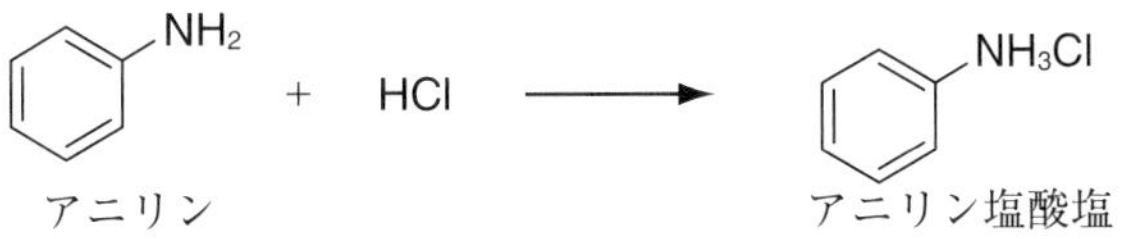

図 10-43　アニリンの中和反応

また，アニリンの代表的な反応として無水酢酸の作用によるアセトアニリドの生成（図 10-44 ①），ジアゾ化およびカップリングによるアゾ化合物の生成などがある（図 10-44 ②）. また，ジアゾニウム塩は分解しやすく，その水溶液を温めると加水分解され，フェノールと窒素 N_2 ができる（図 10-44 ③）.

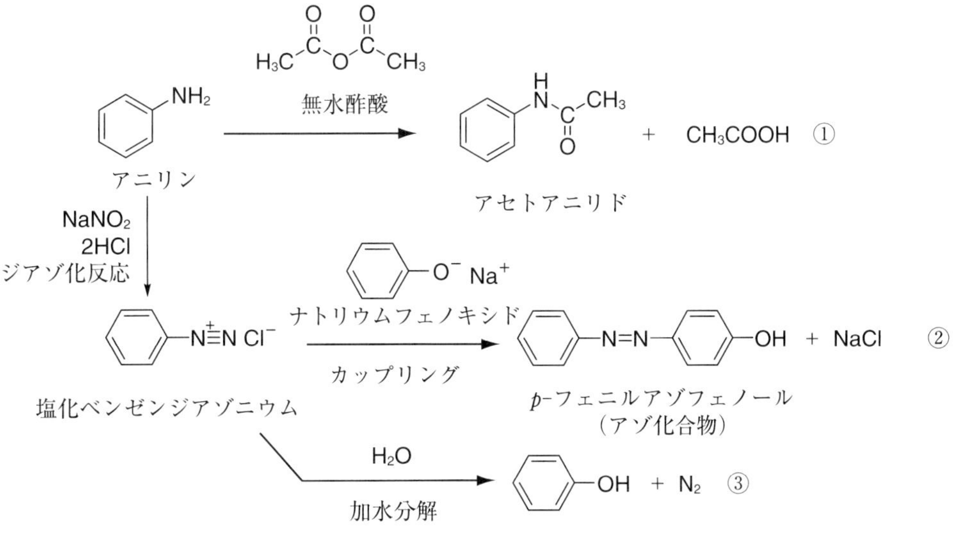

図 10-44　アニリンの反応

アセトアニリドのようなアミドは，エステルと同様に酸または塩基の水溶液中で加熱すると加水分解が起こる（図 10-45）.

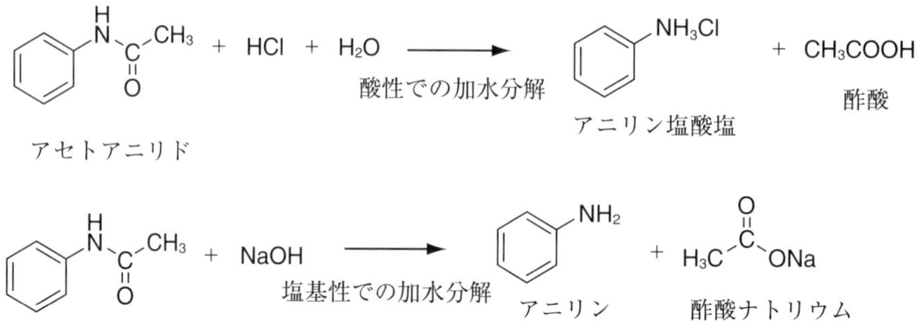

[図 10-45 アセトアニリドの加水分解]

10-6 サリチル酸の反応による医薬品の合成

　サリチル酸は，分子中にカルボキシ基 -COOH をもち，ベンゼン環に直接ヒドロキシ基 -OH が結合しているため，カルボン酸とフェノールの両方の性質をもつ．

　サリチル酸とメタノールに，触媒として濃硫酸 H_2SO_4 を加えて加熱すると，サリチル酸メチルが得られる（図 10-46 ①）．この反応は，サリチル酸のカルボン酸としての反応であり，アルコールとのエステル化である．サリチル酸メチルは強い芳香をもつ油状の液体（融点 − 8℃）で，おもに外用で消炎鎮痛剤として用いられる．

　サリチル酸は無水酢酸との反応でアセチルサリチル酸を生成する（図 10-46 ②）．この反応は，サリチル酸のフェノール類としての反応であり，酸無水物によるエステル化である．アセチルサリチル酸は室温では白色の固体で，アスピリンともよばれ，多くの解熱鎮痛剤・抗炎症剤に含まれている．

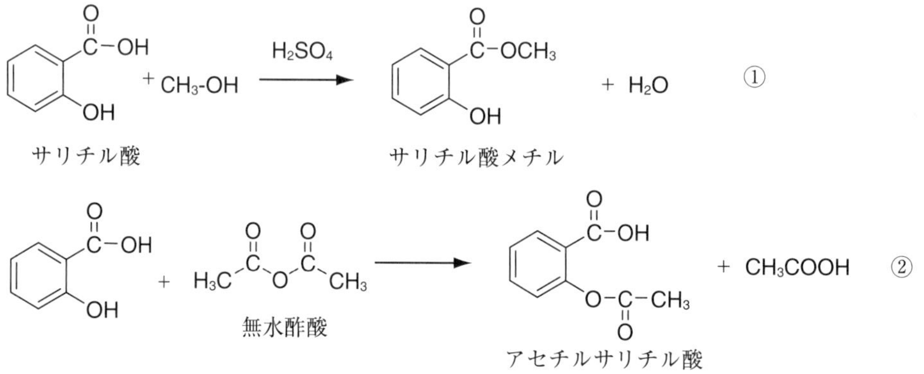

図 10-46　サリチル酸メチルおよびアセチルサリチル酸の合成

　アセトアニリド（図 10-44）やアセチルサリチル酸（図 10-46）の生成をみてわかるとおり，無水酢酸のような酸無水物は -NH 基をもつアミンと反応してアミドを，アルコールやフェノール類のようなヒドロキシ基 -OH をもつ化合物と反応してエステルをそれぞれ生成する（図 10-47）．

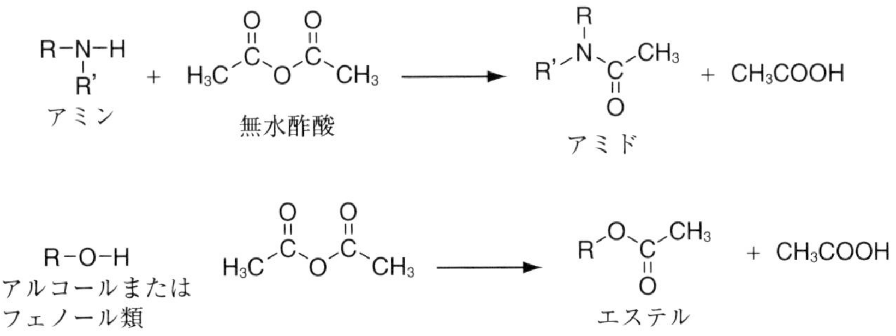

図 10-47 無水酢酸の反応

10-7 有機化合物の分離

　有機化合物を用いた反応を行い，生成物を得る際などには，多くの場合様々な物質の混合物が得られる．一般に，有機化合物は有機溶媒に溶けやすく，カルボン酸塩やアンモニウム塩などの塩は水に溶けやすい．このことを利用して，混合物から分液漏斗で分離する方法がある．この分離は，酸や塩基の強さの違いを利用したものである．酸の強さの順，塩基の強さの比較を次の①②にそれぞれ示す．

①酸の強さの順：硫酸・塩酸など（強酸）＞カルボン酸＞炭酸（CO_2 + H_2O）＞フェノール類
②塩基の強さの比較：水酸化ナトリウムなど（強塩基）＞アミン

10-7-1　有機化合物を分離するための反応

(1) 酸性化合物

　水に溶けにくいカルボン酸 RCOOH は，水酸化ナトリウム NaOH 水溶液や炭酸水素ナトリウム $NaHCO_3$ 水溶液を加えると，塩をつくり水に溶けやすくなる（図 10-48 ①）．水に溶けにくいフェノール類は，水酸化ナトリウム NaOH 水溶液では塩をつくり水に溶けやすくなるが，炭酸水素ナトリウム $NaHCO_3$ 水溶液を加えても反応しない（図 10-48 ②）．

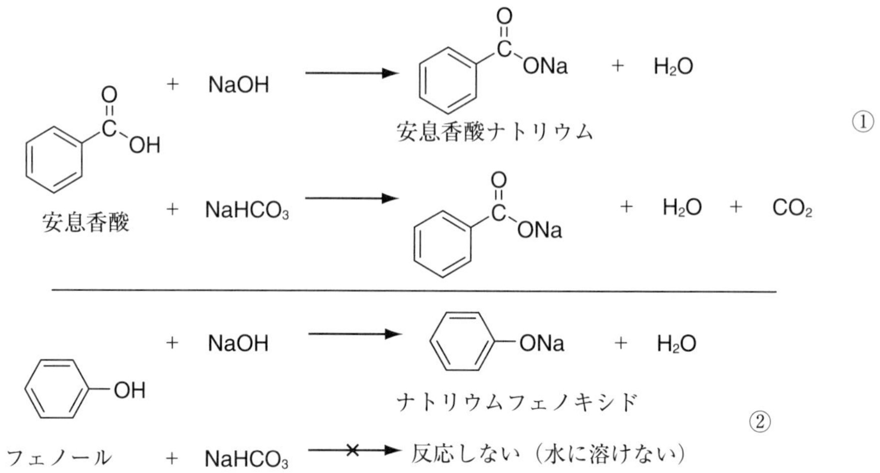

安息香酸 + NaOH → 安息香酸ナトリウム + H₂O ①

安息香酸 + NaHCO₃ → (安息香酸ナトリウム) + H₂O + CO₂

フェノール + NaOH → ナトリウムフェノキシド + H₂O ②

フェノール + NaHCO₃ ──✗→ 反応しない（水に溶けない）

図 10-48　カルボン酸およびフェノール類の塩の生成

(2) 塩基性化合物

アミノ基 $-NH_2$ をもつ塩基性化合物でアニリンなど水に溶けにくいものは，塩酸 HCl などの酸と反応して塩をつくり水に溶けやすくなる（図 10-49）．

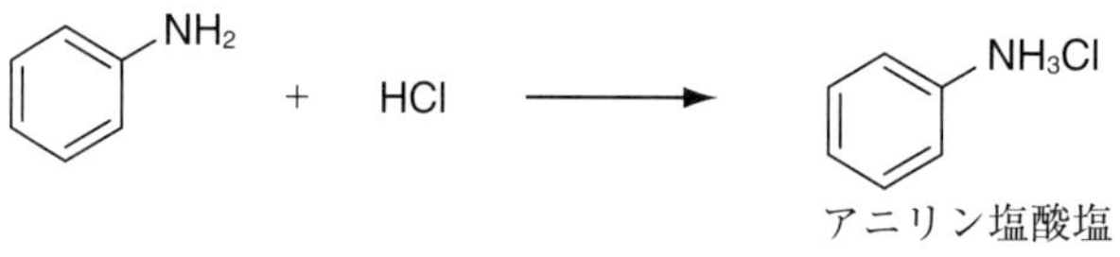

アニリン + HCl → アニリン塩酸塩（$-NH_3Cl$）

図 10-49　アミンの塩の生成

(3) 中性化合物

トルエンなどの炭化水素，ニトロベンゼン，エステル，カルボニル化合物，水に溶けにくいアルコールなどの中性化合物は，酸や塩基の水溶液とは反応しないので，有機溶媒に溶けたまま水層には移行しない．

(4) 酸性化合物および塩基性化合物の塩からの遊離

安息香酸ナトリウムやナトリウムフェノキシドのような弱酸の塩に，塩酸 HCl のようなより強い酸を加えると，安息香酸やフェノールのような弱酸が遊離する（図 10-50 ①②）．フェノール類は，水溶液中で二酸化炭素 CO_2 を加えることによっても遊離する（図 10-50 ③）．アニリン塩酸塩のような弱塩基の塩に，水酸化ナトリウム NaOH のようなより強い塩基を加えると弱塩基が遊離する（図 10-50 ④）．

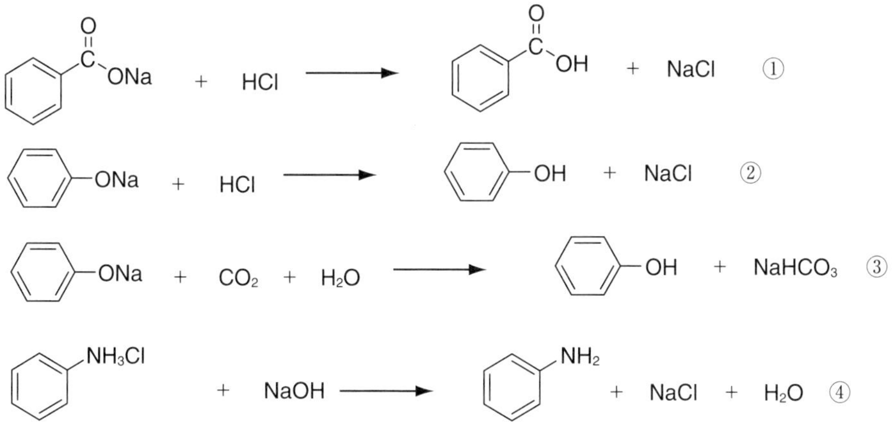

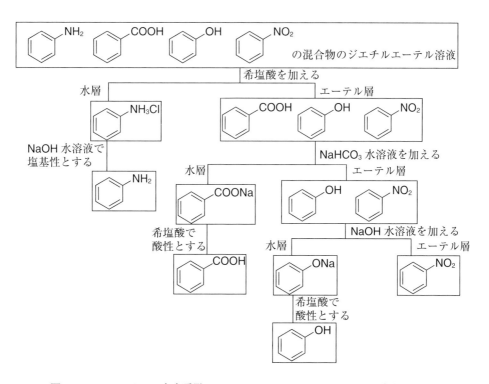

図10-50 塩から弱酸または弱塩基の遊離

10-7-2　有機化合物の分離の例

例として，アニリン，安息香酸，フェノール，中性物質のニトロベンゼンの混合物から，それぞれの化合物を分離する場合を示す（図10-51）．

図10-51　アニリン，安息香酸，フェノール，ニトロベンゼンの分離操作の例

アニリン，安息香酸，フェノール，ニトロベンゼンの混合物のジエチルエーテル溶液に希塩酸HClを加えると，塩基性物質であるアニリンのみがアニリン塩酸塩を生じて水層に分離される．

アニリン塩酸塩を分離した水層に水酸化ナトリウム NaOH 水溶液を加え塩基性にすると，アニリンが遊離する．

安息香酸，フェノール，ニトロベンゼンを含むエーテル層に炭酸水素ナトリウム $NaHCO_3$ 水溶液を加えると，炭酸 H_2CO_3 より強い酸であるカルボン酸の安息香酸のみが反応して塩（安息香酸ナトリウム）を生じて水層に分離されるが，フェノールは反応せず有機層に残る．安息香酸ナトリウムを分離した水層に希塩酸 HCl を加え酸性にすると，安息香酸が遊離する．

フェノール，ニトロベンゼンを含むエーテル層に強塩基である水酸化ナトリウム NaOH 水溶液を加えると，フェノールが塩（ナトリウムフェノキシド）を生じて水層に分離される．ナトリウムフェノキシドを分離した水層に希塩酸 HCl を加え酸性にすると，フェノールが遊離する．

フェノールが水層に分離された後のエーテル層には，ニトロベンゼンが溶けている．

章 末 問 題

1. 次の基（原子団）の構造を示せ．
   (1) アルデヒド基　(2) イソプロピル基　(3) カルボキシ基　(4) カルボニル基
   (5) ヒドロキシ基　(6) ビニル基　　　(7) フェニル基　　　(8) ベンジル基

2. $C_7H_7NO_2$ の分子式である置換ベンゼン誘導体の異性体に関する次の問いに答えよ（H = 1.00, C = 12.0, N = 14.0, O = 16.0）．
   (1) この化合物の元素分析による炭素 C，水素 H および窒素 N の含有率（質量%）は，それぞれいくらか．
   (2) この異性体の中で，ニトロ基をもつものすべての構造を答えよ．
   (3) 互いに隣り合った3置換ベンゼン誘導体のうち，アミノ基とアルデヒド基の両方をもつすべての構造を答えよ．

3. ニトロベンゼン $C_6H_5NO_2$（Mw：123）12.3 g に十分量のスズ Sn と塩酸 HCl を加えた後，水酸化ナトリウム NaOH 水溶液を加えると，アニリン $C_6H_5NH_2$（Mw：93.0）が得られた．次の問いに答えよ．
   (1) この反応が完全に進行したとき，得られるアニリン $C_6H_5NH_2$ の質量(g)はいくらか．
   (2) この反応により，4.65 g のアニリン $C_6H_5NH_2$ が得られた場合，収率(%)は整数値でいくらか．

4. 次の(1)〜(4)の反応によって生じる化合物の構造を示し，反応の分類を(ア)〜(エ)から選べ．
   (1) パラジウム Pd を触媒として，アセチレン C_2H_2 に十分量の水素 H_2 を反応させる．

(2) 鉄 Fe を触媒として，ベンゼン C_6H_6 に臭素 Br_2 を反応させる．

(3) リン酸 H_3PO_4 を触媒として，エチレン C_2H_4 に水 H_2O を反応させる．

(4) エタノール C_2H_5OH に濃硫酸 H_2SO_4 を加え，130℃に加熱して反応させる．

[反応の分類] （ア）酸化 （イ）還元 （ウ）置換 （エ）付加

5. アニリン，安息香酸，フェノール，ベンジルアルコールの混合物のジエチルエーテル溶液がある．ここから，それぞれの化合物を分液漏斗で次の手順で分離した．①混合物のジエチルエーテル溶液に希塩酸 HCl を加え，よく振り混ぜ水層 A とエーテル層 B に分離した．②エーテル層 B に水酸化ナトリウム NaOH 水溶液を加えよく振り混ぜ水層 C とエーテル層 D に分離した．
   (1) 水層 A に分離された化合物の構造を示せ．
   (2) エーテル層 D に分離された化合物の構造を示せ．
   (3) 水層 C にはおもに 2 つの化合物が分離される．この 2 つの化合物を分離する方法を述べよ．

第 2 章

1. 混合物：(2) 塩酸，(4) 水酸化ナトリウム水溶液
   化合物：(1) アンモニア，(6) 二酸化炭素
   単体：(3) 金，(5) ダイヤモンド

2. 元素の原子量の有効数字は，4桁で示されているが，小数点以下は，2桁または3桁である．分子量あるいは式量は足し算で求める．加減算の場合，表示する桁数は，数値の中で末端の数字（小数点以下の桁）が一番大きいものの桁に合わせるので計算値は，小数点以下3桁目を四捨五入して，小数点以下2桁にする．
   (1) 180.16
   (2) 146.19（分子式 $C_6H_{14}N_2O_2$）
   (3) 249.70
   (4) 368.37

3. (1) $(1.5 \times 10^{23})/(6.0 \times 10^{23}(/\mathrm{mol})) = 0.25(\mathrm{mol})$, $0.25(\mathrm{mol}) \times 22.4(\mathrm{L/mol}) = \mathbf{5.6\,(L)}$
   (2) $(8.4(\mathrm{g})/28(\mathrm{g/mol}) + 6.4(\mathrm{g})/32(\mathrm{g/mol})) \times 6.0 \times 10^{23}(/\mathrm{mol}) = \mathbf{3.0 \times 10^{23}}$（個）
   (3) $[(13.6(\mathrm{g/cm^3}) \times 1.0(\mathrm{cm^3}))/201(\mathrm{g/mol})] \times 6.0 \times 10^{23}(/\mathrm{mol}) = \mathbf{4.1 \times 10^{22}}$（個）

4. (1) 酸化マンガン(IV) MnO_2 の式量は 87.0 なので，$3.48(\mathrm{g})/87.0(\mathrm{g/mol}) = \mathbf{0.0400\,(mol)}$
   (2) 反応式は，$MnO_2 + 4HCl \rightarrow MnCl_2 + Cl_2 + 2H_2O$ なので，生成する水は，
   $0.0800(\mathrm{mol}) \times 18.0(\mathrm{g/mol}) = \mathbf{1.44\,(g)}$
   (3) 反応した塩化水素は，$0.0400(\mathrm{mol}) \times 4 = 0.160(\mathrm{mol})$．これが塩酸 200 mL に含まれていたので，そのモル濃度は，$0.160(\mathrm{mol})/0.200(\mathrm{L}) = \mathbf{0.800\,(mol/L)}$

5. 28.0 w/w% のアンモニア水は，$28(\mathrm{g})/17.03(\mathrm{g/mol}) = 1.644(\mathrm{mol})$ が，溶液 $100(\mathrm{g})/0.900(\mathrm{g/mL}) = 111.1(\mathrm{mL})$ に溶けているので，$1.644(\mathrm{mol})/(111.1 \times 10^{-3}(\mathrm{L})) = \mathbf{14.8\,(mol/L)}$

6. A：$1.67(\mathrm{nmol})/25(\mu\mathrm{L}) = (1.67 \times 10^{-9}(\mathrm{mol}))/(25 \times 10^{-6}(\mathrm{L})) = \mathbf{6.68 \times 10^{-5}\,(mol/L)}$
   B：$(6.68 \times 10^{-5}(\mathrm{mol/L}) \times 10 \times 10^{-6}(\mathrm{L}))/(0.250 \times 10^{-3}(\mathrm{L})) = \mathbf{2.67 \times 10^{-6}\,(mol/L)}$

7. (1) 調製した水溶液に含まれる $CaCl_2$ の物質量は，$1.00(\mathrm{mol/L}) \times 0.200(\mathrm{L}) = 0.200(\mathrm{mol})$．したがって，$CaCl_2 \cdot 2H_2O$ の質量は，$0.200(\mathrm{mol}) \times (40.0 + 35.5 \times 2 + 2 \times 18.0)(\mathrm{g/mol})$
   $= \mathbf{29.4\,(g)}$

(2) 1.00 (mol/L) の $CaCl_2$ 水溶液 1.00 (L) 中には 1.00 (mol) × (40.0 + 35.5 × 2)(g/mol) = 111 (g) の $CaCl_2$ が含まれており，水溶液の質量は 1.11(g/mL) × 1000 (mL) = 1110(g) である．したがって，質量パーセント濃度は (111(g)/1110(g)) × 100 = **10.0 (w/w%)**

第3章

1. (1) 陽子数 = 11, 中性子数 = 12, 電子数 = 11　(2) 陽子数 = 18, 中性子数 = 22, 電子数 = 18
 (3) 陽子数 = 19, 中性子数 = 20, 電子数 = 19　(4) 陽子数 = 19, 中性子数 = 21, 電子数 = 19
 (5) 陽子数 = 25, 中性子数 = 32, 電子数 = 25

2. 銅の原子量 = 63.55
 62.93 × 0.6909 + 64.93 × 0.3091 ≒ 63.55

3. ^{35}Cl = 76%，^{37}Cl = 24%
 ^{35}Cl の存在率を (x × 100)%とする．
 34.97 × x + 36.97 × (1 − x) = 35.45
 2x = 1.52　　x = 0.76
 ^{35}Cl の存在率 = 0.76 × 100 = 76%，^{37}Cl の存在率 = 100 − 76 = 24%

4. (1) (2, 3)　　(2) (2, 7)　　(3) (2, 8, 5)　　(4) (2, 8, 8)

5. (1) $_{11}Na^+$　　(2) $_8O^{2-}$　　(3) $_{13}Al^{3+}$　　(4) $_{17}Cl^-$

6. (1) 軌道 = 2s　(2) 軌道 = 3d　(3) 軌道 = 4p

7. (1) 17族　　(2) 4族　　(3) 15族

8. (1) N　　(2) S　　(3) Co　　(4) Br

9. (1) [He] $2s^2 2p^4$ (不対電子2個)　　(2) [Ar] $4s^2$ (不対電子0個)
 (3) [Ar] $3d^6 4s^2$ (不対電子4個)　　(4) [Ar] $3d^5 4s^1$ (不対電子6個)
 (5) [Ne] $3s^2 3p^6$ (不対電子0個)　　(6) [Ar] $3d^1$ (不対電子1個)
 (7) [Ar] $3d^8$ (不対電子2個)　　(8) [Kr] $4d^5$ (不対電子5個)

10. イオン化エネルギー：最大の元素…Ne，最小の元素…K
 電子親和力　　　　：最大の元素…Cl，最小の元素…Ne

11. 窒素原子から電子1個を取り去るには，2p軌道の安定な半充塡構造を崩すことになるため，

章末問題の解答・解説 *191*

大きなエネルギーを必要とする．一方，酸素原子から電子1個を取り去ると2p軌道が安定な半充填構造となるため，エネルギーが小さくてすむ．その結果，イオン化エネルギーの逆転が生じる．

12. 窒素原子が電子1個を取り込むと安定な半充填構造をとっている2p軌道が不安化するために電子が入りにくく，電子親和力が大きく減少している．

第4章

1. (1) Na_2CO_3 (2) $Mg(OH)_2$ (3) Al_2S_3 (4) NH_4HCO_3

2. (1) イオン結合性化合物 (2) イオン結合性化合物 (3) 共有結合性化合物
   (4) イオン結合性化合物 (5) 共有結合性 (6) イオン結合性化合物
   (7) 共有結合性化合物 (8) 共有結合性

3. (1) H:S̈:H (2) :N⋮⋮N: (3) ⁻¹:Ö:Ö::Ö: ⁺¹ (4) :F̈:B:F̈: ⁻¹ with :F̈:

   (5) H:Ö:H with H (⁺¹) (6) H:Ö:S̈:Ö:H with :O: above and :O: below (7) :C̈l:P:C̈l: with :C̈l: (8) :F̈:C::C:F̈: with :F̈: and :F̈:

4. (1) H–C–Cl with :C̈l: above and :C̈l: below (2) H–S̈e–H (3) H–C–N–H with H, H, H (4) H–C≡N:

   (5) :Ö: / H–C–H (with =O) (6) H\C=C/H with H and :C̈l: (7) ベンゼン環 (8) H–Ö–S–Ö–H with :O: above and :O: below

5. (1) H:Ö:Ö:H (2) H:C::C:C:H with H,H,H and :O: (3) H:C:C⋮⋮N: with H,H (4) :Ö::S::Ö with :O:

6. (1) $\left[\begin{array}{c}:O:\\||\\:\ddot{O}:C:\ddot{O}:\end{array}\right]^{2\ominus} \leftrightarrow \left[\begin{array}{c}:\ddot{O}:\\|\\:\ddot{O}:C:\ddot{O}:\end{array}\right]^{2\ominus} \leftrightarrow \left[\begin{array}{c}:\ddot{O}:\\|\\:\ddot{O}:C::\ddot{O}:\end{array}\right]^{2\ominus}$

   (2) $\left[\begin{array}{c}:O:\\||\\:\ddot{O}:N:\ddot{O}:\end{array}\right]^{\ominus} \leftrightarrow \left[\begin{array}{c}:\ddot{O}:\\|\\:\ddot{O}:N::\ddot{O}:\end{array}\right]^{\ominus} \leftrightarrow \left[\begin{array}{c}:\ddot{O}:\\|\\:\ddot{O}::N:\ddot{O}:\end{array}\right]^{\ominus}$

(3) 　　(4)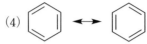

7. (1) $CO_3^{2-} > CO_2 > CO$　　(2) $CH_3CH_3 >$ ⌬ $> CH_2=CH_2$,
   (3) $NO_3^- > NO_2^- > NO^+$

8. (1) 無極性化合物　　(2) 極性化合物　　(3) 無極性化合物
   (4) 無極性化合物　　(5) 極性化合物　　(6) 極性化合物
   (7) 無極性化合物　　(8) 極性化合物

9. (1) NH_3
      理由：NH_3 は分子間で水素結合を形成する．
   (2) p-ニトロフェノール
      理由：o-ニトロフェノールは分子内で水素結合形成し，p-ニトロフェノールは分子間で水素結合を形成する．
   (3) HF
      理由：HF は分子間で水素結合を形成する．
   (4) $CH_3CH_2CH_2Br$
      理由：$CH_3CH_2CH_2Br$ のほうが 1 分子あたりの電子の数が多ため，分散力（ロンドン力）が大きい．
   (5) $CH_3CH_2CH_2CH_2CH_3$
      理由：$CH_3CH_2CH_2CH_2CH_3$ のほうが分子間の接触面積が大きいため，分散力（ロンドン力）が大きい．
   (6) $CH_3CH_2CH_2NH_2$
      理由：$CH_3CH_2CH_2NH_2$ は分子間で水素結合を形成する．
   (7) $CH_3CH_2CH_2CH_2OH$
      理由：$CH_3CH_2CH_2CH_2OH$ のほうが立体的影響を受けずに分子間で水素結合を形成する．
   (8) cis-1,2-ジクロロエテン
      理由：cis-1,2-ジクロロエテンは極性化合物で，双極子-双極子相互作用が大きい．

第 5 章

1. (1) sp^3 混成軌道　　(2) sp^2 混成軌道　　(3) sp 混成軌道　　(4) sp^2 混成軌道
   (5) sp^2 混成軌道　　(6) sp^3 混成軌道　　(7) sp 混成軌道　　(8) sp 混成軌道

2. (1) sp 混成軌道（直線）　　(2) sp^3 混成軌道（折れ線）
   (3) sp^2 混成軌道（平面三角形）　　(4) sp^2 混成軌道（平面三角形）

(5) sp³混成軌道（三角錐）　　(6) sp³混成軌道（正四面体）
(7) sp²混成軌道（平面三角形）　(8) sp²混成軌道（折れ線）

3. (1) CH_4（∠HCH）　　(2) NO_2^+（∠ONO）　　(3) NO_2（∠ONO）
   (4) BH_3（∠HBH）　　(5) CO_2（∠OCO）

4. (1) $Be_2 : (\sigma_{1s})^2(\sigma^*_{1s})^2(\sigma_{2s})^2(\sigma^*_{2s})^2$
   (2) $O_2 : (\sigma_{1s})^2(\sigma^*_{1s})^2(\sigma_{2s})^2(\sigma^*_{2s})^2(\sigma_{2px})^2(\pi_{2py})^2(\pi_{2pz})^2(\pi^*_{2py})^1(\pi^*_{2pz})^1$
   (3) $N_2 : (\sigma_{1s})^2(\sigma^*_{1s})^2(\sigma_{2s})^2(\sigma^*_{2s})^2(\pi_{2py})^2(\pi_{2pz})^2(\sigma_{2px})^2$
   (4) $B_2 : (\sigma_{1s})^2(\sigma^*_{1s})^2(\sigma_{2s})^2(\sigma^*_{2s})^2(\pi_{2py})^1(\pi_{2pz})^1$

5. (1) 結合次数 = 3，不対電子数 = 0　　(2) 結合次数 = 2，不対電子数 = 2
   (3) 結合次数 = 2.5，不対電子数 = 1　(4) 結合次数 = 2，不対電子数 = 0

6. (1) 結合次数 = 2.5，不対電子数 = 1　(2) 結合次数 = 2，不対電子数 = 0
   (3) 結合次数 = 2，不対電子数 = 2　　(4) 結合次数 = 1.5，不対電子数 = 1

7. (1) H_2^+　(2) F_2　(3) O_2^-　(4) NO

8. 一重項酸素，スーパーオキシド，過酸化水素，ヒドロキシラジカル

9. ア…ヒドロキシラジカル，イ…フェントン

第6章

1. (1) 酸　：水 H_2O に溶ける時，水素イオン H^+ を生じる物質
      塩基：水 H_2O に溶ける時，水酸化物イオン OH^- を生じる物質
   (2) 酸　：水素イオン H^+ を与える物質
      塩基：水素イオン H^+ を受け取る物質
   (3) 酸　：電子対を受け取る物質
      塩基：電子対を与える物質

2. 1：強酸　　2：弱酸　　3：電離度（α）　4：大き　5：1
   6：小さ　　7：陰　　　8：陽　　　　　　　9：電気泳動

3. (1) pH 2，(2) pH 13，(3) pH 12，(4) pH 2.87
   ※ $[H^+] = \sqrt{cK_a}$ より pH $= -\log\sqrt{cK_a} = -1/2\cdot\log(0.10\times K_a) = 1/2\cdot(1+4.74)$

第 7 章

1. (1) 酸素を受け取る反応が酸化，酸素を失う反応が還元
   (2) 水素を受け取る反応が還元，水素を失う反応が酸化
   (3) 電子を受け取る反応が還元，電子を失う反応が酸化
   (4) 酸化数が増加する反応が酸化，酸化数が減少する反応が還元

2. (2) 酸化剤 MnO_2：Mn の酸化数（＋4 → ＋2）
      還元剤 HCl ：Cl の酸化数（－1 → 0）
   (3) 酸化剤 CuO ：Cu の酸化数（＋2 → 0）
      還元剤 H_2 ：H の酸化数（0 → ＋1）
   (5) 酸化剤 O_2 ：O の酸化数（0 → －2）
      還元剤 CH_4 ：C の酸化数（－4 → ＋4）
   (6) 酸化剤 HCl ：H の酸化数（＋1 → 0）
      還元剤 Zn ：Zn の酸化数（0 → ＋2）

3. (1) －2 (2) 0   (3) －1
   (4) ＋7 (5) ＋4 (6) ＋2
   (7) －4 (8) ＋4 (9) ＋2

4. (1) ○ 記述のとおり．
   (2) × アスコルビン酸は抗酸化剤つまり還元剤である．
   (3) × 電子 e^- を 2 つ放出することから，1 mol 2 当量の還元剤（自分は酸化される）．
   (4) × ヨウ素 I_2 が存在すると紫を示すデンプン試液を指示薬に用いる．
   (5) ○ ヨウ素 I_2 は 1 mol 2 当量の酸化剤，アスコルビン酸は 1 mol 2 当量の還元剤であることから 1：1 の反応であり，0.05 mol/L ヨウ素液 1 mL 中にヨウ素 I_2 は 0.05 mmol 存在する．したがって，176.12 × 0.05 mmol ＝ 8.806 mg となる．

第 8 章

1. 1：グラム   2：アボガドロ   3：6.022×10^{23} 4：1 L
   5：mol/L   6：100 mL   7：w/v%   8：0.01
   9：標線   10：ホールピペット 11：メスフラスコ

2. 1, 5

3. 1, 4

4. (1) シュウ酸ナトリウム（$Na_2C_2O_4$）
   (2) 淡紅色
   (3) 中間生成物である酸化マンガン（Ⅳ）MnO_2（Mn^{4+}）の混在は定量の誤差を生じさせるので，最終生成物の硫酸マンガン $MnSO_4$（Mn^{2+}）まで完全に分解させるため．

(4) 1.005　　　　※ F＝(0.2948/134.00)×2×{1000/(0.02×43.78×5)}＝1.005

(5) 2.051 w/v%　　※ 1.005×12.00×1.701＝20.514（mg）…1 mL 中に含まれる H_2O_2

20.514／1000×100＝2.051（w/v%）

または

0.02×1.005×(12.00/1000)×5＝X×2

X＝0.000603（mol）…1 mL 中に含まれる H_2O_2

0.000603×34.01×100＝2.050803

第 9 章

1. 結合様式…三中心二電子結合

   三中心二電子結合の B−H−B は，3 個の原子が 2 個の電子で結びついている状態で，結合が弱く，通常の二中心二電子結合の B−H より結合距離が長い．

2. 酸化状態 ＋3 の化合物…N_2O_3，三酸化二窒素

   酸化状態 ＋5 の化合物…N_2O_5，五酸化二窒素

3. （1）NO，一酸化窒素　　（2）N_2O，一酸化二窒素（亜酸化窒素）

4. （1）酸化状態 ＋1 の化合物　　（2）酸化状態 ＋3 の化合物　　（3）酸化状態 ＋5 の化合物
   　　　…　ホスフィン酸　　　　　　…　ホスホン酸　　　　　　　…　リン酸

   ```
        O                          O                          O
        ‖                          ‖                          ‖
   H − P − H                  H − P − OH                HO − P − OH
        |                          |                          |
        OH                         OH                         OH
   ```

5. ア…硫酸，イ…硫黄

6. （1）HClO…次亜塩素酸，$HClO_2$…亜塩素酸，$HClO_3$…塩素酸，$HClO_4$…過塩素酸

   （2）$HClO_4 > HClO_3 > HClO_2 > HClO$

   （3）$HClO > HClO_2 > HClO_3 > HClO_4$

7. ClO_4^- の共鳴構造：

   $$O=\overset{O}{\underset{O}{Cl}}-O^{\ominus} \longleftrightarrow O=\overset{O^{\ominus}}{\underset{O}{Cl}}=O \longleftrightarrow {}^{\ominus}O-\overset{O}{\underset{O}{Cl}}=O \longleftrightarrow O=\overset{O}{\underset{O^{\ominus}}{Cl}}=O$$

   ClO_3^- の共鳴構造：

   $$\overset{O}{\underset{O \ \ O^{\ominus}}{Cl}} \longleftrightarrow \overset{O^{\ominus}}{\underset{O \ \ O}{Cl}} \longleftrightarrow \underset{{}^{\ominus}O \ \ O}{\overset{O}{Cl}}$$

8. (1) 配座数…1　　(2) 配座数…2　　(3) 配座数…3　　(4) 配座数…6

9. (1) 酸化状態＝＋3，配位数…6　　(2) 酸化状態＝＋3，配位数…6
   (3) 酸化状態＝＋2，配位数…4　　(4) 酸化状態＝＋3，配位数…6
   (5) 酸化状態＝＋3，配位数…6　　(6) 酸化状態＝＋2，配位数…6
   (7) 酸化状態＝＋1，配位数…2　　(8) 酸化状態＝＋3，配位数…6

10. (1) dsp^2 混成軌道（平面四角形）　　(2) sp 混成軌道（直線）
    (3) sp^3 混成軌道（正四面体）　　(4) d^{2}sp^3 混成軌道（正八面体）
    (5) sp^{3}d^2 混成軌道（正八面体）　　(6) sp^3 混成軌道（正四面体）
    (7) dsp^2 混成軌道（平面四角形）

11. (1) [Pt(NH$_3$)$_2$Cl$_2$] *cis* / *trans*

    (2) [Co(NH$_3$)$_4$Cl$_2$]$^+$ *cis* / *trans*

    (3) [Cr(NH$_3$)$_3$Cl$_3$] *mer* (meridional) / *fac* (facial)

第10章

1. (1) CH$_3$CHO
   (2) (CH$_3$)$_2$CH— (イソプロピル)
   (3) CH$_3$COOH
   (4) (CH$_3$)$_2$C=O
   (5) —OH
   (6) —CH=CH$_2$
   (7) C$_6$H$_5$—CH$_3$ (トルイル基)
   (8) C$_6$H$_5$—CH$_2$— (ベンジル基)

2. (1) C$_7$H$_7$NO$_2$ ＝ 12.0 × 7 ＋ 1.00 × 7 ＋ 14.0 ＋ 16.0 × 2 ＝ 137.0 より，
   炭素 C：12.0 × 7/137.0 ＝ 0.6131（61.3％）
   水素 H：1.00 × 7/137 ＝ 0.0511（5.1％）
   窒素 N：14.0 × 1/137 ＝ 0.1022（10.2％）

(2) 4種類

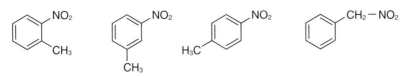

(3) 3種類

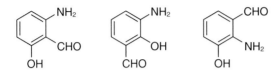

3. (1) 反応に使用したニトロベンゼンの物質量は 12.3（g）/123 = 0.100（mol）なので，反応が完全に進行すると 0.100（mol）のアニリンが得られる．0.100（mol）× 93.0 = 9.30（g）

(2) 4.65/9.30 = 0.500（50％）

4. (1) CH₃CH₃　　(2) 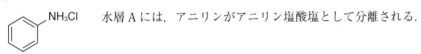　(3) CH₃CH₂–OH　　(4) CH₃CH₂–O–CH₂CH₃

　　　（イ）　　　　　　（ウ）　　　　　　　（エ）　　　　　　　　（ウ）

※（1）は（エ）にも分類される．（2）は（ア）にも分類される．

5. (1)

　　　　NH₃Cl　　水層 A には，アニリンがアニリン塩酸塩として分離される．

(2)

　　　　CH₂OH　エーテル層 D には，中性化合物であるベンジルアルコールが分離される．

(3) 水層 C には安息香酸ナトリウムとナトリウムフェノキシドが分離されているので，この水溶液に二酸化炭素を通じると，フェノールのみが遊離する．

　　　ONa ＋ CO₂ ＋ H₂O ⟶ 　　　OH ＋ NaHCO₃
ナトリウムフェノキシド　　　　　　　フェノール

　　　COONa ＋ CO₂ ＋ H₂O ⟶✗ 反応しない（水層に溶けている）
安息香酸ナトリウム

索　引

あ

アスピリン	153
アスピリンの純度	114
アセトアニリド	182
アニオン	8
アニリン	181
アボガドロ定数	9
アミド	179
アミン	180
アルカリ金属	126
アルカン	154, 159, 160
アルキル基	155
アルキン	154, 159, 161
アルケン	154, 159, 161
アルコール	166
アルデヒド	171, 172
アレニウス塩基	76
アレニウス酸	76
アレニウスの定義	76

い

イオン	8
イオン化エネルギー	32
イオン結合	39, 40
イオン式	6, 8
イオンの電子配置	29
異性体	156
位置異性体	157
一重項酸素	71
一価アルコール	167
一価カルボン酸	175
イプソ位	164
イブプロフェンの純度	111
陰イオン	8, 80

え

永久双極子	49
エステル	177
エーテル結合	170
エナンチオマー	157
エネルギー準位	26
塩基	76
塩基性化合物	184
f 軌道	24
f-ブロック元素	30
s 軌道	24
s-ブロック元素	30, 126
SI 接頭語	13

SI 単位系	12
sp 混成軌道	58
sp^2 混成軌道	59
sp^3 混成軌道	60

お

オキシドール中の過酸化水素 H_2O_2 の濃度	119
オキソ酸	135
オクテット則	38, 43
オルト位	164

か

外軌道錯体	148
化学結合	37
化学式	6
核	20
核外電子	23
化合物	5
過酸化水素	72
価数	78
カチオン	8
活性酸素	72
カルボキシ基	175
カルボニル化合物	171
カルボニル基	171
カルボン酸	175
カルボン酸誘導体	177
還元	86
還元剤	90, 106
官能基	155
官能基異性体	157

き

基	155
幾何異性体	157
築き上げの原理	27
軌道電子	23
逆滴定	115
強塩基	80
強酸	80
強酸の中和反応	102
鏡像異性体	157, 158
共鳴	45
共有結合	41, 58
共有結合半径	31
極性共有結合	44
極性分子	49
キレート	146

キレート効果	146
均一混合物	5
金属結合	40
金属結合半径	31
金属錯体	125, 144

く

クーロン力	20

け

形式電荷	47
ケクレ構造式	44
結合次数	68
結合性軌道	68
結晶場分裂エネルギー	146
結晶場理論	146
ケトン	173
けん化	179
原子	20
原子核	20
原子価結合法	58
原子軌道	23
原子構造	23
原子番号	21
原子量	22
元素	21
K_W	82

こ

高スピン錯体	148
構造異性体	157
構造式	6
国際単位系	12
骨格異性体	157
孤立電子対	42
混合物	5
混成軌道	58, 65, 148

さ

錯体の構造	150
サリチル酸	182
酸	76
酸塩基滴定	101
酸塩基反応	76
酸化	86
酸解離定数	81
三価アルコール	167
三価カルボン酸	176
酸化還元滴定	106

酸化還元反応	86
三角フラスコ	99
酸化剤	90, 106
酸化数	88
酸性化合物	183
三中心二電子結合	130
酸ハロゲン化物	179
酸無水物	179

し

ジアステレオマー	157, 158
脂環式炭化水素	154
式量	8
磁気量子数	25
シクロアルカン	154, 160
シクロアルケン	154
次元	12
指示薬	105
シス形	157
シス-トランス異性体	157
示性式	6
質量数	21
質量対容量百分率	16, 98
質量百分率	16
質量モル濃度	16
脂肪族炭化水素	154
弱塩基	80
弱酸	80
弱酸の中和反応	102
周期表	30
自由電子	41
重量分析	97
主量子数	24
純物質	5
cis 異性体	150
σ 結合	62
12 族元素	144
13 族元素	129
14 族元素	131
15 族元素	133
16 族元素	136
17 族元素	139
18 族元素	142

す

水酸化ナトリウム NaOH 液の濃度	108
水素	126
水素結合	51
スーパーオキシド	71
スピン量子数	25

せ

遷移元素	30
線結合構造式	44

そ

双極子-双極子相互作用	50
双極子モーメント	45
双極子-誘起双極子相互作用	50
相対質量	22
疎水性相互作用	53
組成式	6, 8, 39

た

第一遷移系列元素	143
第一級アミン	180
第一級アルコール	167
第三級アミン	180
第三級アルコール	167
第三遷移系列元素	142
体積百分率	16
第二級アミン	180
第二級アルコール	167
第二遷移系列元素	142
多原子イオン	8
多重度	71
脱水縮合	178
炭化水素	131, 154
単体	5

ち

置換反応	162
中性化合物	184
中性子	20
中和反応	76
直接滴定	112

て

低スピン錯体	148
滴定曲線	104
滴定操作	100
電解質	80
電気陰性度	35
電気泳動	80
典型元素	30
電子	20
電子雲	24
電子式	42
電子親和力	33
電子対反発則	64
電子配置	28
点電子構造式	42
点電子表記法	42
電離度	80
d 軌道	24
d-ブロック元素	30, 142

と

同位体	21, 126
等核二原子分子	68
同素体	22
当量	91
当量点	104
トランス形	157
$trans$ 異性体	150

に

二価アルコール	167
二価カルボン酸	175
2 族元素	128

の

濃度	15

は

配位結合	45, 145, 148
配位子	145
パウリの排他原理	27, 67
パーセント濃度	98
パラ位	164
ハロゲン化	166
反結合性軌道	68
半反応式	95
π 結合	62

ひ

非共有電子対	42, 61
非結合電子対	42
ヒドロキシ基	166
ヒドロキシラジカル	72
ビュレット	99
標準液	101, 112, 116, 119
標定	108
p 軌道	24
p-ブロック元素	30, 129
pH	82
pH jump	103

ふ

ファクター (f)	109
ファンデルワールス半径	32
ファンデルワールス力	49
フェノール	169
付加反応	162
不均一混合物	5

不斉炭素原子	158	
物質	5	
物質量	9, 11	
不飽和炭化水素	154	
ブレンステッド塩基	76	
ブレンステッド酸	76	
ブレンステッド・ローリーの定義	76	
分光化学系列	147	
分散力	49	
分子	7	
分子間相互作用	37	
分子軌道	58	
分子軌道法	66	
分子式	6, 7	
分子量	7	
フントの規則	27	
VSEPR 理論	64	

へ

平衡定数	81
変色域	105
ベンゼン	164
ベンゼン環	154

ほ

ボーアの原子模型	24

方位量子数	25
芳香族炭化水素	154
飽和炭化水素	154
ホールピペット	99

ま

マイヤーフラスコ	99

む

無機化合物	125, 153
無極性分子	49
無水酢酸	183

め

メスフラスコ	99
メタ位	164

も

モル（mol）	9
モル質量	9
モル濃度	15, 98

ゆ

有機化合物	153
有機物	153
有効数字	13, 107

よ

陽イオン	8, 80
陽子	20
容量分析	98, 99
ヨードホルム反応	174

ら

ラジカル	71

り

立体異性体	157
粒子	20

る

ルイス塩基	78
ルイス構造式	42
ルイス酸	78
ルイスの定義	77

ろ

ロンドン力	49
ローンペア	42

執筆者プロフィール（五十音順）

大内　秀一（おおうち　ひでかず）
近畿大学薬学部教育専門部門教授
薬剤師，博士（薬学）

- 1995 年　東北薬科大学大学院博士課程後期課程修了　博士（薬学）取得
- 1995 年　東北薬科大学薬学部助手
- 2005 年　東北薬科大学薬学部講師
- 2005 年　青森大学薬学部講師
- 2006 年　青森大学薬学部助教授
- 2007 年　青森大学薬学部准教授
- 2009 年　青森大学薬学部教授
- 2013 年より現職

専門：薬化学，薬学教育

リメディアル教育および薬剤師国家試験対策に取り組んでいます．趣味はドライブ，温泉巡り，食べ歩きなど，楽しそうなイベントがあるとすぐに駆けつけます．

川崎　郁勇（かわさき　いくお）
武庫川女子大学薬学部薬化学 I 講座教授，博士（薬学）

- 1991 年　京都薬科大学大学院修士課程修了
- 1991 年　京都薬科大学助手
- 1997 年　博士（薬学）取得（京都薬科大学）
- 1997 年　Technical University of Denmark 博士研究員
- 1998 年　京都薬科大学助手
- 2007 年　武庫川女子大学薬学部准教授
- 2013 年より現職

専門：有機化学，有機合成化学

複素環化合物の新しい合成やそれを利用する新しい反応の開発に興味をもっています．趣味は散歩，ドライブ，料理です．食べられる植物を育てることも好きです．

小関　稔（おぜき　みのる）
武庫川女子大学薬学部薬品合成化学講座教授，博士（薬学）

- 2004 年　京都薬科大学大学院博士後期課程修了　博士（薬学）取得
- 2007 年　京都薬科大学助教
- 2017 年　武庫川女子大学薬学部准教授
- 2023 年より現職

専門：有機合成化学

四級不斉炭素や連続する不斉炭素を単工程で構築可能な反応の開発に興味をもっています．最近は，学生さんにとって理解しやすく親しみやすい反応の開発を目指しています．趣味は釣りですが，まったく行っていないので，完璧な初心者です．

多賀　淳（たが　あつし）
近畿大学薬学部病態分子解析学研究室教授
薬剤師，博士（薬学）

- 1992 年　近畿大学大学院薬学研究科博士前期課程修了
- 1992 年　近畿大学薬学部助手
- 2000 年　博士（薬学）取得（大阪大学）
- 2013 年　近畿大学薬学部准教授
- 2019 年より現職

専門：分析化学

もともと分離分析を研究分野としており，精製と分析技術を活かして，化粧品や食品の開発を手がけています．好きなものは，車，お酒，グルメ，旅行など．最近は何年もしてなかったゴルフを復活させたり，30 年ぶりにギターを引っ張り出してきたりしてます．とは言え，やっぱり研究活動が一番楽しいかも．

堀山　志朱代（ほりやま　しずよ）
武庫川女子大学薬学部薬品分析学研究室講師
薬剤師，博士（薬学）

1985 年　武庫川女子大学大学院博士前期課
　　　　 程修了
1985 年　武庫川女子大学薬学部助手
2004 年　博士（薬学）取得
2010 年　武庫川女子大学薬学部助教
2015 年　武庫川女子大学バイオサイエンス
　　　　 研究所助教（同薬学部兼務）
2020 年より現職
専門：機器分析、分析化学
武庫川女子大学薬学部の分析センターで長く
業務しておりましたが，ご縁があって現職に．
LC/MS などの分析機器を用いた解析技術で
医療に貢献することをめざしています．好き
な食べ物はスイーツやフルーツです．

コンプリヘンシブ　基　礎　化　学〔第 3 版〕
——有機・物化・分析・薬剤を学ぶために——

定価（本体 5,000 円＋税）

2016 年 3 月 18 日　初版発行Ⓒ
2022 年 11 月 13 日　第 2 版発行
2025 年 3 月 3 日　第 3 版発行

編　著　者　大　内　秀　一

発　行　者　廣　川　重　男

印　刷・製　本　日本ハイコム
表紙デザイン　㈲羽鳥事務所

発行所　京　都　廣　川　書　店
　　　　東京事務所　東京都千代田区神田小川町 2-6-12 東観小川町ビル
　　　　　　　　　　TEL 03-5283-2045　FAX 03-5283-2046
　　　　京都事務所　京都市山科区御陵中内町　京都薬科大学内
　　　　　　　　　　TEL 075-595-0045　FAX 075-595-0046
　　　　　　　　URL https://www.kyoto-hirokawa.co.jp/

元素の周期表(2024)

© 2024 日本化学会 原子量専門委員会

注1：元素記号の右肩の*はその元素には安定同位体が存在しないことを示す。そのような元素については放射性同位体の質量数の一例を（ ）内に示した。ただし、Bi、Th、Pa、Uについては天然で特定の同位体組成を示すので原子量が与えられる。

注2：この周期表には最新の原子量表「原子量表(2024)」が示されている。原子量は単一の数値あるいは変動範囲で示されている。その他の70元素については、原子量の不確かさは示された数値の最後の桁にある。なお、原子量は主要な同位体から計算されるが、これには安定同位体および半減期が5億年以上の放射性同位体が含まれる。原子量の範囲で示されている14元素については複数の安定同位体が存在し、その構成成分が天然において大きく変動するため単一の数値が与えられない。原子量は安定同位体として扱っている。ただし、^{230}Thと^{234}Uは^{238}Uの、^{231}Paは^{235}Uの壊変生成物として常に自然界に存在するために主要な同位体として扱っている。

原子番号86（第6周期）までの元素の基底状態における電子配置

周期	原子番号	元素	1s	2s	2p	3s	3p	3d	4s	4p	4d	5s	5p
1	1	H	1										
1	2	He	2										
2	3	Li	2	1									
2	4	Be	2	2									
2	5	B	2	2	1								
2	6	C	2	2	2								
2	7	N	2	2	3								
2	8	O	2	2	4								
2	9	F	2	2	5								
2	10	Ne	2	2	6								
3	11	Na	2	2	6	1							
3	12	Mg	2	2	6	2							
3	13	Al	2	2	6	2	1						
3	14	Si	2	2	6	2	2						
3	15	P	2	2	6	2	3						
3	16	S	2	2	6	2	4						
3	17	Cl	2	2	6	2	5						
3	18	Ar	2	2	6	2	6						
4	19	K	2	2	6	2	6		1				
4	20	Ca	2	2	6	2	6		2				
4	21	Sc	2	2	6	2	6	1	2				
4	22	Ti	2	2	6	2	6	2	2				
4	23	V	2	2	6	2	6	3	2				
4	24	Cr	2	2	6	2	6	5	1				
4	25	Mn	2	2	6	2	6	5	2				
4	26	Fe	2	2	6	2	6	6	2				
4	27	Co	2	2	6	2	6	7	2				
4	28	Ni	2	2	6	2	6	8	2				
4	29	Cu	2	2	6	2	6	10	1				
4	30	Zn	2	2	6	2	6	10	2				
4	31	Ga	2	2	6	2	6	10	2	1			
4	32	Ge	2	2	6	2	6	10	2	2			
4	33	As	2	2	6	2	6	10	2	3			
4	34	Se	2	2	6	2	6	10	2	4			
4	35	Br	2	2	6	2	6	10	2	5			
4	36	Kr	2	2	6	2	6	10	2	6			
5	37	Rb	2	2	6	2	6	10	2	6		1	
5	38	Sr	2	2	6	2	6	10	2	6		2	
5	39	Y	2	2	6	2	6	10	2	6	1	2	
5	40	Zr	2	2	6	2	6	10	2	6	2	2	
5	41	Nb	2	2	6	2	6	10	2	6	4	1	
5	42	Mo	2	2	6	2	6	10	2	6	5	1	
5	43	Tc	2	2	6	2	6	10	2	6	5	2	
5	44	Ru	2	2	6	2	6	10	2	6	7	1	
5	45	Rh	2	2	6	2	6	10	2	6	8	1	
5	46	Pd	2	2	6	2	6	10	2	6	10		
5	47	Ag	2	2	6	2	6	10	2	6	10	1	
5	48	Cd	2	2	6	2	6	10	2	6	10	2	
5	49	In	2	2	6	2	6	10	2	6	10	2	1
5	50	Sn	2	2	6	2	6	10	2	6	10	2	2
5	51	Sb	2	2	6	2	6	10	2	6	10	2	3
5	52	Te	2	2	6	2	6	10	2	6	10	2	4
5	53	I	2	2	6	2	6	10	2	6	10	2	5
5	54	Xe	2	2	6	2	6	10	2	6	10	2	6

周期	原子番号	元素		4f	5d	5f	6s	6p
6	55	Cs	[Xe]				1	
6	56	Ba	[Xe]				2	
6	57	La	[Xe]		1		2	
6	58	Ce	[Xe]	1	1		2	
6	59	Pr	[Xe]	3			2	
6	60	Nd	[Xe]	4			2	
6	61	Pm	[Xe]	5			2	
6	62	Sm	[Xe]	6			2	
6	63	Eu	[Xe]	7			2	
6	64	Gd	[Xe]	7	1		2	
6	65	Tb	[Xe]	9			2	
6	66	Dy	[Xe]	10			2	
6	67	Ho	[Xe]	11			2	
6	68	Er	[Xe]	12			2	
6	69	Tm	[Xe]	13			2	
6	70	Yb	[Xe]	14			2	
6	71	Lu	[Xe]	14	1		2	
6	72	Hf	[Xe]	14	2		2	
6	73	Ta	[Xe]	14	3		2	
6	74	W	[Xe]	14	4		2	
6	75	Re	[Xe]	14	5		2	
6	76	Os	[Xe]	14	6		2	
6	77	Ir	[Xe]	14	7		2	
6	78	Pt	[Xe]	14	9		1	
6	79	Au	[Xe]	14	10		1	
6	80	Hg	[Xe]	14	10		2	
6	81	Tl	[Xe]	14	10		2	1
6	82	Pb	[Xe]	14	10		2	2
6	83	Bi	[Xe]	14	10		2	3
6	84	Po	[Xe]	14	10		2	4
6	85	At	[Xe]	14	10		2	5
6	86	Rn	[Xe]	14	10		2	6

（吉岡忠夫編著（2020）薬学基礎科学 上，下，京都廣川書店）